高等教育规划教材

SQL Server 2014 数据库教程

秦　婧　傅　冬　王　斌　编著

机 械 工 业 出 版 社

本书主要介绍了数据库基础知识、SQL Server 2014 的安装及企业管理器的使用、SQL 语句的分类、数据库中常用的对象创建和维护（包括数据库、表、视图、函数以及存储过程、触发器）、数据库的安全性、数据库的备份与还原等，并在最后一章配以实例讲解如何使用 C#语言连接 SQL Server 2014 数据库。本书在每章的前面列出了学习目标，以方便读者对本章涉及的内容有所了解；在每章的后面都有本章习题，读者可以将其作为考核本章知识点的复习题。本书在讲解理论的同时，注重将理论联系实践，以实例的方式演练每一个知识点。

本书既可以作为高等院校计算机软件技术课程的教材，也可以作为管理信息系统开发人员的技术参考书。

本书配有授课电子课件，需要的教师可登录 www.cmpedu.com 免费注册，审核通过后下载，或联系编辑索取（QQ：286726866，电话：010 - 88379742）。

图书在版编目（CIP）数据

SQL Server 2014 数据库教程/秦婧编著. —北京：机械工业出版社，2017.6
高等教育规划教材
ISBN 978-7-111-57384-5

Ⅰ. ①S… Ⅱ. ①秦… Ⅲ. ①关系数据库系统 - 高等学校 - 教材
Ⅳ. ①TP311. 138

中国版本图书馆 CIP 数据核字（2017）第 175068 号

机械工业出版社（北京市百万庄大街 22 号　邮政编码　100037）
策划编辑：郝建伟　　责任编辑：郝建伟　范成欣
责任校对：张艳霞　　责任印制：李　昂

北京宝昌彩色印刷有限公司印刷

2017 年 8 月第 1 版·第 1 次印刷
184 mm×260 mm·20.75 印张·505 千字
0001- 3000 册
标准书号：ISBN 978-7-111-57384-5
定价：55.00 元

出 版 说 明

当前，我国正处在加快转变经济发展方式、推动产业转型升级的关键时期。为经济转型升级提供高层次人才是高等院校最重要的历史使命和战略任务之一。高等教育要培养基础性、学术型人才，但更重要的是加大力度培养多规格、多样化的应用型、复合型人才。

为顺应高等教育迅猛发展的趋势，配合高等院校的教学改革，满足高质量高校教材的迫切需求，机械工业出版社邀请了全国多所高等院校的专家、一线教师及教务部门，通过充分的调研和讨论，针对相关课程的特点，总结教学中的实践经验，组织出版了这套"高等教育规划教材"。

本套教材具有以下特点：

1）符合高等院校各专业人才的培养目标及课程体系的设置，注重培养学生的应用能力，加大案例篇幅或实训内容，强调知识、能力与素质的综合训练。

2）针对多数学生的学习特点，采用通俗易懂的方法讲解知识，逻辑性强、层次分明、叙述准确而精炼、图文并茂，使学生可以快速掌握、学以致用。

3）凝结一线骨干教师的课程改革和教学研究成果，融合先进的教学理念，在教学内容和方法上做出创新。

4）为了体现建设"立体化"精品教材的宗旨，本套教材为主干课程配备了电子教案、学习与上机指导、习题解答、源代码或源程序、教学大纲、课程设计和毕业设计指导等资源。

5）注重教材的实用性、通用性，适合各类高等院校、高等职业学校及相关院校的教学，也可作为各类培训班教材和自学用书。

欢迎教育界的专家和老师提出宝贵的意见和建议。衷心感谢广大教育工作者和读者的支持与帮助！

机械工业出版社

前　　言

SQL Server 2014 数据库是目前受众比较多的一款数据库产品。之所以受到广大用户的青睐，一方面是它的易学易用，让初学者能够很快上手；另一方面是由于它与 Visual Studio 平台有很好的整合性，能够方便用户在 Visual Studio 平台上使用 C#或 C++语言开发数据库软件。此外，随着数据分析的兴起，SQL Server 2014 数据库也提供了相应的数据挖掘功能，方便用户快速分析数据。

本书针对以往 SQL Server 教材中存在的一些问题（如专业性太强、版本相对滞后、理论与实践脱节等），以初级读者为对象，按照知识的体系结构和读者的特点，逐步深化知识点。本书可以引导读者快速掌握 SQL Server 的基本语法以及数据表的操作、存储过程和触发器的使用，进而完成用 C#语言连接 SQL Server 数据库的操作。本书内容设置由浅入深，同时结合实际操作步骤以及完整的案例项目，并附有示例代码，注重理论与实践相结合。

在内容编写上，本书以 SQL Server 2014 为版本讲解 SQL 语句，首先介绍了 SQL Server 中的基本语法、操作表、视图及函数等基础内容，然后介绍了存储过程、触发器及权限管理，最后介绍了使用 C#语言连接 SQL Server 数据库，涵盖了 SQL Server 从初学到进阶的所有主要内容。

全书共分为 12 章，各章具体内容如下。

- 第 1 章：概括地介绍了数据库基础知识、SQL Server 2014 的安装及 SQL Server 的服务管理。
- 第 2 章：主要讲解了 SQL 语句的分类，以及数据库的创建和维护操作。
- 第 3 章：主要介绍了表的基本概念，以及创建和维护表的操作。
- 第 4 章：主要讲解了如何操作表中的数据，包括向表中添加数据、修改数据及删除数据。此外，还介绍了如何给表设置约束及管理约束。
- 第 5 章：主要讲解了查询操作，包括多表查询、分组查询和子查询等操作。
- 第 6 章：主要讲解了函数的操作，包括系统函数和自定义函数的创建及维护。
- 第 7 章：主要讲解了视图的操作，包括视图的基本概念、创建视图及维护视图。
- 第 8 章：主要讲解了 T - SQL 语句的使用，包括变量的声明、条件语句和循环的使用，并介绍了游标的操作。
- 第 9 章：主要讲解了存储过程和触发器的使用，包括存储过程的创建及维护、触发器的创建及维护等。
- 第 10 章：主要讲解了数据库中用户、角色和权限的操作，包括用户的创建和维护、角色的创建和应用以及权限的授予和收回等。
- 第 11 章：主要讲解了数据库的备份和还原，包括使用命令和企业管理器对数据库进行备份、还原、分离和附加的操作。

● 第 12 章：主要讲解了使用 C#语言连接 SQL Server 2014 的操作，包括 ADO. NET 的使用，以及数据库连接类的编写、用户登录注册模块、音乐管理模块的实现等。

本书是由秦婧、傅冬和王斌共同编写的。在本书的编写过程中，得到了同行的支持和帮助，在此一并表示感谢。

由于编者水平有限，书中难免存在不妥之处，敬请广大读者原谅，并提出宝贵意见。编者邮箱：56981673@ qq. com。

编　者

目　　录

第 1 章　走进 SQL Server

SQL Server 是一款源于 20 世纪 80 年代的数据库软件，至今仍处于主流地位。它与 Windows 平台紧密结合，提供了可靠的企业级信息管理系统方案，是数据库开发者应该学习的数据库软件之一。本章学习目标如下。

- 了解数据库的概念。
- 了解数据库模型的分类。
- 初步掌握 E – R 图。
- 了解 SQL Server 的发展。
- 了解 SQL Server 2014 的新特性。
- 了解 SQL Server 2014 各版本的差异。
- 了解 SQL Server 的安装环境。
- 掌握 SQL Server 2014 的安装和卸载。
- 初步掌握 SQL Server Management Studio 工具。
- 初步掌握配置管理器。

1.1　数据库基础知识

随着科技发展和社会进步，各领域逐渐细化。同时，相关的信息收集量在不断扩大，信息的价值也在不断提升。传统的纸质记录和检索方式已经不能满足人们的需求，于是出现了以计算机文件保存数据的方式。为了使信息价值最大化，有些公司就以固定的结构来组织这些数据，以达到让用户从不同角度对数据进行查询的目的。这就是最初的数据库，它可以使人们更加便捷地存储、查找想要的数据。

1.1.1　了解相关概念

在学习数据库的初期，读者会接触到以下两个概念：一个是数据库（Database），另一个是数据库管理系统（Database Management System，DBMS）。

数据库就是按照一定模型和结构进行组织并存储在介质中的数据集合。这些数据并不是杂乱的，而是有组织的，尽量剔除了无用的、错误的信息以及不必要的冗余。同时，数据允许共享，允许数据库管理员遵循统一的标准对其进行管理控制，包括增加、删除、修改和查询等；也允许应用程序对其进行相似效果的操作。

例如，以图书阅览室中书籍的属性以及借阅情况创建数据库，其中包括书籍编号、书籍分类、ISBN、书名、出版社、作者、数量、位置、是否借出等。管理者使用这个数据库可以针对各种属性进行查询，然后到指定的位置去拿书即可。除此之外，也可以对书籍做各方面的统计。例如，统计某段时间内，哪个出版社或谁的书更受欢迎等。这是传统图书馆做起来很耗时的事情,然而利用数据库就可以快速完成,极大地提高了工作效率,降低了人工成本。

数据库管理系统就是用来管理数据库的大型软件,包含了创建、使用和维护数据库的方法和工具。SQL Server本身就是一个数据库管理系统,它可以创建多个数据库实例。用户可以通过它提供的工具来访问、管理和维护数据库实例的数据。

📖 注意:数据库中的数据并不是单纯的数值,它可以是数值,也可以是文字、图片或音乐、视频等信息。

1.1.2 认识数据模型

在数据库管理系统中,经典的数据模型有3种,分别是层次模型、网状模型和关系模型。其中,层次模型和网状模型通常被早期的数据库使用,诞生于20世纪60年代,属于第一代数据库;关系型数据库诞生于20世纪70年代,属于第二代数据库。它们的特性和差异介绍如下。

1. 层次模型

层次模型是基于"上级/下级"模式的,整体表现为树形结构,如图1-1所示。图1-1中的每一个结点都表示一种记录类型(可以包含一个或多个记录值),不同的记录类型不可以重名;每个记录类型允许有多个字段,字段之间不允许重名。如果要访问下层(如层2)的数据,则需要通过它上级(如层1)中的指针记录。如果上级不存在该记录,则下层不存在与之对应的记录。对于层次模型,读者需要了解以下几点。

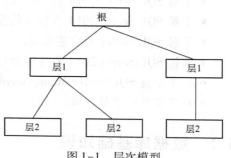

图1-1 层次模型

- 层次数据模型中最基本的数据关系是层次关系。
- 有且只有一个结点没有父结点,该结点是根结点。
- 除了根结点外,其他结点有且只有一个父结点。
- 一个结点可有多个子结点,表示一对多的关系。

如果要存取某个记录类型中的数据,则需要从根结点开始,按照树的层次,依据记录指针逐层向下进行。例如,在图1-2中查找某个客户最近购买了哪些商品,需要先从"商品订单"开始,找到订单列表中的客户ID和其对应的商品ID;然后根据客户ID在"客户信息"中找到客户名称;最后在"商品信息"中,根据商品ID获取商品信息。这样就获取了某个客户购买商品的信息。

层次模型适合处理一对多的关系。假如售货的机构有两种销售方式:一种是直销,图1-2的模式就是胜任的(不包含虚线分支);另一种是代售(客户可由代理商购买商品),则图1-2就是无法胜任的(包含虚线分支)。因此,要想使层次模型完美地描述共存的销售方式,就需要开发者对图1-2进行较大改动。

2. 网状模型

网状模型和层次模型比较相似,同样基于"上级/下级"模式,但它允许一个结点有多个父结点和子结点。即网状模型不仅能处理一对多的关系，也能处理多对多的关系。网状结构访问数据不是必须从根结点开始，而是可以从任何结点开始遍历整个结构。利用网状结构描述共存的销售模式，如图 1-3 所示。

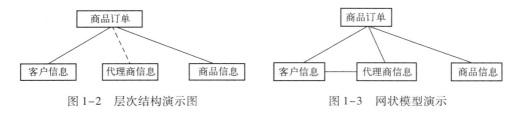

图 1-2　层次结构演示图　　　　　　　图 1-3　网状模型演示

虽然网状模型比层次模型有一定的优势，但是二者的灵活性都不是很好。当逻辑结构发生变化时，都可能导致重建数据库，这会降低开发效率，提高开发成本，不是开发者想要的。

3. 关系模型

关系模型比网状模型先进，由 IBM 公司的 E. F. Codd 博士在 1970 年提出，是基于谓词逻辑和集合论的一种模型。它的抽象级别相对较高，理解起来更简单、清晰，也方便使用。

关系模型的数据逻辑结构是一张二维表（见图 1-4 中的用户登录表），利用二维表来表示实体与实体间的联系。实际上，一个关系数据库会由一个或多个表组成。表由行和列组成（也可说记录和字段）。如果多个表中的某些列之间有相互依赖关系，则通过参照完整性来强制这种依赖性（见图 1-5），从而使表之间具有关联性。

与前两种模型相比，关系模型的优势如下：

1）结构单一，容易理解。模型中实体以及它们之间的联系都用关系表示，关系对应了二维表，这种结构简单清晰。

2）操作方便。用户只需使用查询语言就能对数据进行操作。

3）安全、易于维护。完整性的使用（域完整性、实体完整性、参照完整性和用户自定义的完整性）降低了不必要的数据冗余，保证了数据的有效性。

在关系模型中，读者需要了解以下几个概念。

- 关系：一个关系对应了一张二维表，可以认为表名就是关系名。
- 元组：可以看成二维表中的一行，也称为记录。
- 属性：可以看成二维表中的一列，也称为字段。
- 域：属性的取值范围。
- 候选码：关系中的一个属性组能唯一地标识一个元组，但其真子集不具有该能力，则把该属性组称为候选码。
- 主码：如果有多个候选码，在其中选择一个来做主码。这个选定的主码可以认为是主键。

以上概念同二维表各部分的对应关系如图 1-4 所示。图中是登录用户的表结构，名为"用户登录表"。

由于"用户登录表"中的"安全级别"字段中的值取自"用户安全级别表"中"安全编号"字段的值，而"安全编号"字段是它所在表的主键，因此这两张表是有主、外键关系的（参照完整性），如图 1-5 所示。

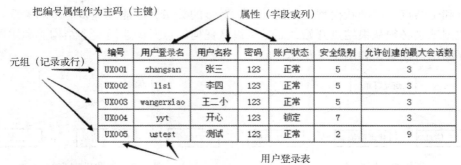

图1-4　关系模型中的概念和二维表各部分的对应关系

图1-5　表间的参照完整性

📖 在一个数据库中，要求表名唯一，同一个表中的字段名要求唯一，每个表至少有一个列。

1.1.3　数据库的设计

数据库设计是指在特定的环境中，设计结构和创建数据库的过程。数据库设计的目的是使之能够有效地存储数据和提供相应的服务。设计数据库分为需求分析、概念结构设计、逻辑结构设计、数据库物理结构设计、数据库实施、数据库运行与维护几个阶段。

在进行数据库设计时，开发者会经常接触概念结构设计这个阶段。该阶段会用到 E－R 图（Entity－Relationship Diagram）实体－联系图。E－R 图描绘的数据模型称为 E－R 模型。该模型对概念模型进行设计时通常会有以下个步骤：①建立局部概念模型（分 E－R 图）；②综合局部概念模型，完成全局概念模型（初步 E－R 图）；③消除冗余部分，成为最终的模型（基本 E－R 图）。

有关 E－R 图需要了解以下概念：

1. 实体

实体就是客观存在的对象，如学生王亮、渤海、太阳等。

2. 实体集

实体集是性质相同的同类实体的集合，如全体学生、大海等。

3. 属性

属性用来描述实体具有的特征，一个实体可以被多个属性描述。例如，学生具有的属性有姓名、学号、年龄、班级等。

4. 实体型

实体名与带有的属性共同构成了实体型。

5. 联系

数据对象的相互关系称为联系。联系分为一对一关系（1:1），一对多（1:N）关系，多对多（M:N）关系三种方式。

（1）一对一关系

一对一关系表示实体集 A 中的一个实体与实体集 B 中的一个实体有一对一的对应关系，反过来也如此。例如，一个学生只能做一个班级的班长，一个班级只能有一个班长；则班级和班长是一对一的关系。

（2）一对多关系

一对多关系表示实体集 A 中的一个实体与实体集 B 中的多个实体相对应，而实体集 B 中的一个实体最多只能对应 A 中的一个实体。例如，一个学生可以担任多个学科的科代表，但每门课程只能有一个科代表。

（3）多对多关系

多对多关系表示实体集 A 中的一个实体与实体集 B 中的多个实体相对应，同时实体集 B 中的一个实体也和实体集 A 中的多个实体相对应。例如，每个学生可以学习多门课程，每门课程允许多个学生来学习。

E－R 图中会用矩形框代表实体，矩形框内写实体名；用菱形框表示实体间的联系，菱形框内写联系名；用椭圆形表示实体的属性，并用直线将实体（或关系）与其属性连接起来。

【例 1-1】利用 E－R 图设计简单的学生选课系统数据库。

按照题目要求，涉及的实体集有学生、专业课程和教师。假设学生可以学习多门专业课程，一门专业课程可以被多个学生学习，则它们之间是多对多的关系；一个教师能教多门专业课程，一门专业课程允许由多个教师教授，则它们之间是多对多的关系。根据题目要求，步骤如下所示。

（1）学生和专业课程之间的 E－R 图

对于学生实体集中的实体来说，每个学生都具有学号、系代码、专业代码、年级、姓名、性别、出生日期、入学时间等属性。课程实体集中的每一门专业课程都具有课程号、课程名、开课专业、学分、上课时间、上课地点等属性。为实体集选择其中一部分属性，并创建学生和专业课程的 E－R 图，如图 1-6 所示。

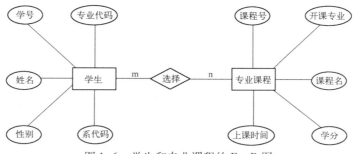

图 1-6　学生和专业课程的 E－R 图

（2）教师和专业课程之间的 E－R 图

对于教师实体集中的实体来说，每个教师都具有教师编号、系代码、职称、姓名、性别、学历等属性。为实体集选择其中一部分属性，并创建教师和专业课程的 E－R 图，如图 1-7 所示。

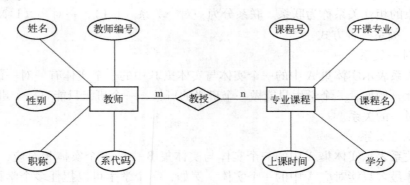

图 1-7　教师和专业课程的 E－R 图

（3）教师、专业课程和学生之间的 E－R 图

整理前两步的局部 E－R 图，合成一个整体，如图 1-8 所示。

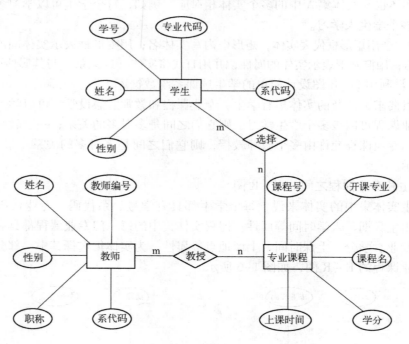

图 1-8　选课整体 E－R 图

图 1-8 是一个选课系统的基础核心内容，其中的属性和模块只给出了一部分。这样做的主要目的是让读者对 E－R 图有一个直观的认识，能够快速上手操作。

1.2 了解 SQL Server

SQL Server 是由微软出品的一款功能全面的关系型数据库管理系统。它运行在 Windows 平台上，与操作系统有机结合，是目前的主流数据库之一。它支持结构化查询语言，并提供了 In－Memory OLTP、BI 和混合云搭建功能。当前 SQL Server 的最新版数据库是 2016 版。考虑到实用性，本书将以 2014 版为基础，向读者介绍常用的数据库知识。

1.2.1 SQL Server 的发展历程

早期的数据库使用网状数据模型和层次数据模型来实现对数据的管理，检索其中的信息需要由了解数据本身结构的专业的编程人员来完成，因此它们并不算是理想的数据库模型。1970 年，IBM 公司的 E. F. Codd 发表了论文《大型共享数据库的关系数据模型》（A Relational Model of Data for Large Shared Data Banks），其中首先提出了关系数据模型，并建议使用非过程语言来访问数据。此后 Codd 又提出了关系代数和关系演算的概念、函数依赖概念以及关系的第一、第二、第三范式，这为结构化查询语言奠定了基础，也为关系数据库系统奠定了理论基础。除此之外，Codd 也是最早提出了 OLAP 概念的人。

关系模型理论被提出后，受到了业界的广泛重视，而基于层次模型和网状模型的数据库产品则快速衰落，同时各大数据库厂商也推出了自己的关系型数据库产品。20 世纪 80 年代，微软和 Sybase 合作，并获得了 Ashton－Tate 支持，将 Sybase 开发的数据库纳入 OS/2 操作系统中，第一个名义上由微软开发的数据库 Ashton－Tate/Microsoft SQL Server 1.0 于 1989 年上市。此后，微软在 1990 年出品了 Microsoft SQL Server 1.1。

1992 年，微软和 Sybase 共同出品了 SQL Server 4.2。最初以 16 位开发，而后，由于 32 位操作系统开始盛行，于是微软用 Win32 API 重新编写数据库核心代码，并于 1993 年发布 SQL Server for Windows NT（4.2）。它是第一款应用在 Windows NT 上的 SQL Server，这标志着 Microsoft SQL Server 的正式诞生。

1994 年 4 月，微软向 Sybase 购买了有关 Windows 平台上 SQL Server 的代码版权，从此获取了对 SQL Server 的完全控制权，并于 1995 年发布了 SQL Server 6.0。该版本对微软来说具有里程碑的意义，因为这是完全由微软自行开发的产品，标志着微软数据库的研发能力得到了市场认可。在 1996 年，微软发布了 SQL Server 6.5。

在 20 世纪 90 年代，数据库竞争十分激烈。为了能让 SQL Server 有更好的兼容性以及允许其在便携式计算机中工作，微软对数据库核心重新编写，并在 1998 年底正式推出了 SQL Server 7.0。SQL Server 7.0 适用于企业应用。在市场竞争的压力下，微软再次升级数据库产品，并在 2000 年 8 月发布了 SQL Server 2000。

SQL Server 2000 是一个非常优秀的版本，其具有良好的数据处理能力、灵活的数据管理和分析能力以及便捷的操作性，很多商务网站、企业信息平台都使用了该产品。当时能与其竞争的产品只有 Oracle 和 IBM DB2，可谓三大数据库之一。

2005 年 11 月，SQL Server 2005 发布。该版本有了较大的变动，如使用 SQL Server Management Studio 取代了 SQL Server Enterprise Manager；增加了新的 Transact－SQL 命令；增强

了 XML 处理能力及商务智能功能；提高了数据库引擎的安全性等，为以后版本的更新打下了基础。

2008 年 8 月，SQL Server 2008 发布。该版本在 2005 的基础上再次增加和改进了新的功能，如增强了可伸缩性，减少了安全漏洞，提供的集成开发环境提高了团队协同工作的能力。

2012 年 3 月，SQL Server 2012 发布，它可以利用 AlwaysOn 将多个组进行故障转移，允许 DBA 在服务器上创建自定义数据库角色，BI Semantic Model 代替了 ASUDM（Analysis Services Unified Dimensional Model，分析服务统一维度模型）等。

2014 年 4 月，SQL Server 2014 发布。该版本集成了内存 OLTP 技术，通过 Power Pivot 实现内存 BI；允许数据库从 SQL Server 实例托管到 Windows Azure 虚拟机中；增强了备份和还原功能；允许与固态硬盘结合，提高 I/O 效率等。SQL Server 各版本的发布时间和开发代号见表 1-1。

表 1-1　SQL Server 各版本的发布时间和开发代号

版　　本	年　　份	发布名称	代　　号
1	1989 年	SQL Server 1.0	无
4.21	1993 年	SQL Server 4.21	无
6	1995 年	SQL Server 6.0	SQL95
6.5	1996 年	SQL Server 6.5	Hydra
7	1998 年	SQL Server 7.0	Sphinx
8	2000 年	SQL Server 2000	Shiloh
8	2003 年	SQL Server 2000 64 bit 版本	Liberty
9	2005 年	SQL Server 2005	Yukon
10	2008 年	SQL Server 2008	Katmai
10.25	2009 年	SQL Azure	CloudDatabase
10.5	2010 年	SQL Server 2008 R2	Kilimanjaro（又名 KJ）
11	2012 年	SQL Server 2012	Denali
12	2014 年	SQL Server 2014	Hekaton
13	2016 年	SQL Server 2016	-

如今，SQL Server 以安全、方便使用、高效率著称，以特有的优势跻身世界三大数据库之列。微软在 2016 年 3 月宣布 SQL Server 将支持 Linux 系统在 2017 年年初发布的 SQL Server V. Next 预览版中支持了 SQL Server 在 Linux 系统上的使用，结束了 SQL Server 只能运行在 Windows 平台的尴尬局面，为今后的发展打开了新的局面。

1.2.2　SQL Server 2014 的新特性

SQL Server 2014 增加了许多新特性，主要包括以下 7 个部分。

1. 内存优化表

内存优化表是 SQL Server 2014 中由 In‒Memory OLTP 引擎增加的功能。In‒Memory OLTP 是集成到 SQL Server 中的内存优化的数据库引擎，可大幅提高 OLTP 数据库应用程序性能。

2. Windows Azure 中的 SQL Server 数据文件

通过该功能，可以在本地或在 Windows Azure 中的虚拟机上运行的 SQL Server 中创建数据库，并将数据存储在 Windows Azure Blob 中的专用存储位置。

3. 可将 SQL Server 数据库托管在 Windows Azure 虚拟机中

使用"将 SQL Server 数据库部署到 Windows Azure 虚拟机"向导，可以将数据库从 SQL Server 实例托管到 Windows Azure 虚拟机中。

4. 增强的备份和还原

在 SQL Server 2014 中，可以使用"SQL Server Management Studio"把数据库实例备份到 Windows Azure 存储，当然也可以从中进行数据库实例还原。在创建备份时，可以利用算法或加密程序（证书或非对称密钥）对备份文件进行加密，支持的算法有 AES 128、AES 192、AES 256 和 Triple DES。

5. 延迟持续性

SQL Server 2014 将部分或所有事务指定为延迟持久事务，从而能够缩短延迟。延迟持久事务在事务日志记录写入磁盘之前将控制权归还给客户端。持续性可在数据库级别、提交级别或原子块级别进行控制。

6. 分区切换和索引生成

SQL Server 2014 可以重新生成已分区表的单独分区。

7. 缓冲池扩展

缓冲池扩展提供了固态硬盘（SSD）的无缝集成以作为数据库引擎缓冲池的非易失性随机存取内存（NvRAM）扩展，从而显著提高 I/O 吞吐量。

除了以上列出的特性外，SQL Server 2014 还增强了系统视图功能，并且改进了安全性。

1.2.3 其他数据库产品

到目前为止，数据库产品市场已呈百花齐放的状态，除了关系型数据库外，还包含非关系型数据库。关系型数据库应用广泛的主要有 Oracle、MySQL、SQL Server、Access 等，而非关系型数据库比较流行的则有 MongoDB、Iucene 等。

目前适合大中型商业项目的数据库除了 SQL Server 外还有 Oracle。Oracle 数据库是由甲骨文公司推出的一款数据库产品，始于 20 世纪 70 年代。Oracle 具有平台无关性，也就是允许跨平台使用，可以满足不同平台用户的需求。Oracle 的优势主要表现在兼容性好、高生产效率、高安全性、高稳定性、高开放性、高性能、可伸缩性及并行性好，其劣势主要表现在价格高、对硬件要求比较高、操作管理需要技术含量比较高。对数据库开发者来说，用于测试或研发的 Oracle 是免费的；但用于商业用途，则需要购买许可。

MySQL 是一个针对中小型项目的关系型数据库，始于 20 世纪 80 年代，最初由 MySQL AB 公司开发，2008 年被 Sun 公司收购，2009 年 Oracle 收购了 Sun 公司。因此，现在 MySQL

属于 Oracle 公司，其 MySQL 5.0 是一个里程碑版本，加入了游标、存储过程、触发器、视图和事务的支持。该数据库因体积小、速度快、开源而受到中小企业钟爱，适合做 Web 项目。很多知名的公司都在门户网站或网络游戏中使用该数据库，如 Facebook、Yahoo、网易等。现在，MySQL 分为免费的社区版和收费的企业版。如果读者做网站或中小型项目，不妨考虑使用 MySQL。

Access 是微软的 Office 成员之一，通常会和 Office 一起发售和安装，它把数据库引擎的图形用户界面和软件开发工具结合在了一起，使用起来非常简单，利用鼠标右键就可以创建一个数据库，双击打开该数据库，就可以编辑表结构。通过 ADO，应用程序可以访问已经存在的数据库，而且操作起来非常方便。在数据量少，或者单机访问时，可以考虑使用该数据库。

当前是个信息爆炸的时代，各行各业都需要收集大量的数据，并从中挖掘商机，这种数据很多都不适合用关系型数据库来存储。同时，随着 Web 2.0 的兴起，关系型数据库对付超大规模的网站已显得力不从心，于是人们更多地使用非关系型数据来管理这样的数据。非关系型数据库通常被称为 NoSQL 数据库，如 MongoDB、Hbase 等。

MongoDB 是一个高性能、可扩展的文档型数据库，主要解决海量数据的访问效率问题，适合海量数据的实时插入、更新、查询。相比事务安全，它更注重数据插入的速度。它主要是把数据临时存储到内存中，以此来提高 I/O 效率。因此，如果数据价值低并且量非常大（如用户的浏览记录等），那么 MongoDB 确实是个不错的选择。但是，在需要高事务安全的环境中时，应尽量避免使用它（如涉及资金时）。

Hbase 是一个高性能、列存储、可伸缩、实时读/写的分布式开源数据库。该数据库同样适合海量数据，并且读写效率很高。

📖 当前数据库的种类非常多，可以满足各种场景需求。因此，在项目需求阶段就需要考虑合适的数据库。除此之外，选择数据库还需要考虑企业做项目的成本。

1.3　SQL Server 的安装

SQL Server 针对不同用户群体推出了不同的版本。不同版本之间会有功能、性能和价格方面的差异。开发项目时，应尽量选择适合项目的版本。本节将对 SQL Server 2014 的不同版本进行介绍，让读者了解它们的性能，以及安装时对硬件的最低要求。

1.3.1　SQL Server 各版本简介

针对不同的应用环境，SQL Server 2014 发布了不同的版本，主要包括企业版（Enterprise Edition）、商业智能版（Business Intelligence Edition）、标准版（Standard Edition）、Web 版（Web Edition）；除此之外，还有扩展版本，如精简版（Express Edition）和开发版（Developer Edition）。以上所有版本均有 64 位和 32 位供用户选择。在安装正式版之前，微软允许客户使用评估版（Evaluation Edition），评估版有 180 天的试用期，试用期结束后，可输入正式版序列号以获取具体某个版本的使用权。本书将在评估版的环境中介绍 SQL Server

的相关知识点。评估版与企业版的功能一样。

1. 企业版（Enterprise Edition）

企业版是 SQL Server 的最高版本。它提供了最全面的高端数据中心功能，支持数据库快照、联机索引、联机架构更改、快速恢复、镜像备份、热添加内存和 CPU，拥有该产品最高级别的安全和性能。除此之外，它还提供了端到端的商业智能，支持最终用户访问深层数据。

在计算能力、分析服务、报表服务、可利用内存方面，该版本均没有限制，拥有操作系统支持的最大值（即性能由操作系统的瓶颈决定），具有最好的伸缩性和性能以及安全性等。总之，企业版是没有限制的版本，也是功能最全面、价格最高的版本。

2. 商业智能版（Business Intelligence Edition）

商业智能版提供了综合性平台，可支持组织构建和部署安全、可扩展且易于管理的 BI 解决方案。它提供基于浏览器的数据浏览与可见性等卓越功能、功能强大的数据集成功能，以及增强的集成管理。BI 提供集成服务、分析服务及报表服务，可以帮助企业更好地利用数据提高决策质量，获取更加有价值的数据分析结果。

由于该版本具有针对性，因此分析服务、报表服务在性能上和企业版一致，但不支持联机索引、联机架构更改、快速恢复、镜像备份、热添加内存和 CPU 功能，同时也降低了伸缩性和性能以及安全性。

3. 标准版（Standard Edition）

标准版提供了基本数据管理和商业智能数据库，保证企业能够顺利运行其应用程序并支持将常用开发工具用于内部部署和云部署，以达到用最少的 IT 资源获得高效的数据库管理的目的，适合中小型企业。

在计算能力、分析服务、报表服务、可利用内存方面，该版本均设有限制。此外，该版本在功能、可伸缩性、安全性上和商业智能版差距不大。

4. Web 版（Web Edition）

Web 版不仅适合小规模的应用，也能胜任大规模的工程。该版本拥有较好的伸缩性、经济性和管理性，对企业来说是不错的低成本选择。

5. 精简版（Express Edition）

精简版是入门级的免费产品，是学习和构建桌面及小型服务器数据驱动应用程序的理想选择。它是独立软件供应商、开发人员和准备构建客户端应用程序的人员的最佳选择。该版本支持无缝升级到其他高端 SQL Server 版本。

它拥有核心数据库引擎，有非常严格的硬件和功能限制。该版本可在 Visual Studio 的 IDE 中直接操作数据库。因此，精简版不带图形界面管理器（SQL Server Management Studio，SMSS），如果有需求，则可以下载 SMSS Express 来管理本地数据库。

6. 开发版（Developer Edition）

开发版的功能和组件同企业版一致。该版本有许可限制，只允许用作开发和测试，不可以用作商业性服务器。

有关各版本的功能差异见表 1-2。

表 1-2　SQL Server 2014 各版本的功能差异

功能名称	企 业 版	商业智能版	标 准 版	Web 版	精 简 版
单个实例最大计算能力（SQL Server 数据库引擎）	操作系统支持的最大值	限制为 4 个插槽或 16 核（取二者中的较小值）	限制为 4 个插槽或 16 核（取二者中的较小值）	限制为 4 个插槽或 16 核（取二者中的较小值）	限制为 1 个插槽或 4 核（取二者中的较小值）
单个实例最大计算能力（查询服务、报表服务）	操作系统支持的最大值	操作系统支持的最大值	限制为 4 个插槽或 16 核（取二者中的较小值）	限制为 4 个插槽或 16 核（取二者中的较小值）	限制为 1 个插槽或 4 核（取二者中的较小值）
利用的最大内存（每个 SQL Server 数据库引擎实例）	操作系统支持的最大值	128 GB	128 GB	64 GB	1GB
利用的最大内存（每个分析服务实例）	操作系统支持的最大值	操作系统支持的最大值	64 GB	N/A	N/A
利用的最大内存（每个报表服务实例）	操作系统支持的最大值	操作系统支持的最大值	64 GB	64 GB	N/A
最大数据库	524 PB	524 PB	524 PB	524 PB	10 GB
备份压缩	支持	支持	支持		
数据库快照	支持				
联机索引	支持				
联机架构更改	支持				
快速恢复	支持				
镜像备份	支持				
热添加内存和 CPU	支持				
加密备份	支持	支持	支持		
智能备份	支持	支持	支持	支持	
数据压缩	支持				
表和索引分区	支持				
缓冲池扩展	支持	支持	支持		
基本审核	支持	支持	支持	支持	支持
精细审核	支持				
透明数据库加密	支持				
可扩展的密钥管理	支持				
SQL Server Management Studio	支持	支持	支持	支持	

📖 数据库不同版本间的差异远不止表 1-2 中列出的这些，如果读者想了解更详细的差异，可以考虑查阅微软官方提供的资料。

1.3.2　SQL Server 2014 的安装环境

SQL Server 2014 可以安装到 NTFS 和 FAT32 文件格式的计算机上，但出于安全考虑，建议用户把它安装到 NTFS 文件格式的计算机中。此外，SQL Server 对计算机的硬件、操作系统、及软件环境有一定的要求。

有关 SQL Server 2014 对硬件的要求见表 1–3。

表 1–3　SQL Server 2014 对硬件的要求

硬　件	要　　　求
处理器类型	x86 处理器：Pentium Ⅲ 兼容处理器或更快 x64 处理器：AMD Opteron、AMD Athlon 64，支持 Intel EM64T 的 Intel Xeon、支持 EM64T 的 Intel Pentium IV
处理器速度	最小值： x86 处理器：1.0 GHz x64 处理器：1.4 GHz 建议：2.0 GHz 或更快
内存	最小值： Express 版本：512 MB 其他版本：1 GB 建议： Express 版本：1 GB 其他版本：最低 4 GB，并根据数据库大小适当增加内存

不同版本的数据库对操作系统的要求是有差异的。表 1–4 列出了主流操作系统对数据库的支持情况。

表 1–4　SQL Server 2014 对操作系统的要求

数据库版本	32 bit	64 bit
企业版	Windows Server 2008 SP2 以及 R2 SP1 企业版、数据中心版、标准版、Web 版本 Windows Server 2012 及 R2 版本	Windows Server 2008 SP2 以及 R2 SP1 企业版、数据中心版、标准版、Web 版本。不包含 32 bit 版 Windows Server 2012 及 R2 版本
商业智能版	Windows Server 2008 SP2 以及 R2 SP1 企业版、数据中心版、标准版、Web 版本 Windows Server 2012 及 R2 版本	Windows Server 2008 SP2 以及 R2 SP1 企业版、数据中心版、标准版、Web 版本。不包含 32 bit 版 Windows Server 2012 及 R2 版本
标准版	Windows 10 家庭版、专业版、企业版（包括 64 bit 和 32 bit） Windows Server 2008 SP2 以及 R2 SP1 企业版、数据中心版、标准版、Web 版本 Windows Server 2012 及 R2 版本 Windows 8/8.1 以及专业版和企业版，包括 32 bit 和 64 bit	Windows 10 的 64 bit 家庭版、专业版、企业版 Windows Server 2008 SP2 以及 R2 SP1 企业版、数据中心版、标准版、Web 版本。不包含 32 bit 版 Windows Server 2012 及 R2 版本。 Windows 8/8.1 以及专业版和企业版，只包括 64 bit
Web 版	Windows 10 家庭版、专业版、企业版（包括 64 bit 和 32 bit） Windows Server 2008 SP2 以及 R2 SP1 企业版、数据中心版、标准版、Web 版本 Windows Server 2012 及 R2 版本	Windows 10 的 64 bit 家庭版、专业版、企业版 Windows Server 2008 SP2 以及 R2 SP1 企业版、数据中心版、标准版、Web 版本。不包含 32 bit 版 Windows Server 2012 及 R2 版本。

数据库版本	32 bit	64 bit
开发版	Windows 10 家庭版、专业版、企业版（包括 64 bit 和 32 bit） Windows Server 2008 SP2 以及 R2 SP1 企业版、数据中心版、标准版、Web 版本 Windows Server 2012 及 R2 版本 Windows 8/8.1 以及专业版和企业版，包括 32 bit 和 64 bit Windows 7 SP1，包括 32 bit 和 64 bit	Windows 10 家庭版、专业版、企业版，只包括 64 bit Windows Server 2008 SP2 以及 R2 SP1 企业版、数据中心版、标准版、Web 版本 Windows Server 2012 及 R2 版本 Windows 8/8.1 以及专业版和企业版，只包括 64 bit Windows 7 SP1，只包括 64 bit
精简版	同上	同上

表 1-4 中只列出了常见的、支持安装 SQL Server 2014 的操作系统，还有可能有其他适合安装数据库的操作系统在这里没有列出，读者需以实际情况为准。

📖 数据库安装前，操作系统须安装 .NET 4.0，同时要保证硬盘至少有 6GB 的可用硬盘空间。

1.3.3　SQL Server 2014 组件

数据库管理系统在安装时，会让用户选择待安装的组件，用户可根据自己的实际情况进行选择。如果不需要可以暂时不用安装，以免占用过多的内存资源和硬盘空间，等以后用到时，再以修改的方式补装组件。SQL Server 2014 组件主要包括以下几个。

- SQL Server 数据库引擎。SQL Server 数据库引擎包括数据库引擎（用于存储、处理和保护数据安全的核心服务）、复制、全文搜索、用于管理关系数据和 XML 数据的工具以及 Data Quality Services（DQS）服务器。
- 分析服务（Analysis Services）。分析服务包括用于创建和管理联机分析处理（OLAP）以及数据挖掘应用程序的工具。利用分析服务对数据进行分析，可以获取一些趋势性的结果，对决策有指导性作用。
- 报表服务（Reporting Services）。报表服务用于创建和管理报表。报表具有多样化的特点，包括支持表格报表、矩阵报表、图形报表以及自由格式报表。除此之外，它还是一个可用于开发报表应用程序的可扩展平台。
- 集成服务（Integration Services）。集成服务是一组图形工具和可编程对象，用于移动、复制和转换数据。
- 主数据服务（Master Data Services）。主数据服务用来针对主数据管理提供解决方案。主数据就是系统间的共享数据，与业务记录（如订单等）相比，主数据变化波动小（如组织机构、客户、供货商等）。

📖 本书对分析服务、报表服务、集成服务、主数据服务不做具体介绍。因此，安装时这些组件选择不安装，读者可以根据自己的兴趣自行选择是否安装相关组件。

1.3.4　SQL Server 2014 的安装

当硬件和软件都符合安装要求时，就可以安装 SQL Server 2014 了。安装步骤如下。

1. 获取安装文件

安装程序可以从官方网站下载。打开浏览器或下载软件（如迅雷），输入"http://care.dlservice.microsoft.com/dl/download/A/8/D/A8D601B6 – 2651 – 42EE – 9F71 – 1E54EE23D2C4/SQLServer2014SP1 – FullSlipstream – x64 – CHS.iso"，下载安装文件。

笔者的计算机是 Windows 7 64 位系统，因此下载了 64 位版。读者可以根据自己的实际情况，利用搜索引擎来搜索适合自己系统的版本，并进行下载。

这里下载完成后的文件名为"SQLServer2014SP1 – FullSlipstream – x64 – CHS.iso"，它是一个镜像文件，可以用解压软件对其解压。解压后的目录如图 1-9 所示。

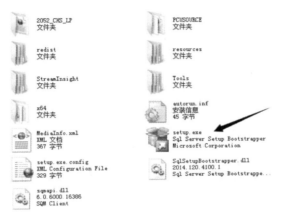

图 1-9 SQL Server 2014 解压后文件列表

2. 运行安装程序，进入安装中心

双击图 1-9 中的"setup.exe"文件，进入 SQL Server 安装中心界面，如图 1-10 所示。

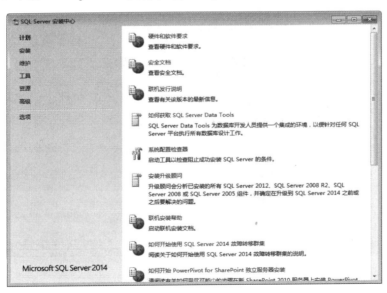

图 1-10 SQL Server 安装中心界面

3. 选择数据库的版本

在图 1-10 所示的界面中选择"安装"→"全新 SQL Server 独立安装或向现有安装添加功能",进入版本选择界面,如图 1-11 所示。

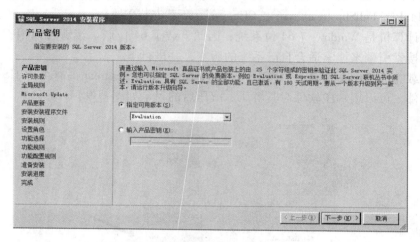

图 1-11 数据库版本选择界面

在该界面中,允许读者选择产品的版本。如果有 SQL Server 的产品密匙,则可以输入序列号,以方便安装对应的版本。这里笔者使用了评估版,有 180 天的试用期。

4. 同意安装许可条款

单击图 1-11 中的"下一步"按钮,进入许可条款界面,如图 1-12 所示。

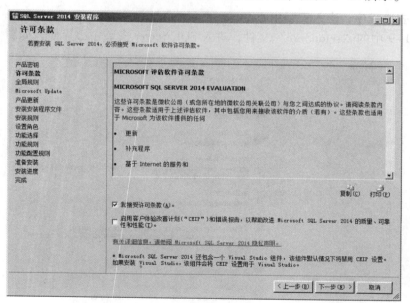

图 1-12 许可条款界面

这里选中"我接受许可条款"复选框,是否选中"启用客户体验改善计划"复选框由读者自己来决定,对安装没有影响。

5. 安装前检查更新

单击图 1-12 中的"下一步"按钮，进入更新检查界面，如图 1-13 所示。该界面可以帮助读者获取更新的软件包。这里不做更新检查，直接向下进行。

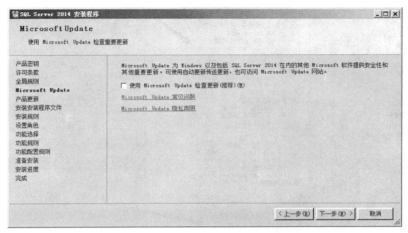

图 1-13　更新检查界面

6. 安装规则状态的通过

单击图 1-13 中的"下一步"按钮，进入安装规则界面，如图 1-14 所示。

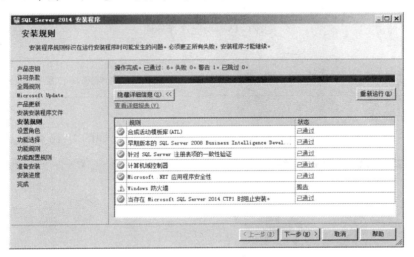

图 1-14　安装规则界面

该界面中列出的规则状态不可以出现"失败"。如果出现"失败"，则可能是该环境不适合安装数据库，此时需要读者对系统进行调整。

7. SQL Server 功能安装

单击图 1-14 中的"下一步"按钮，进入设置角色界面。选中该界面中的"SQL Server 功能安装"选项，并单击"下一步"按钮，进入数据库功能选择界面，如图 1-15 所示。在该界面中，读者可以根据需求对数据库实例的相关功能进行选择，也可以设置安装目录。

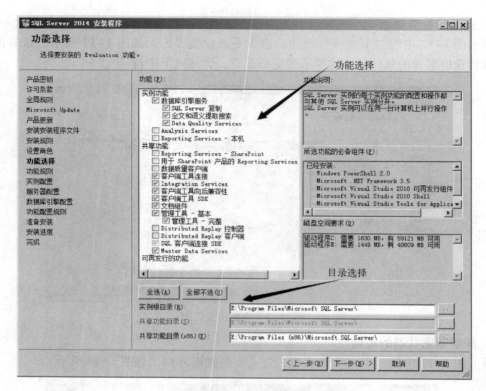

图1-15　功能选择界面

📖 说明：如果安装时功能的选择不够全面，则可以在安装后再次运行安装程序，重新做功能的选择安装。

---

8. 实例配置

单击图1-15中的"下一步"按钮，进入实例配置界面，如图1-16所示。

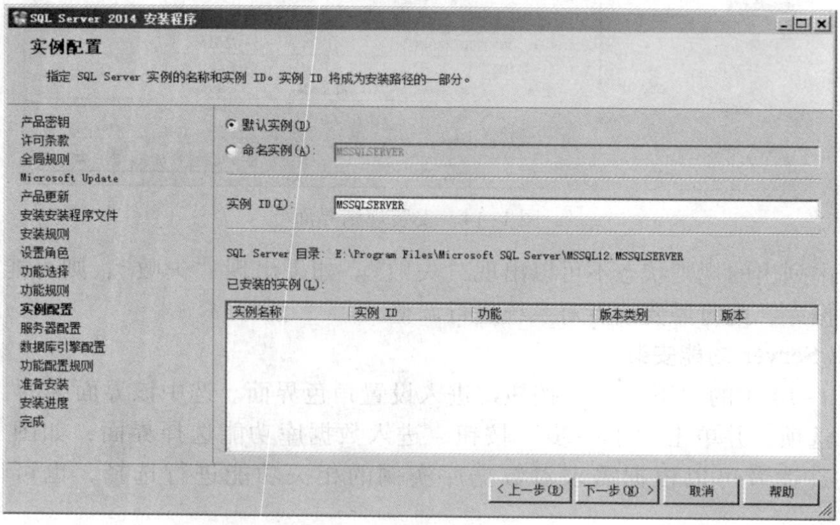

图1-16　实例配置界面

在该界面中，可以对实例名称以及实例 ID 进行设置。假如对实例名称和实例 ID 没有特殊要求，使用默认名即可。SQL Server 数据库管理系统允许安装多个实例，这里使用默认名称。

9. 数据库引擎配置

在图 1-16 中单击"下一步"按钮，进入服务器配置界面。该界面可以对"服务账户"进行配置，读者使用默认项即可。单击"下一步"按钮，进入数据库引擎配置界面，如图 1-17 所示。

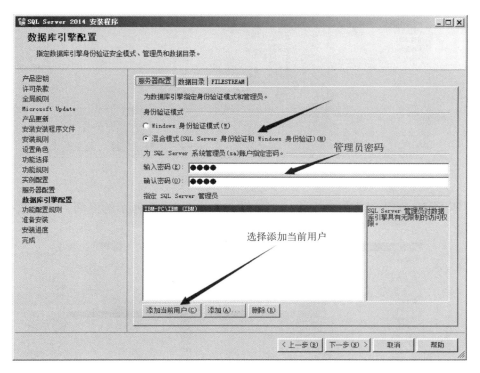

图 1-17　数据库引擎配置界面

在该界面中，选择"服务器配置"选项卡，对数据库管理员进行配置。建议读者把"身份验证模式"设置为"混合模式"，这样就可以使用操作系统用户和数据库管理员进行数据库登录。使用混合模式后，需要读者输入数据库管理员（sa）的密码。在图 1-17 中，使用了当前系统用户作为数据库管理员用户。若想使用其他系统用户，则单击"添加"按钮进行选择即可。

10. 检查安装摘要

在图 1-17 中单击"下一步"按钮，进入准备安装界面，如图 1-18 所示。在该界面中，读者可查看"常规配置""实例配置"等是否符合自己的既定要求。如果不符合，则需要读者单击"上一步"按钮，回到前面重新设置。如果没有需要修改的地方，则单击"安装"按钮，进行安装操作。

11. 安装数据库软件

单击图 1-18 中的"安装"按钮，对数据库软件进行安装操作。安装时间随计算机性能

图 1-18　准备安装界面

不同而有所差异。如果没有意外发生，则最终会弹出图 1-19 所示的界面，表示数据库软件安装完成。

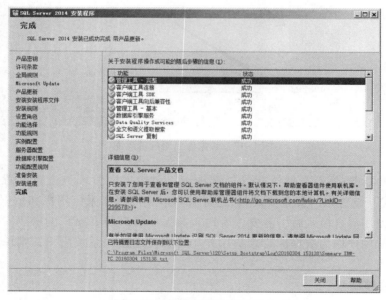

图 1-19　数据库软件安装完成

单击"关闭"按钮，完成数据库软件的安装操作。

1.3.5　卸载 SQL Server 2014

如果不想再使用 SQL Server，或者要删除已安装的某些组件，则可以利用卸载 SQL Server 来实现。下面以 Windows 7 操作系统为例介绍卸载 SQL Server 2014 的具体操作步骤。

1. 选中待删除程序

依次选择"控制面板"→"程序"→"程序和功能"选项，进入图1-20所示的界面，选中"Microsoft SQL Server 2014"选项。

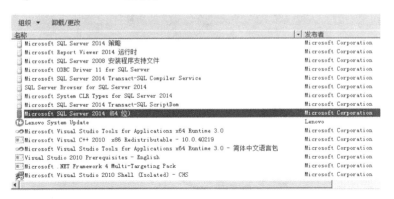

图1-20　选中待删除程序

2. 选择具体操作

双击图1-20选中的程序，进入图1-21所示的界面。在该界面中可以添加、删除某些组件，也可以对出现问题的产品进行修复操作。

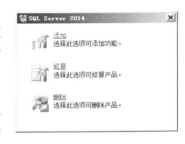

图1-21　选择删除操作

3. 选择待删除功能的实例

在图1-21中选择"删除"操作，进入图1-22所示的界面，在该界面要确认对哪个实例进行删除操作。在该界面的下拉列表中选择待删除功能的实例，由于本机只安装了一个实例，因此选择"MSSQLSERVER"即可。

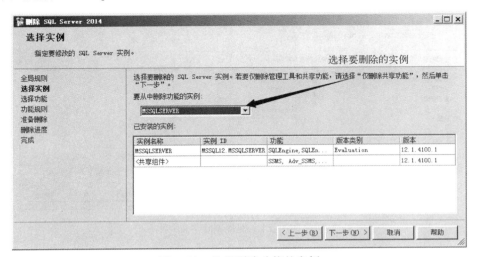

图1-22　选择删除功能的实例

4. 删除指定实例的功能

单击图1-22中的"下一步"按钮，进入图1-23所示的界面。在该界面中选择待删除的功能。

因为本书不对集成服务和主数据服务做功能介绍，所以这里对其做删除操作。选中这两个功能，如图 1-23 所示。如果全选，则表示删除 MSSQLSERVER 实例。

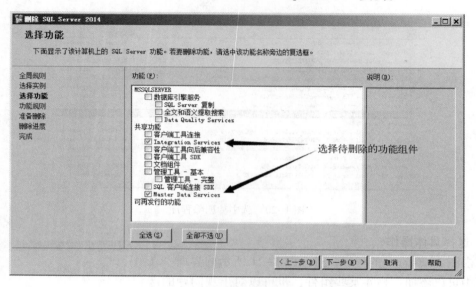

图 1-23　选择待删除的功能

5. 准备删除

单击图 1-23 中的"下一步"按钮，进入准备删除界面，如图 1-24 所示。该界面会列出准备删除的功能，让操作者做最后的确认。如果确认，则单击"删除"按钮，进行删除操作。

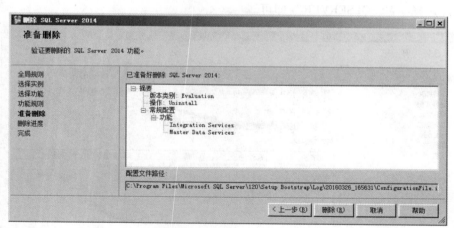

图 1-24　准备删除界面

6. 删除完成

单击图 1-24 中的"删除"按钮，开始删除。删除过程中如果没有异常发生，则最后会出现图 1-25 所示的界面，表示删除指定的功能完成。

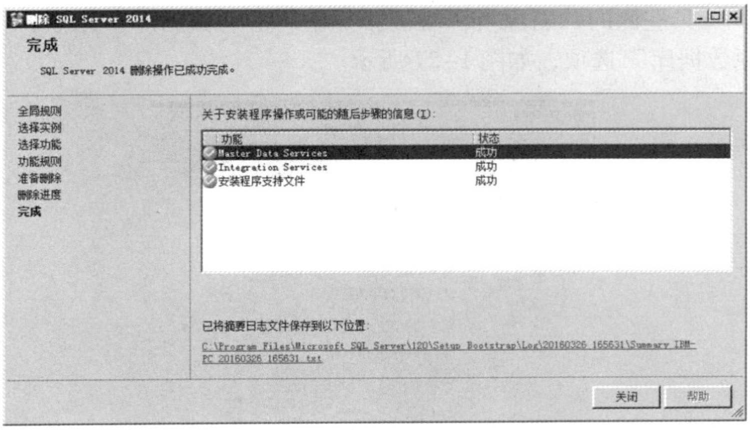

图1-25 删除指定功能

1.3.6 安装实例数据库

实际上，数据库软件安装完成后，用户就可以正常使用了，不需要再安装其他工具。但对初学者来说，新安装的数据库软件缺乏适合练习的环境。因此，如果初学者打算找一些接近实际情况的数据，可以选择安装一个示例数据库，以方便练习。

示例数据库可以安装两个，都是由微软提供的。下面介绍针对 SQL Server 2014 的示例数据库"Adventure Works 2014 Sample Databases"。在浏览器中输入 https://msftdbprodsamples.codeplex.com/releases/view/125550 并打开，进入该页面后，读者会发现"Adventure Works 2014 Sample Databases"字样，下载图1-26 中箭头指向的文件即可。

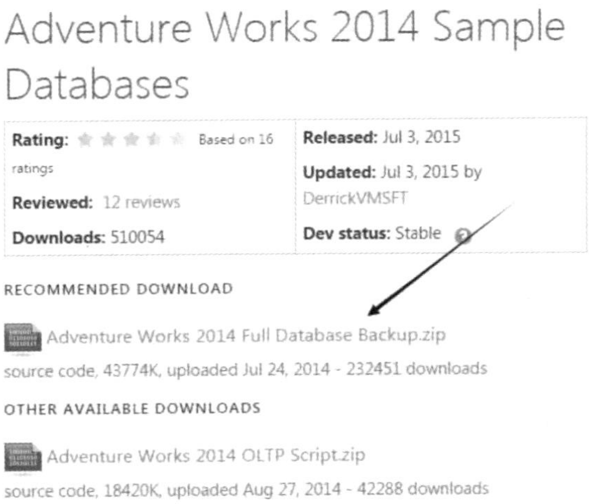

图1-26 下载示例数据库

对下载完成的文件进行解压，解压后的文件名是"AdventureWorks2014.bak"，这是一个数据库备份文件。该文件就是用示例数据库形成的，把该文件还原到目前的 SQL Server 中就可以使用了。具体操作过程可按以下步骤进行。

1）在开始菜单中打开"SQL Server 2014 Management Studio（SSMS）"并登录。

2）在SSMS工具左侧的"对象资源管理器"中右击"数据库"结点，在弹出的快捷菜单中选择"还原数据库"选项，如图1-27所示。

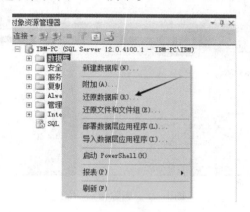

图1-27　选择"还原数据库"选项

3）在打开的还原数据库窗口中，按照图1-28中标记的步骤进行操作，并选择"AdventureWorks2014. bak"添加到"备份介质"选项区中。

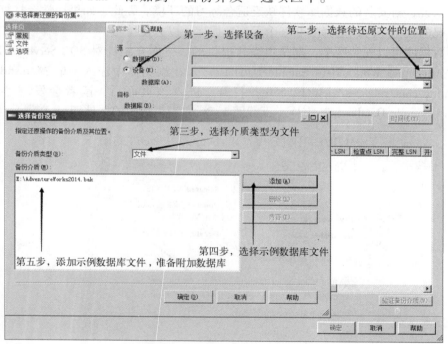

图1-28　示例数据库备份介质

4）依次单击图中的"确定"按钮，完成示例数据库的恢复。

5）右击图1-27中的"数据库"结点，在弹出的快捷菜单中选择"刷新"选项，出现"AdventureWorks2014"数据库，表示附加数据库完成。

以上介绍了由官方提供的针对SQL Server 2014的示例数据库的安装过程。其实，在早期，微软提供了一个名为Northwind的示例数据库，该数据库简单清晰，更适合初学者使用。

读者可以在网上搜索一下该数据库中文版的备份文件。具体操作过程同恢复 Adventure-Works2014 步骤一致。

1.4 图形界面管理器简介

图形界面管理器（SQL Server Management Studio，SSMS）是日常操作 SQL Server 使用最多的工具，是早期 SQL Server 中的企业管理器的替代产品。它是一个集成环境，拥有图形工具和脚本编辑器，利用该工具可以访问、配置、管理 SQL Server，也可以结合其他组件做开发操作。

1.4.1 连接 SQL Server 服务器

单击"开始"菜单，依次单击"Microsoft SQL Server 2014"→"SQL Server 2014 Management Studio"菜单，进入 SQL Server 连接服务器配置界面，如图 1-29 所示。图 1-29 中各项的说明如下。

- 服务器类型：包含了数据库引擎、报表服务、分析服务、集成服务等选项。如果安装 SQL Server 时一起安装了对应的功能，则允许用选中的方式连接到服务器。
- 服务器名称：安装 SQL Server 的计算机的名称。如果用"."，则表示本机。
- 身份验证：连接 SQL Server 的身份。如果选择"Windows 身份验证"，则不需要输入密码就可以连接；如果选择"SQL Server 身份验证"，则需要输入用户名和对应的密码。

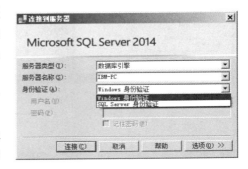

图 1-29 SQL Server 连接服务器配置界面

这里的"服务器类型"选择"数据库引擎"，"身份验证"选择"Windows 身份验证"（读者可选择适合自己的登录方式）。单击"连接"按钮，完成对数据库的连接，进入"SQL Server Management Studio"的主界面，如图 1-30 所示。

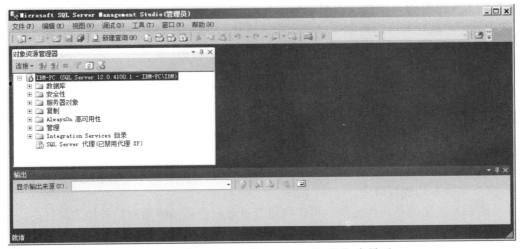

图 1-30 "SQL Server Management Studio" 主界面

1.4.2 管理器菜单简介

SQL Server Management Studio（SSMS）的默认布局如图 1-30 所示。本书为了方便介绍常用菜单，在 SSMS 中做了简单操作，最后布局如图 1-31 所示。

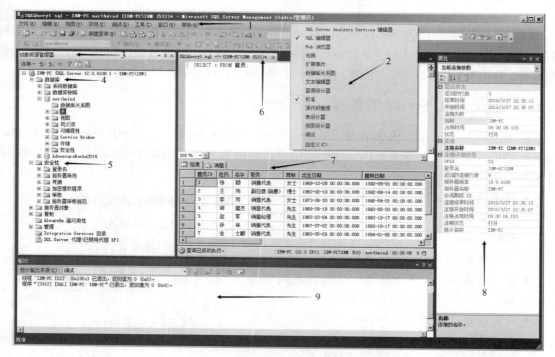

图 1-31　SQL Server Management Studio 常见菜单

有关 SSMS 中常见菜单按图 1-31 中箭头编号介绍如下。

1）箭头 1 指向的是管理器的菜单栏。这里以常规方式列出了当前焦点窗口可用的菜单。黑色可选状态表示可用，而灰色不可选状态表示不可用。

2）箭头 2 指向的是快捷工具栏。在菜单栏的空白处单击鼠标右键，可弹出快捷工具栏，在工具栏中选择对应的功能会出现在菜单栏的下方。

3）箭头 3 指向的是对象资源管理器，里面列出了可操作对象。

4）箭头 4 指向的是 SQL Server 实例中包含的数据库列表。

5）箭头 5 指向的是与安全有关的对象列表。如果要增加登录名或修改登录名的密码，则需要在这里选择对应对象进行操作。

6）箭头 6 指向的是查询编辑器窗口。如果以脚本方式操作数据库中的数据，则必须单击快捷工具栏中的"新建查询"按钮以创建该窗口，允许同时存在多个查询编辑器窗口。

7）箭头 7 指向的是查询结果列表窗口。执行查询编辑器中的 SQL 脚本后，最终的结果会显示在查询结果列表窗口中。

8）箭头 8 指向的是属性窗口。可在这里查看对应查询编辑器窗口的相关属性。

9）箭头 9 指向的是信息输出窗口，可以输出各种操作信息。

1.5　SQL Server 的服务管理

SQL Server 安装完成后，会在 Windows 中的服务列表中增加相应的 SQL Server 服务（每个实例都有对应的服务）。当服务显示为启动时，表示对应的 SQL Server 实例是可用的，否则为不可用。

在默认情况下，数据库服务是启动的。因此，即使不使用该软件，它也会占用系统资源。为了避免这种情况，最好的办法是在不使用数据库时，把相应的服务停用；等使用时，再启用相关服务即可。

管理 SQL Server 服务有两种方式：一种是直接在 Windows 服务列表中操作 SQL Server 对应的服务，另一种是利用 SQL Server 自带的配置管理器来操作。

1. 利用 Windows 设置 SQL Server 服务的启动

具体操作如下。

1）依次单击"开始"→"控制面板"→"所有控制面板项"→"管理工具"→"服务"工具，并找到以"SQL"开头的服务，如图 1-32 所示。

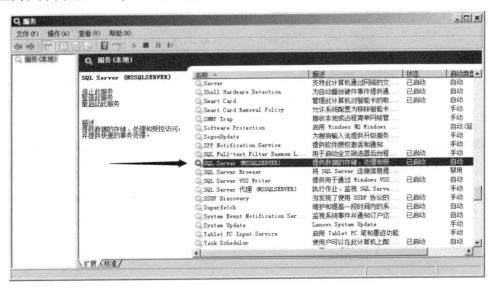

图 1-32　SQL Server 服务

右击该服务，在弹出的快捷菜单中选择"属性"选项，选择"常规"选项卡，如图 1-33 所示。

在图 1-33 中可以看出，该服务的名称为"MSSQLSERVER"，实际上这是安装的 SQL Server 实例的名称（见图 1-16），安装的每个实例都会有一个同名服务出现在列表中。

2）设置服务启动类型。在图 1-33 的"启动类型"下拉列表中选择"手动"，单击

27

"停止"按钮。完成后，单击"确定"按钮，完成设置，如图1-34所示。

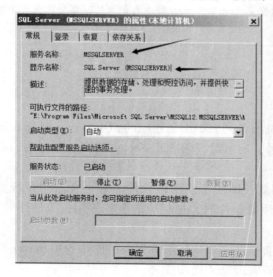 

图1-33　服务属性　　　　　　　　图1-34　设置服务启动类型为"手动"

以后每次使用SQL Server前，可以先单击图1-34中的"启动"按钮，当服务启动后，再使用SQL Server，这样可以有效节省系统资源。

2. 利用配置管理器设置SQL Server服务的启动

SQL Server配置管理器是一个用于管理SQL Server服务、配置基本服务以及网络协议选项的工具，在2005版本中被引入。利用它可以设置数据库引擎的服务启动/停止状态，以达到节省系统资源的目的。具体操作步骤如下。

1）进入配置管理器。依次单击"开始"→"所有程序"→"Microsoft SQL Server 2014"→"配置工具"→"SQL Server 2014配置管理器"，进入配置管理器界面，如图1-35所示。

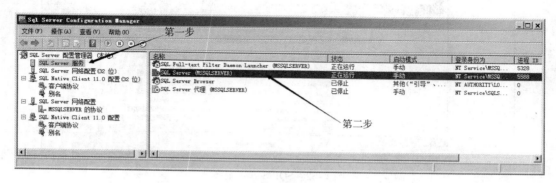

图1-35　配置管理器

2）找到对应的实例的服务。按照图1-35箭头表明的顺序，找到具体实例对应的服务名称，如图1-35中选中部分。

3）设置服务状态。在图1-35选中的服务上右击，在弹出的快捷菜单中选择"属性"选项，进入图1-36所示的界面。

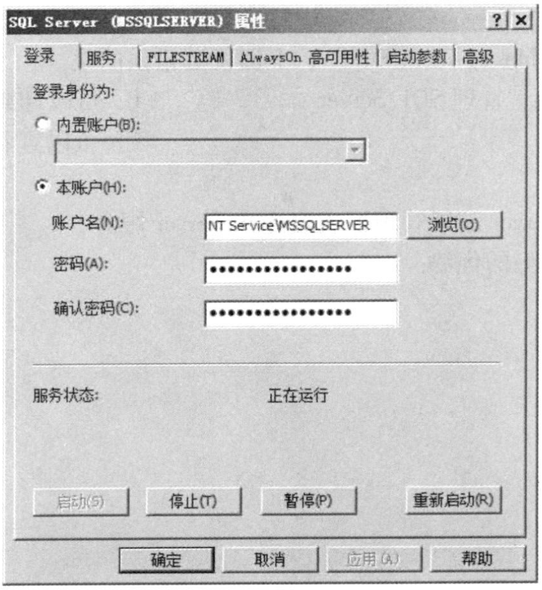

图 1-36　服务属性设置界面

在该界面中可以单击"停止"按钮,以停止指定数据库实例的服务;单击"重新启动"按钮,可以重新启动指定的数据库实例。

当然,为了操作方便,读者也可以在图 1-35 选中的服务上右击,在弹出的快捷菜单中选择"停止"选项,达到相同的目的。

1.6　本章小结

本章首先介绍了数据库的基本概念,包括数据模型、相关概念、层次模型等,然后介绍了 SQL Server 的发展历程、SQL Server 2014 的新特性、SQL Server 的安装等。除此之外,读者也应掌握 E – R 图的建立、数据库的安装和卸载以及 SSMS 工具等。

本章是全书的基础,能够帮助读者快速了解数据库和 SQL Server 平台。通过本章的学习,读者可以学会自己搭建 SQL Server 平台,并应用介绍过的工具进行基础设置。

1.7　本章习题

一、填空题

1. 数据库模型主要有_____、_____、_____。

2. E – R 图中的联系有_____、_____、_____。

3. SQL Server 2014 组件主要有_____、_____、_____。

二、选择题

1. 元组和属性分别对应二维表中的 (　　)。

A. 主键,外键　　　　　　　　　　　　B. 表名,关系

C. 行，列   D. 主码，候选码

2. 有关 SQL Server Management Studio，下面说法错误的是（   ）。

A. 可以访问、配置、管理 SQL Server   B. 可以卸载数据库

C. 也叫企业管理   D. 可以查看数据库列表

三、简答题

1. 如何利用 SQL Server 配置管理器重启 SQL Server 服务？

2. 简单说明关系模型的优势。

第 2 章　管理数据库

数据库是 SQL Server 中存放数据的基本对象之一。数据库究竟是什么呢？通常可以将其理解成一个仓库或一个容器，在其中可以存放不同类型的数据。例如，图书管理系统中的数据库存放的是与图书相关的数据、学生管理系统中的数据库存放的是与学生相关的数据。本章的学习目标如下。

- 了解 SQL 语句的分类。
- 掌握创建数据库的语法。
- 掌握管理数据库的语法。
- 掌握在企业管理器中管理数据库的方法。

2.1　SQL 简介

SQL（Structured Query Language，结构化查询语句）是关系数据库的操作语言。结构化是指它是按照固定的语法格式编写的语言，并且是遵循统一标准的。首次提出 SQL 的概念是在 1974 年，在 1986 年 10 月由美国国家标准局（ANSI）通过了数据库语言美国标准，并且国际标准化组织（ISO）颁布了 SQL 正式国际标准。1989 年 4 月，ISO 提出了具有完整性特征的 SQL 89 标准，1992 年 11 月又公布了 SQL 92 标准，接着又公布了 SQL 99 和 SQL 2003 标准。目前一直沿用的是 SQL 2003 标准。SQL 语句可以应用在所有的关系数据库中，如 SQL Server、Oracle、MySQL 等。

2.1.1　SQL 的分类

从 SQL 92 标准开始，SQL 语句就被分为了 DQL（Data Query Language，数据查询语言）、DML（Data Manipulation Language，数据操作语言）、DDL（Data Definition Language，数据定义语言）、TPL（Transaction Process Language，事务控制语言）和 DCL（Data Control Language，数据控制语言）。

1. DQL 语言

DQL 语言中的 SELECT 语句非常重要，它主要用于检索表中的数据。SELECT 语句所带来的查询功能是所有的数据库管理系统中必不可少的，并且是使用比较频繁的。例如，查询手机的话费余额、在网站上查询购买的商品、在网上检索要购买的商品信息等。

2. DML 语言

在 DML 语言中主要包括 INSERT、UPDATE 和 DELETE 语句，分别负责向表中添加数据、修改表中的数据和删除表中的数据。这部分语句也是在数据库管理系统中频繁使用的，如在网站上注册用户、修改密码、删除已购买的商品等。

3. DDL 语言

在 DDL 语言中主要包括 CREATE、ALTER、DROP 语句，分别负责创建数据库对象、修改数据库对象和删除数据库对象。数据库对象包括数据库、表、视图、存储过程等。创建和维护数据库中的对象属于数据库管理系统数据库建立的前期工作。

4. TPL 语言

在 TPL 语言中主要包括 COMMIT 和 ROLLBACK，分别用于提交事务和回滚事务。对于事务控制语言来说，主要是用于控制 DML 语句的执行，提交事务代表将所有的语句执行结果提交到数据库中，而回滚事务则代表将所有的语句执行结果撤销。

5. DCL 语言

在 DCL 语言中主要包括 GRANT 和 REVOKE，分别负责权限授予和收回权限。每一个数据库中都会设置很多用户，能够合理地为用户分别设置权限，就能够在一定程度上确保数据库中数据的安全。

2.1.2 书写约定

如何编写 SQL 语句在 SQL Server 中是没有固定要求的。在 SQL Server 中，SQL 语言是不区分大小写的，如 INSERT、insert、Insert 都会被认为是同一个关键字。另外，在编写 SQL 语句时，也可以换行书写。在实际的项目开发中，SQL 语句都会有统一的规则，这样才能保证代码的一致性和可读性。在本书中，约定 SQL 语句的编写规则如下。

1. 关键字大写

关键字大写，其他元素小写，每条语句以分号结束。关键字是指 SQL 中的五类语句中的关键字，如 SELECT、INSERT、UPDATE 等。例如：

```
SELECT id,name FROM users;
```

其中，SELECT 和 FROM 是关键字，id 和 name 是列名，users 是表名。

2. 以子句为单位分行书写

SQL 语句既可以用单行的形式书写，也可以用多行的方式书写。本书为了增强代码的可读性，通常以子句为单位进行换行。每个子句以关键字开头，如 SELECT 子句、FROM 子句等。例如：

```
SELECT id,name
FROM users;
```

需要注意的是，关键字不可以缩写、分开及跨行书写，如 SELECT 不可以写成 SEL 的形式。

3. 注释的使用

在 SQL Server 中主要支持两种注释方式，一种是单行注释，用"--"开头；另一种是多行注释，用"/*"开头，用"*/"结尾。注释不参与 SQL 语句的执行，只是对 SQL 语句起到解释说明的作用，用于增强 SQL 语句的可读性。在本书中，对于复杂语句中的一部分语句需要注释时，使用单行注释；如果大段的 SQL 语句需要整体说明，则使用多行注释的形式。

在本书中除了要满足上面三种约定外，还要遵循 SQL Server 数据库中标识符的命名规则来命名数据库对象。具体要求如下。

1）在标识符中的第一个字符必须是字母或"＿"。

2）后续字符可以是数字、字母或"＄""＠""＃"及"＿"。

3）标识符不能使用关键字或其他特殊字符。另外，在标识符中也不能包含空格。

2.2　创建数据库

在创建数据库前，先要弄清要创建的数据库用来存放什么数据，这样数据库名字的命名就会更加合理。例如，要为一个图书管理信息系统创建一个数据库，可以将数据库命名成"BookManage"。另外，根据实际应用的数据量大小，也可以为数据库的大小做好设置。当然，数据库创建是使用数据库的第一个步骤，使用 SQL 语句创建数据库时，应用的是 DDL 语言中的 CREATE 语句。本节将主要讲解创建数据库的基本语法以及一些常见的创建操作。

2.2.1　基本语法

在 SQL Server 数据库中，数据库中的文件主要由主数据文件、次要数据文件和日志文件构成，并且在一个数据库中至少有一个主数据文件和一个日志文件。数据文件主要是用于存放数据的，主数据文件中除了数据之外，还会有一些数据库权限设置的相关内容，次要数据文件中只有数据。

在一个数据库中，只能有一个主数据文件，但是可以有多个次要数据文件。日志文件在恢复数据库时使用，因此它也是每一个数据库必不可少的。数据文件会存放到文件中，默认的文件组是 primary（即主文件组），因此在一个数据库中至少会有一个文件组。另外，在一个 SQL Server 实例中，最多能创建 32767 个数据库，每一个数据库中最多只能有 32767 个数据文件和 32767 个文件组。

使用 CREATE 语句创建数据库时，具体的语法形式如下。

```
CREATE DATABASE database_name
[ CONTAINMENT = { NONE | PARTIAL } ]
[ ON
    [ PRIMARY ] < filespec > [ ,... ,n ]
    [ , < filegroup > [ ,... ,n ] ]
    [ LOG ON < filespec > [ ... ,n ] ]
]
[ WITH < option > [ ,... ,n ] ] [ ; ]
-- 文件的写法:
< filespec > ::=
{
(
    NAME = logical_file_name,                             -- 文件名称
    FILENAME = { 'os_file_name' | 'filestream_path' }     -- 存放路径
```

```
        [ ,SIZE = size [ KB  │  MB  │  GB  │  TB ]]                          ——文件大小
        [ ,MAXSIZE = │ max_size [ KB  │  MB  │  GB  │  TB ] │ UNLIMITED │]    ——最大容量
        [ ,FILEGROWTH = growth_increment [ KB  │  MB  │  GB  │  TB  │  % ]]   ——递增大小
    )
    }
        ——文件组的写法：
     < filegroup >  ::=
     {
     FILEGROUPfilegroup name                                                 ——文件组名称
        < filespec >  [ ,... ,n]                                             ——指定在文件组中的文件定义
     }
```

其中：

- database_name：数据库名称。在 SQL Server 的一个实例中，数据库名称是唯一的。该项是创建数据库语句中的必填项。如果在创建数据库时，只写了数据库名称而没有使用其他的语句选项，那么所创建的数据库会以默认设置的形式来创建数据库。数据库名称除了要满足 SQL Server 中标识符定义的要求外，通常都是以英文单词来表示，一般需要具有实际意义。

- CONTAINMENT：指定数据库的包含状态。NONE 表示非包含数据库，PARTIAL 表示部分包含的数据库。在默认情况下，数据库都是非包含数据库。包含数据库是指该数据库与 SQL Server 的实例是隔离的，可以为其单独设置用户来访问。

- PRIMARY：在该关键字后面定义的是数据库中的数据文件。文件的格式使用 " < filespec > ::" 后面给出的写法。如果为数据库指定了数据文件，则必须为其设置 "NAME"（文件名称）和 "FILENAME"（文件存放位置）。在 PRIMARY 关键字后面可以一次定义多个文件，每一个文件的内容都使用 " ( ) " 的形式括起来，多个文件之间用 ","隔开。其中，定义的第一个文件就是数据库中的主数据文件，后面的数据文件就是次要数据文件。除了指定数据文件外，还可以为数据库指定文件组。如果没有定义文件组，则数据库将使用默认文件组。具体的使用方法可以参考后面的实例。

- LOG ON：在该关键字后面定义的是日志文件。如果没有对数据指定日志文件，则系统会为其自动创建一个日志文件。日志文件的格式与数据文件是一样的。

- < option >选项还有很多的子句供选择，但是都不太常用，这里就不分别列出了。读者可以查看 SQL Server 2014 的官方帮助文档。

📖 在 SQL Server 中，定义数据库的名称以及其他数据库对象的名称时，如果没有按照标识符的要求来定义，则必须使用双引号或者中括号的形式将其括起来，如 "select" 或者 [select]。

2.2.2　在指定位置创建数据库

根据前面创建数据库的语法规则，下面分别用几个实例来演练如何使用默认的方式创建

数据库、在指定位置创建数据库以及创建由多个数据文件构成的数据库。

【例2-1】创建一个名为 dbtest1 的数据库。

使用默认数据库的设置创建数据库，只需要在创建数据库的语句中指定一个数据库名即可。语句如下所示：

```
CREATE DATABASE dbtest1 ;
```

执行上面的语句后的效果如图 2-1 所示。

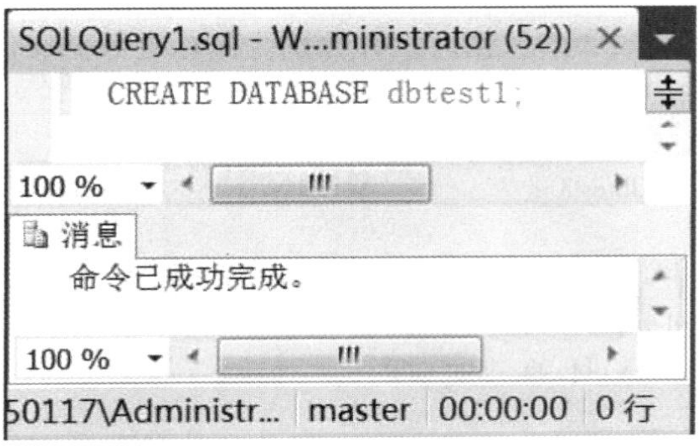

图 2-1   使用默认设置创建数据库

在企业管理器中，执行成功 DDL 语句后，都会显示"命令已成功完成"的提示。由于 DDL 语句的执行效果都是一样的，因此本书后面的内容中就不再截取执行的效果图。读者可以自行执行代码查看运行效果，以提高动手能力。

【例2-2】创建名为 dbtest2 的数据库，设置其存储位置为"f:\db"，并设置初始大小为 5 MB。

根据题目要求，创建数据库的语句如下所示。由于本例中的数据库要创建到 F:盘下的 db 文件夹中，因此需要先创建该 db 文件夹，再执行下面创建数据库的语句，否则就会出现错误。

```
CREATE DATABASE dbtest2
ONPRIMARY
(
    NAME = dbtest2_data ,                  ——数据文件的逻辑名称
    FILENAME ='f:\db\dbtest2_data. mdf' ,   ——数据文件的存放位置
    SIZE = 5 MB                            ——数据文件的大小
);
```

成功执行上面的语句后，所创建的数据库会在"f:\db"的目录下。在该目录下会生成两个文件，一个是以 . mdf 作为扩展名的主数据文件，另一个是以 . ldf 作为扩展名的日志文件，效果如图 2-2 所示。

从创建的效果可以看出，所创建的数据文件的大小是 5 MB。如果在创建数据库时没有为数据库指定日志文件，则系统会自动为该数据库生成一个日志文件。

图 2-2 创建数据库后 "f：\db" 下的效果

【例 2-3】创建名为 dbtest3 的数据库，并分别为其指定数据文件和日志文件。

根据题目要求，语句如下所示：

```
CREATE DATABASE dbtest3
ONPRIMARY
(
    NAME = dbtest3_data,                          --数据文件的逻辑名称
    FILENAME ='f：\db\ dbtest3_data. mdf',        --数据文件的存放位置
    SIZE = 5 MB,                                  --数据文件的大小
    MAXSIZE = 20 MB,                              --数据文件的最大值
    FILEGROWTH = 10%                              --数据文件的增长量
)
LOG ON
(
    NAME = dbtest3_log,                           --日志文件的逻辑名称
    FILENAME ='f：\db\ dbtest3_log. ldf',         --日志文件的存放位置
    SIZE = 1 MB,                                  --日志文件的大小
    MAXSIZE = 10 MB,                              --日志文件的最大值
    FILEGROWTH = 10%                              --日志文件的增长量
);
```

执行上面的代码，在 "f：\db" 路径下会多出两个文件，一个是 dbtest3_data. mdf，另一个是 dbtest3_log. ldf。

【例 2-4】创建名为 dbtest4 的数据库，并为其设置 2 个数据文件和 1 个日志文件。

根据题目要求，语句如下所示：

```
CREATE DATABASE dbtest4
ONPRIMARY
(
    NAME = dbtest4_data_1,                        --数据文件的逻辑名称
    FILENAME ='f：\db\ dbtest4_data_1. mdf',      --数据文件的存放位置
    SIZE = 5 MB,                                  --数据文件的大小
MAXSIZE = 20 MB,                                  --数据文件的最大值
FILEGROWTH = 10%                                  --数据文件的增长量
```

```
    ),
    (
        NAME = dbtest4_data_2,                      --数据文件的逻辑名称
        FILENAME ='f:\db\ dbtest4_data_2. ndf',     --数据文件的存放位置
        SIZE = 5 MB,                                --数据文件的大小
        MAXSIZE = 20 MB,                            --数据文件的最大值
        FILEGROWTH = 10%                            --数据文件的增长量
    )
    LOG ON
    (
        NAME = dbtest4_log,                         --日志文件的逻辑名称
        FILENAME ='f:\db\ dbtest4_log. ldf',        --日志文件的存放位置
        SIZE = 1 MB,                                --日志文件的大小
        MAXSIZE = 10 MB,                            --日志文件的最大值
        FILEGROWTH = 10%                            --日志文件的增长量
    );
```

执行上面的语句,在"f:\db"路径下会多出 3 个文件,分别是一个主数据文件 dbtest4_data_1. mdf、一个次要数据文件 dbtest4_data_2. ndf 和一个日志文件 dbtest4_log. ldf。

【例 2-5】 创建名为 dbtest5 的数据库,将其设置成"部分包含数据库",并将数据库存放在 f:\db 文件夹下。

根据题目要求,语句如下所示:

```
    CREATE DATABASE dbtest5
    CONTAINMENT = PARTIAL
    ONPRIMARY
    (
        NAME = dbtest5_data,                        --数据文件的逻辑名称
        FILENAME ='f:\db\ dbtest5_data. mdf',       --数据文件的存放位置
        SIZE = 5 MB,                                --数据文件的大小
        MAXSIZE = 20 MB,                            --数据文件的最大值
        FILEGROWTH = 10%                            --数据文件的增长量
    );
```

执行上面的语句,即可创建一个部分包含的数据库。如果出现如图 2-3 所示的错误消息提示,是由于当前的数据库服务器不支持包含数据库,此时修改服务器属性即可。

消息 12824, 级别 16, 状态 1, 第 1 行
sp_configure 值 'contained database authentication' 必须设置为 1 才能 创建 包含的数据库。您可能需要使用 RECONFIGURE 设置 value_in_use。

图 2-3 创建"部分包含"数据库时出现的错误

右击数据库服务器名称,在弹出的快捷菜单中选择"属性"选项,弹出如图 2-4 所示的服务器属性界面。

在该界面的左侧"选择页"选项区中选择"高级"选项,并将"启用包含的数据

库"的值设置成"True"。修改完成后，再执行【例2-5】中的语句，即可完成数据库的创建。

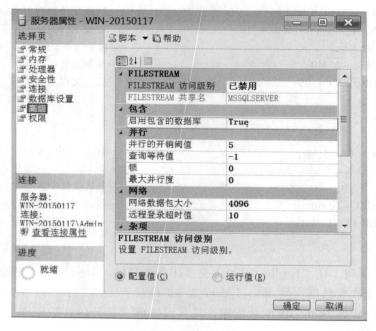

图2-4   服务器属性界面

2.2.3   使用数据库中的文件组

在前面创建数据库时，并没有在磁盘上显示文件组。文件组就是一个逻辑上的概念，将数据库中的文件分组，以方便整体查看和管理。在默认情况下，创建数据库时会将其中的文件全部存放到主文件组（primary）中。如果用户需要将数据库中的数据文件存放到不同的文件组中，那么需要由用户自行指定。下面通过实例来演示如何将数据文件存放到指定的文件组中。

【例2-6】创建名为dbtest6的数据库，并为其创建两个数据文件，其中一个数据文件由fgtest1文件组保存。

根据题目要求，语句如下所示：

```
CREATE DATABASE dbtest6
ON PRIMARY
(
    NAME = dbtest6_data_1,                              --数据文件的逻辑名称
    FILENAME ='f:\db\ dbtest6_data_1. mdf',            --数据文件的存放位置
    SIZE = 5 MB,                                        --数据文件的大小
    MAXSIZE = 10 MB,                                    --数据文件的最大值
    FILEGROWTH = 10%                                    --数据文件的增长量
),
```

```
        FILEGROUP fgtest1                                    --文件组的名字
    (
        NAME = dbtest6_data_2,                               --数据文件的逻辑名称
        FILENAME ='f:\db\ dbtest6_data_2. ndf',              --数据文件的存放位置
        SIZE = 2 MB,                                         --数据文件的大小
        MAXSIZE = 10 MB,                                     --数据文件的最大值
        FILEGROWTH = 10%                                     --数据文件的增长量
    );
```

执行上面的语句，即可创建 dbtest6 数据库，并且将 dbtest6_data_2. ndf 数据文件存放到文件组 fgtest1 中。如果在一个数据库中存在多个文件组，则可以指定其中某一个文件组为默认文件组。向数据库中添加数据对象时默认情况下会直接加入到默认文件组中。默认情况下，主文件组（primary）是默认文件组。设置默认文件组的方法是在文件组名后面加上 DEFAULT 关键字：

```
    FILEGROUP fgtest1 DEFAULT
    (
        …
    )
```

📖 文件组是用来存放数据文件的，而不是存放日志文件的，因此日志文件无法放到文件组中。

2.2.4 查看数据库

在前面的实例中已经创建了多个数据库，那么如何使用 SQL 语句来查看数据库呢？在 SQL Server 中，通过系统视图中的目录视图和系统存储过程都可以查看数据库的信息。目录视图是用于存放 SQL Server 数据库引擎使用的信息。关于视图和存储过程的相关内容，可以参考本书后面的章节。

在 SQL Server 中，查看数据库常用的目录视图有 sys. databases、sys. database_files、sys. master_files 等。其中，sys. databases 视图用于存放 SQL Server 实例中的每一个数据库的信息，每个数据库的信息占一行，包括数据库名称、创建时间、数据库的状态、排序规则、数据库的包含状态等；sys.database_files 视图用于存放数据库中的每一个数据文件，每个数据文件都存放到视图中的一行中，包括数据文件的名称、文件大小、文件的位置等信息；sys.master_files 视图用于存放在 master 数据库中存储的数据库文件，每个文件占一行，包括数据文件的名称、文件类型、文件的位置等信息。

【例 2-7】使用 sys.databases 视图查看数据的名称、数据库的状态、是否为部分包含数据库的信息。

根据题目要求，语句及执行效果如图 2-5 所示。

从查询结果可以看出，dbtest5 数据库是 PARTIAL 类型的数据库，即部分包含数据库。上面所使用的 SELECT 语句是查询语句，在 SELECT 后面可以指定查询的列名。如果要查看

视图中的所有列，则可以直接使用"SELECT ＊ FROM 视图名称"的方式来查看。详细的 SELECT 语句用法可以参考本书第 5 章与查询相关的内容。

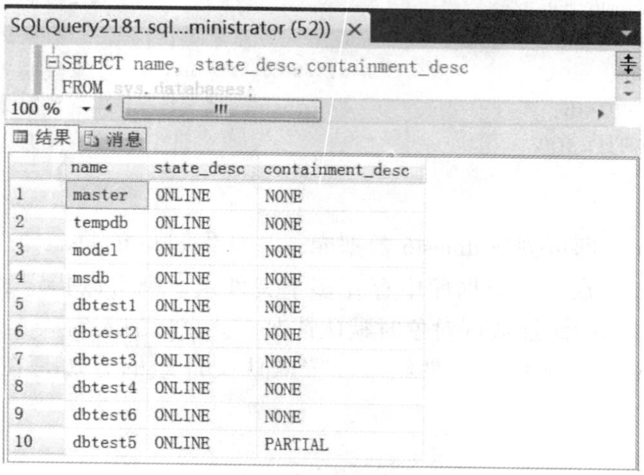

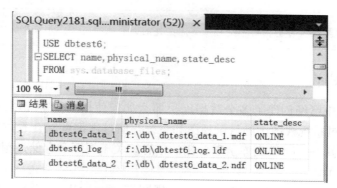

图 2-5　查询 sys.databases 视图中的信息

【例 2-8】使用 sys.database_files 视图查询 dbtest6 数据库中的数据文件。

根据题目要求，查询效果如图 2-6 所示。

图 2-6　查询 sys.database_files 视图中的信息

从查询结果可以看出，sys.database_files 视图在查询时只能查看当前正在使用的数据库中的数据文件，而不是显示全部的数据库文件。

【例 2-9】查询 sys.master_files 视图，显示数据库中数据文件的名称及大小。

根据题目要求，查询效果如图 2-7 所示。

前面创建的数据库比较多，这里的查询结果只显示一部分信息。从查询结果可以看出，sys.master_files 视图查询的是在当前 SQL Server 实例中所有的数据库信息。

除了使用系统视图来查看数据库的信息外，还可以借助系统存储过程 sp_helpdb 来查看数据库信息。查看的语法如下所示：

```
EXECUTE sp_helpdb [ database_name ];
```

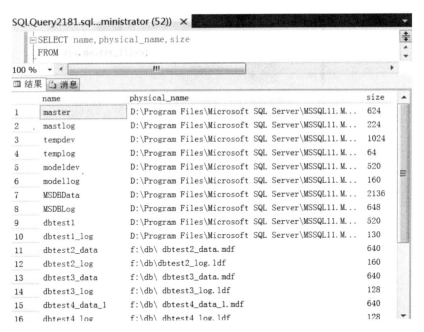

图 2-7　查询 sys. master_files 视图中的信息

这里，EXECUTE 是执行存储过程的关键字，可以简写成 EXEC；database_name 是数据库名称，省略该名称代表的是查看 SQL Server 实例中所有的数据库。关于存储过程的具体用法可以参考本书的第 9 章。

【例 2-10】使用 sp_helpdb 存储过程分别查看 SQL Server 实例中所有的数据库及 dbtest6 数据库。

根据题目要求，查看 SQL Server 实例中所有的数据库，语句如下所示：

```
EXEC sp_helpdb;
```

通过上面的语句，即可查询出该 SQL Server 实例中所有的数据库。

查询 dbtest6 数据库的语句如下所示：

```
EXEC  sp_helpdb  dbtest6;
```

通过上面的语句，即可查询出 dbtest6 数据库的信息以及该数据库中数据文件的信息。

此外，sp_databases 系统存储过程也经常被使用，它主要用于查询系统视图 sys.databases 的数据库名称及数据库的大小。调用的语句如下所示：

```
EXECUTE sp_databases ;
```

通过上面的语句，即可查询出当前 SQL Server 实例中所包含的数据库的名称及大小，效果如图 2-8 所示。

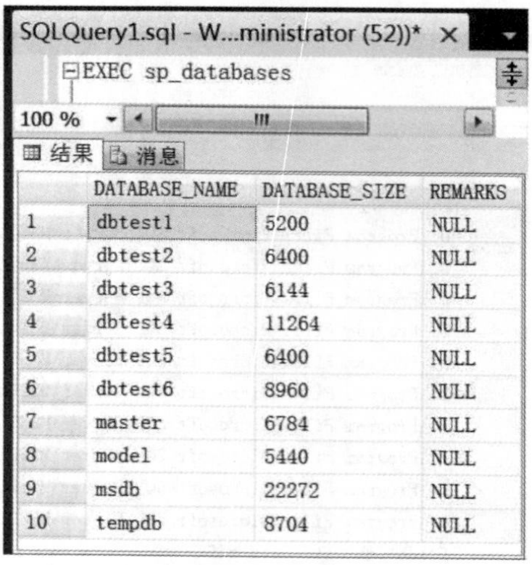

	DATABASE_NAME	DATABASE_SIZE	REMARKS
1	dbtest1	5200	NULL
2	dbtest2	6400	NULL
3	dbtest3	6144	NULL
4	dbtest4	11264	NULL
5	dbtest5	6400	NULL
6	dbtest6	8960	NULL
7	master	6784	NULL
8	model	5440	NULL
9	msdb	22272	NULL
10	tempdb	8704	NULL

图 2-8　使用 sp_databases 系统存储过程查询

2.3　修改数据库

在创建好数据库后，如果发现数据库名称起错了或数据库中的数据文件有问题，都可以进行修改。本节将学习如何使用 SQL 语句来修改数据库。

2.3.1　基本语法

修改数据库中的文件或者文件组的语法与创建数据库时的语法类似，具体的语法如下所示：

```
ALTER DATABASE { database_name  | CURRENT }
{
    MODIFY NAME = new_database_name
  | <file_and_filegroup_options>
  | <set_database_options>
}
[;]
<add_or_modify_files> ::=
{
    ADD FILE <filespec> [,... ,n]
        [TO FILEGROUP { filegroup_name }]
  | ADD LOG FILE <filespec> [,... ,n]
  | REMOVE FILE logical_file_name
  | MODIFY FILE <filespec>
}
<add_or_modify_filegroups> ::=
```

```
            |
            |  ADD FILEGROUP filegroup_name
            |  REMOVE FILEGROUP filegroup_name
            |  MODIFY FILEGROUP filegroup_name
                  |  < filegroup_updatability_option >
                  |  DEFAULT
                  |  NAME = new_filegroup_name
                  |
            |
< filegroup_updatability_option > ::=
            |
            |  READONLY   |  READWRITE  |
            |  |  READ_ONLY  |  READ_WRITE  |
            |
```

其中：
- database_name：要修改的数据库名称。
- CURRENT：代表修改当前正在使用的数据库。这是 SQL Server 2012 中新增加的语法。
- MODIFY NAME = new_database_name：该语句用于更改数据库的名称。将数据库更改成 new_database_name 值所指定的名称。
- < file_and_filegroup_options >：包括了添加、修改、删除文件和文件组的语句。对文件的操作语句参考 < add_or_modify_files > 后面的语句，在该语句中的 < filespec > 选项与创建数据库时类似，这里就不再赘述了；对文件组的操作语句参考 < add_or_modify_filegroups > 后面的语句，在文件组中还有 < filegroup_updatability_option > 部分，主要用于设置文件组的只读、读或者写的权限。
- < set_database_options >：包含了数据库的一些设置选项，如数据库中使用的语言、数据库的状态等。

2.3.2 管理数据库中的文件

数据库中的文件主要包括数据文件和日志文件，在对数据库进行修改时也可以分别对数据库的这两类文件进行添加、修改、删除操作。下面以实例的方式来演示对数据库中文件的操作。

【例 2-11】在 dbtest2 数据库中新增加一个名为 dbtest2_data_2 的数据文件。

虽然对于同一个数据库中的数据文件可以存放到不同的位置，但是一般情况下会将新添加的数据文件也存放到该数据库原有数据文件的目录中。前面在创建 dbtest2 时，将其存放到 "f:\db" 下，因此在添加数据文件时也添加到该路径下。语句如下所示：

```
ALTER DATABASE dbtest2
ADD FILE
(
```

```
NAME = dbtest2_data_2 ,
FILENAME ='f:\db\dbtest2_data_2. ndf',
SIZE = 3 MB
);
```

执行上面的语句，即可在 dbtest2 数据库中添加一个数据文件。

【例2-12】 在 dbtest2 数据库中再新增一个名为 dbtest2_log_2 的日志文件。

根据题目要求，语句如下所示：

```
ALTER DATABASE dbtest2
ADD LOG FILE
(
NAME = dbtest2_log_2 ,
FILENAME ='f:\db\ dbtest2_log_2. ldf',
SIZE = 3 MB
);
```

执行上面的语句，即可在 dbtest2 数据库中添加一个日志文件。

【例2-13】 向 dbtest6 数据库中添加一个数据文件 dbtest6_data_3，并且将该文件存放到文件组 fgtest1 中。

根据题目要求，fgtest1 是在 dbtest6 中创建好的文件组，并且在其中已经存放过一个数据文件。创建的语句如下所示：

```
ALTER DATABASE dbtest6
ADD FILE
(
NAME = dbtest6_data_3 ,
FILENAME ='f:\db\dbtest6_data_3. ndf',
SIZE = 3MB
)
TO FILEGROUP fgtest1 ;
```

执行上面的语句，即可在 dbtest6 数据库中的 fgtest1 文件组中创建数据文件 dbtest6_data_3。

前面的实例是创建数据库中添加数据文件或者添加日志文件的方法。下面介绍如何在数据库中修改和删除数据文件及日志文件。

【例2-14】 将 dbtest2 数据库中的数据文件 dbtest2_data_2 的名字修改成 dbtest2_data_new，并将每次文件的增长率改成5%。

根据题目要求，语句如下所示：

```
ALTER DATABASE dbtest2
MODIFY FILE
(
NAME = dbtest2_data_2 ,
```

```
NEWNAME = dbtest2_data_new,
FILENAME ='f:\db\dbtest2_data_new. ndf',
FILEGROWTH = 5%
);
```

执行上面的语句，即可按要求修改 dbtest2 数据库了。

【例 2-15】 删除 dbtest6 数据库中的 dbtest6_data_3 数据文件。

根据题目要求，语句如下所示：

```
ALTER DATABASE dbtest6
REMOVE FILE   dbtest6_data_3;
```

执行上面的语句，即可将 dbtest6 数据库中 dbtest6_data_3 数据文件删除。

2.3.3　管理文件组

数据库中的文件组也是可以进行添加和删除的，对于文件组的操作将使用如下实例来演练。

【例 2-16】 在数据库 dbtest2 中添加一个文件组 fgtest2。

根据题目要求，语句如下所示：

```
ALTER DATABASE dbtest2
ADD FILEGROUP fgtest2;
```

执行上面的语句，即可在 dbtest2 中创建一个名为 fgtest2 的文件组。

【例 2-17】 删除数据库 dbtest2 中的文件组 fgtest2。

在删除数据库中的文件组时，需要先将文件组中的文件删除，然后再将文件组删除。移除的语句如下所示：

```
ALTER DATABASE dbtest2
REMOVE FILEGROUP fgtest2;
```

这样，fgtest2 文件组将从 dbtest2 数据库中删除。删除成功后，会在 SQL Server 的消息提示中显示"文件组 fgtest2 已被删除"。

2.3.4　管理数据库

对于数据库进行管理，只是对数据库的名称、状态、大小进行设置。

对于数据库名称的更改通常有以下两种方法：一种是直接用 ALTER DATABASE 语句来修改，另一种是使用存储过程来修改。下面用实例来演示如何更改数据库的名称。

【例 2-18】 将 dbtest6 数据库的名称修改成 new_dbtest6。

根据题目要求，首先使用 ALTER DATABASE 语句来修改数据库的名称，语句如下所示：

```
ALTER DATABASE dbtest6
MODIFY NAME = new_dbtest6;
```

执行上面的语句，即可将 dbtest6 数据库的名称更改为 new_dbtest6。

使用系统存储过程 sp_renamedb 来修改数据库名称，修改的语法如下所示：

```
EXECUTE    sp_renamedb    old_database_name, new_database_name;
```

这里，old_database_name 是原来的数据库名称，new_database_name 是修改后的数据库名称。使用该存储过程完成【例2-18】的要求，语句如下所示：

```
EXECUTE sp_renamedb    dbtest6, new_dbtest6;
```

执行上面的存储过程也可以完成数据库改名的操作。

2.4　删除数据库

删除数据库的操作比较简单，使用 DDL 语句中的 DROP 语句即可完成，具体的语法如下所示：

```
DROP DATABASE database_name;
```

这里，database_name 是数据库名称。删除数据库会将数据库中所有的数据文件和日志文件全部删除。因此，为了今后再次使用数据库，通常会将数据库备份后再删除。关于数据库备份的操作可以参考本书的第 11 章。

【例2-19】删除数据库 dbtest6。

根据题目要求，语句如下所示：

```
DROP DATABASE dbtest6;
```

通过执行上面的语句，数据库 dbtest6 已经被删除了。

2.5　使用企业管理器操作数据库

前面已经学习了使用 SQL 语句来创建和管理数据库。在 SQL Server 中，除了 SQL 语句外，还可以使用企业管理器来操作数据库，完成与 SQL 语句同样的功能。本节将讲解在企业管理器中如何创建和管理数据库。

2.5.1　创建数据库

在企业管理器中，创建数据库的步骤如下。

1. 打开创建数据库界面

在企业管理器中的对象资源管理器中右击"数据库"选项，在弹出的快捷菜单中选择"新建数据库"选项，如图2-9所示。

图 2-9 "新建数据库"对话框

2. 输入数据库的相关信息

在图 2-9 中可以看出，在新建数据库时必须添加一个数据库名称。添加数据库名称后，数据文件和日志文件的名称也会自动生成。例如，数据库名称添加的是"dbtest"，那么系统自动为其生成的数据文件的名称是"dbtest"、日志文件是"dbtest_log"，并且会将数据文件默认存放到"primary"文件组中。下面就以创建 dbtest7 为例，只输入一个数据库名称，其余使用默认设置的方式创建数据库，效果如图 2-10 所示。

图 2-10 添加数据库信息

在图 2-10 中，单击"确定"按钮即可完成数据库的创建。

如果在创建数据库时需要更改数据文件的名称或数据文件中相关的信息，则直接在对话

47

框中进行更改即可。在修改信息时，"自动增长/最大大小"单元格和"路径"后面都有"…"按钮，单击该按钮后，会弹出相应的对话框，修改后单击"确定"按钮即可。例如，修改"自动增长/最大大小"的值，单击"…"按钮，弹出的对话框如图 2-11 所示。

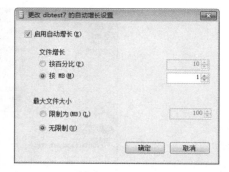

如果在创建库时，需要添加数据文件或日志文件，则直接单击"添加"按钮，会在数据库文件中出现一个新行，然后输入相应的信息即可。

图 2-11　更改文件大小的设置

2.5.2　管理数据库

管理数据库包括修改数据库、删除数据库和更改数据库的名称。修改数据库包括向数据库中添加文件和文件组、删除文件和文件组的操作。下面以修改 dbtest 为例讲解具体的修改操作。

在 SQL Server 的对象资源管理器界面中，单击"数据库"选项，右击"dbtest7"数据库，在弹出的快捷菜单中选择"属性"选项，弹出如图 2-12 所示的对话框。

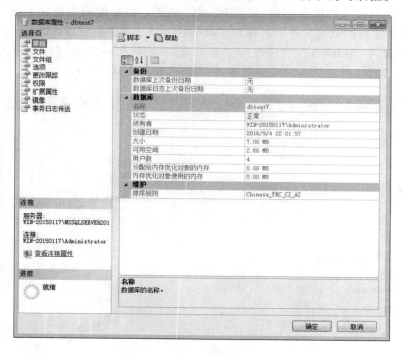

图 2-12　dbtest7 数据库的属性

1. 管理 dbtest7 数据库中的数据文件

在图 2-12 中选择"文件"选项，弹出的对话框如图 2-13 所示。单击"添加"按钮，即可向数据库中添加文件，如图 2-14 所示。添加文件时，必须填写数据文件的逻辑名称。如果其他的选项不修改，则可以直接使用现有的默认值。

图 2-13　dbtest7 数据库文件对话框

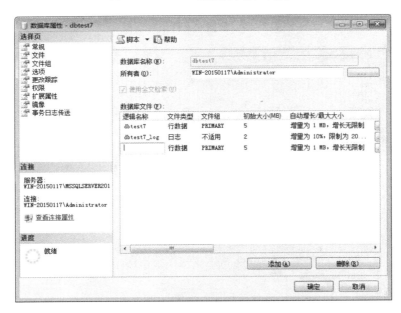

图 2-14　添加数据文件

如果需要删除数据库中的文件，则在图 2-13 所示的对话框中选中要删除的数据文件，单击"删除"按钮，即可将数据文件删除。需要注意的是，在一个数据库中至少会有一个数据文件。

2. 管理 dbtest7 数据库中的文件组

在图 2-12 中选择"文件组"选项，弹出如图 2-15 所示的对话框。单击"添加文件组"按钮，如图 2-16 所示。

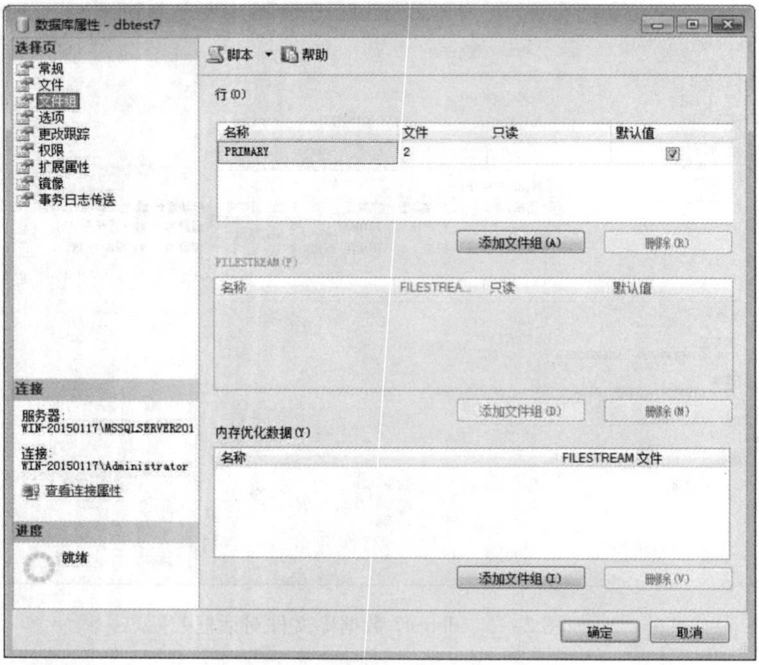

图 2-15　数据库文件组对话框

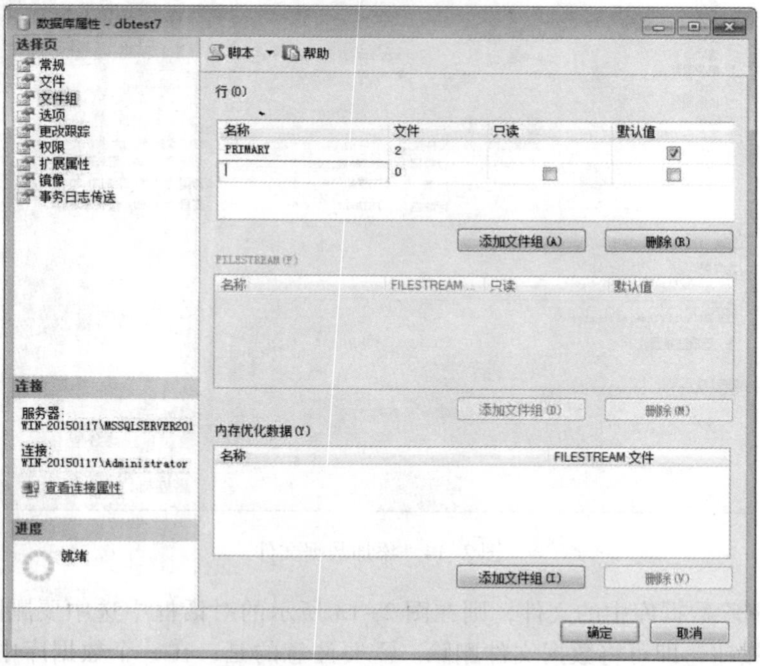

图 2-16　添加文件组

在图 2-16 中，必须添加的是文件组的名称，可以选择将文件组设置成"只读"或"默认值"，单击"确定"按钮，即可完成文件组的添加操作。如果将文件组设置为"默认值"，即将该文件组设置成了默认文件组。如果需要删除文件组，则可以在图 2-15 所示的对话框中先选中要删除的文件组，然后单击"删除"按钮即可删除。

2.6 综合实例：创建并操作音乐播放器数据库

音乐播放器系统主要为用户提供在线听音乐的功能，包括显示所有的音乐信息、添加喜欢的音乐到音乐列表中、删除所选音乐等操作。本节主要创建在线音乐系统的数据库，并练习如何操作该数据库。该实例中需要完成如下任务。

1）创建名为 MusicManage 的数据库。

2）为该数据库创建文件组 MusicGroup。

3）为该数据库添加一个数据文件 MusicManage_data_1.ndf，并加入文件组 MusicGroup 中。

4）为该数据库添加一个日志文件 MusicManage_log_1.log，并加入文件组 MusicGroup 中。

5）将添加的数据文件 MusicManage_1 更名为 MusicManage_1new。

6）将添加的日志文件 MusicManage_1.log 删除。

根据题目要求，实现的语句如下所示。

1）创建数据库的语句如下所示：

```
CREATE DATABASE MusicManage
ON PRIMARY
(
    NAME = MusicManage_data ,              -- 数据文件的逻辑名称
    FILENAME ='f:\db\dbtest6_data. mdf',   -- 数据文件的存放位置
    SIZE = 10 MB,                          -- 数据文件的大小
    MAXSIZE = 20 MB,                       -- 数据文件的最大值
    FILEGROWTH = 10%                       -- 数据文件的增长量
);
```

执行上面的语句，即可完成数据库 MusicManage 的创建。

2）添加文件组的语句如下所示：

```
ALTER DATABASE MusicManage
ADD FILEGROUP MusicGroup ;
```

执行上面的语句，即可向该数据库中添加一个文件组。

3）为该数据库添加数据文件的语句如下所示：

```
ALTER DATABASE MusicManage
ADD FILE
(
NAME = MusicManage_data_1 ,
FILENAME ='f:\db\MusicManage_data_1. ndf',
```

```
SIZE = 3 MB
)
TO FILEGROUP MusicGroup;
```

执行上面的语句，即可为该数据库的 MusicGroup 文件组添加一个数据文件。

4）为该数据库添加日志文件的语句如下所示：

```
ALTER DATABASE MusicManage
ADDLOG FILE
(
NAME = MusicManage_log_1,
FILENAME ='f:\db\MusicManage_log_1. log',
SIZE = 3 MB
)
TO FILEGROUP MusicGroup;
```

执行上面的语句，即可为该数据库的 MusicGroup 文件组添加一个日志文件。

5）更改数据文件 MusicManage_data_1 名称的语句如下所示：

```
ALTER DATABASE MusicManage
MODIFY FILE
(
NAME = MusicManage_data_1,
NEWNAME = MusicManage_data_1new,
FILENAME ='f:\db\MusicManage_data_1new. ndf',
FILEGROWTH = 5%
);
```

执行上面的语句，即可将数据库中的文件 MusicManage_data_1 修改成 MusicManage_data_1new。

6）删除日志文件的语句如下所示：

```
ALTER DATABASE MusicManage
REMOVEFILE MusicManage_log_1;
```

执行上面的语句，即可将该数据库中的日志文件 MusicManage_log_1 删除。

至此，该实例全部完成。读者可以在本实例的基础上，继续练习本章的其他操作。

2.7 本章小结

本章首先介绍了 SQL 语句的分类以及每类中的基本语句、书写 SQL 语句的规范，然后介绍了使用 SQL 语句和企业管理器来创建和管理数据库，在 SQL Server 中查看数据库的系统存储过程以及系统表，最后介绍了创建并操作音乐播放器数据库。

2.8 本章习题

一、填空题

1. SQL Server 数据库中必须包含的文件有_____。

2. 更改数据库名称的存储过程名称是_____。

3. sys. master_files 视图用于查询_____。

二、操作题

1. 创建名为 Student 的数据库。

2. 在该数据库中分别添加一个数据文件和一个日志文件。

3. 分别将数据文件和日志文件的最大值更改为 100 MB。

4. 将数据库更名为 Student_new。

5. 使用视图和存储过程查看 Student 数据库的信息。

第3章 管理表

存储数据的仓库或容器就是数据库。数据库创建完成后，需要将数据库中的数据按照功能进行分类。每个分类都可以再存放到一个子容器中，这个子容器就称为数据表。例如，在存放商品信息系统的数据库中，可以将信息分类后分别存到商品信息表、商品类型信息表、供应商信息表等数据表中。本章的学习目标如下。

- 了解与表相关的概念。
- 表的设计规范。
- 掌握使用 SQL 语句来创建和管理表。
- 掌握使用企业管理器来创建和维护表。

3.1 基本概念

SQL Server 数据库属于关系数据库，因此数据表是以二维表的形式存在的。它与常用的 Excel 中的表格是类似的。假设定义一个图书管理系统的数据库，在该数据库中有一个图书信息表用来存放图书的信息，见表 3-1。

表 3-1 图书信息表

商 品 编 号	商 品 名 称	商 品 价 格	商 品 类 型	出 版 社
1	计算机基础	32	计算机图书	机械工业出版社
2	Java 高级编程	100	计算机图书	机械工业出版社
3	会计学原理	59.8	会计图书	电子工业出版社
4	英语写作	29.8	英语图书	清华大学出版社
5	计算机二级考试	33.8	计算机图书	北京大学出版社

上面的表就是以二维表的形式来存储数据的。二维就是指行和列的形式。在关系数据库中，对于数据表的行、列、表头以及表中的数据都有一些通用的描述，不仅适用于 SQL Server 数据库，也适用于 Oracle、MySQL 等所有关系型数据库。

（1）记录

在数据表中，将每一行数据称为一条记录。例如，在表 3-1 中共有 5 条记录，也可以称为有 5 行数据。

（2）列名

在数据表中，每一列都需要有列名。列名也可以称为字段名。实际上，列名就是表中的表头部分。例如，在表 3-1 中共有 5 列，列名分别为商品编号、商品名称、商品价格、商品类型和出版社。在每张数据表中，列名是不能重复的，并且要符合标识符的命名规范。尽管列名也可以称为字段名，但是为了全书统一，在本书中都称为列名。

（3）列值

列值是指表中每列中存放的具体数据，也可以称为字段值。例如，在表 3-1 中的第 1 条记录中，"计算机基础"就是商品名称列中的一个列值。尽管列值也可以称为字段值，但是为了全书统一，在本书中统称为列值。

（4）表名

表名是指表在数据库中存放时的名称，在同一数据库中表名是唯一的。在关系型数据库中，表名也可以称为关系名。例如，表 3-1 中的图书信息表就是表名。在实际应用中，表名一般都具有实际意义，并且不以中文来命名，也要遵循标识符的命名规范。例如，可以将图书信息表命名成"bookinfo"。尽管表名也可以称为关系名，但是为了全书统一，在本书中都称为表名。

3.2 创建表

本节将介绍表中的数据类型、永久表与临时表的作用及创建的语法。

3.2.1 数据类型

从表 3-1 中可以看出，在列中存放的值主要包括两种类型：一种是字符串，另一种是数值。例如，商品名称列是字符串、商品价格列是小数、商品编号列是整数。在 SQL Server 数据库中，规定在定义表时，不仅要定义表名和列名，这要定义表中列的数据类型。因此，向表中添加数据时，要根据每列中的数据类型添加与该类型匹配的值。SQL Server 中常用的数据类型主要包括数值类型、字符类型、日期类型和其他类型。

1. 数值类型

数值类型包括整数和小数两种，见表 3-2。

表 3-2　数值类型

数 据 类 型	取 值 范 围	说　　明
bit	存储 0 或 1	除了 0 和 1 之外，也可以取值 Null
tinyint	$0 \sim 2^8 - 1$	占 1 B
smallint	$-2^{15} \sim 2^{15} - 1$	占 2 B
int	$-2^{31} \sim 2^{31} - 1$	表示一般整数，占用 4 B。使用该类型居多
bigint	$-2^{63} \sim 2^{63} - 1$	表示大整数，占用 8 B
numeric(m,n)	$-10^{38} + 1 \sim 10^{38} - 1$	表示 $-10^{38} + 1 \sim 10^{38} - 1$ 范围中的任意小数，numeric(m,n) 中的 m 代表有效位数，n 代表小数要保留的小数位数。例如，numeric(7,2) 表示长度为 7 数，并保留两位小数。使用该类型的居多
decimal(m,n)	$-10^{38} + 1 \sim 10^{38} - 1$	与 numeric(m;n) 相同
real	$-3.40E + 38 \sim 3.40E + 38$	占用 4 B
float	$-1.79E + 308 \sim 1.79E + 308$	占用 8 B

在设计表时，首先根据要输入表中的数据来判断该列设置的数据类型及长度。例如，在图书信息表中，编号列能够设置成 int 类型，而图书价格列由于价格的值有小数，因此只能

设置成 numeric 类型或者其他小数类型。另外，在设置小数类型时，要根据数据的精度，选择保留小数点后的位数，如图书价格保留两位小数即可。如果要对数据进行高精度的计算，可以将其保留多位小数。

2. 字符类型

字符类型是数据表中使用最多的类型，如在图书信息表中，商品名称、商品类型、出版社等列输入的值都是中文的，因此必须将其列定义成字符型才可以。在 SQL Server 数据库中，字符的数据类型主要分为固定长度和可变长度的字符类型。

对于固定长度的数据类型，如果存放的数据没有达到指定的长度，则系统会自动用空格补全。例如，在表 3-1 中，商品名称设置为固定长度为 20 的字符类型，如果商品名称没有达到 20 个字符的长度，则系统会自动在该名称右边使用空格补全。可变长度的数据类型与固定长度类型不同的是，即使存放的数据没有达到指定长度，也不会使用空格补全，从而节省了数据的存储空间。

字符类型与数值类型不同，设置数据类型时指定的是存放字符的长度，一个非中文字符占用 1 个字符的长度，而一个中文字符则占用两个字符。

常用的字符类型见表 3-3。在表中如没有特殊说明，数据存放的方式都是 1 个字符占用 1 B 的大小。

表 3-3　常用的字符类型

数 据 类 型	取值范围（存放字符的长度）	说　　明
char(n)	1～8000	固定长度的字符类型
nchar(n)	1～4000	固定长度的双字节字符，即 1 个字符占 2 B
varchar(n)	1～8000	变长的字符类型
varchar(max)	$1\sim2^{31}-1$	变长的字符类型。该数据类型表示的长度是输入数据的实际长度加上 2 B
text	$1\sim2^{31}-1$	变长的字符类型。最大可以存储 2 GB 的数据
nvarchar(n)	1～4000	变长的字符类型。1 个字符占用 2 B
nvarchar(max)	$1\sim2^{31}-1$	变长的字符类型。该数据类型表示的长度是输入数据的实际长度的 2 倍加上 2 B
ntext	$1\sim2^{31}-1$	变长的字符类型。1 个字符占 2 B，最大可以存储 2 GB 的数据
binary(n)	1～8000	固定长度的二进制数据。如果输入数据的长度没有达到定义的长度，则用 0X00 填充
varbinary(n)	1～8000	变长的字符类型
image	$1\sim2^{31}-1$	变长的字符类型。image 类型不用指定长度，可以存储二进制文件数据

📖 说明：在实际应用中，字符类型的选择主要根据输入数据的情况来决定。例如，在学生信息表中，存入学生的学号值，学号一般是固定长度的 8 位值，根据需要可以将该列设置成固定长度的 8 位字符型，如 char(8)；存入学生的姓名值，由于其长度不固定并且都是中文，因此可以使用存放双字节的可变长度的字符类型，如 nvarchar(10)。

3. 日期类型

除了数值类型和字符类型之外，在表中常用的数据类型还有日期类型，如在学生信息表中经常有学生的生日、入学时间等列。当然，日期型的数据也可以用字符类型的列来存放，因为日期类型属于一种特殊的字符类型，可以将其理解为带有日期格式的字符类型。常用的日期类型见表3-4。

表3-4　常用的日期类型

数据类型	取 值 范 围	说 明
datetime	日期范围：1753 年 1 月 1 日～9999 年 12 月 31 日 时间范围：00：00：00～23：59：59.997	占用 8 B，默认值是 1900 - 01 - 01 00：00：00。
datetime2	日期范围：0001 - 01 - 01～9999 - 12 - 31 时间范围：00：00：00～23：59：59.9999999	可变长度为 8 B，精确到默认值是 1900 - 01 - 01 00：00：00。精确度是 100 ns。默认格式为 YYYY - MM - DD hh：mm：ss 或者 YYYY - MM - DD hh：mm：ss.0000000
smalldatetime	日期范围：1900 - 01 - 01～2079 - 06 - 06 时间范围：00：00：00～23：59：59	占用 4 B，精确到 min，默认值是 1900 - 01 - 01 00：00：00。通常小于或等于 29.998 s 的值向下舍入为最接近的分钟数；大于或等于 29.999 s 的值向上舍入为最接近的分钟数
date	0001 - 01 - 01～9999 - 12 - 31	占用 3 B，精确到天，默认格式是 YYYY - MM - DD，默认值是 1900 - 01 - 01
time	00：00：00.0000000～23：59：59.9999999	占用 5 B，默认格式是 hh：mm：ss[.nnnnnnn]，这里的 [.nnnnnnn] 代表的范围是 0～9999999，它表示秒的小数部分。默认值是 00：00：00

在实际应用中，datetime 类型比较常用。另外，在获取日期时间类型的值后，可以使用系统提供的一些函数获取相应的日期部分，如仅获取日期数据的年、月、日等。关于系统函数可以参考本书第6章中的内容。

📖 说明：datetime2 是现有 datetime 类型的扩展，其数据范围更大，默认的小数精度更高，并具有可选的用户定义的精度，多用于科学计算时存放时间。

4. 其他类型

在 SQL Server 数据库中，还支持一些其他的数据类型，如 XML 类型、货币类型、uniqueidentifier 等类型，具体用法见表3-5。

表3-5　其他类型的用法

数据类型	取 值 范 围	说 明
money	- 922 337 203 685 477.580 8～922 337 203 685 477.580 7	它们所代表的值能精确到货币单位的万分之一
smallmoney	214 748.364 8～214 748.364 7	它们所代表的值能精确到货币单位的万分之一
XML	大小不能超过 2 GB	存储 XML 数据的数据类型。可以在列中或者 XML 类型的变量中存储 XML 实例
uniqueidentifier	占用 16 B	全局唯一标识符，由十六进制数构成，用于唯一地标识表中的一条记录，通常可以将主键列设置成该类型。该标识符是根据网络适配器地址和主机 CPU 时钟自动生成的

3.2.2　用户定义数据类型

如果上述数据类型都不能满足实际的需要，则可以由用户定义数据类型。例如，使用用户定义字符型，要求长度为 10，即 varchar(10)。下面分别介绍使用 SQL 语句和企业管理器对自定义数据类型的创建和删除操作。

1.　使用 SQL 语句操作用户定义数据类型

用户定义数据类型的操作主要分为创建和删除，不能修改已经创建的用户定义数据类型。

（1）创建自定义数据类型

自定义数据类型的语句如下所示：

```
CREATE TYPE type_name
FROM datatype [NULL|NOT NULL];
```

其中：

- type_name：用户定义的类型名称。
- datatype：系统中原有的数据类型。
- [NULL|NOT NULL]：用于指定该类型所指定的列是否可以有空值。NULL 代表允许有空值，NOT NULL 代表不允许为空。如果不指定是否为空，则默认允许有空值。

【例 3-1】 创建一个用于录入手机号的自定义字符类型。

根据题目要求，由于手机号都是 11 位的，并且都是由数字构成的，因此可以将其直接定义成固定长度的 char(11)。创建的语句如下所示：

```
CREATE TYPE teletype
FROM char(11);
```

执行语句，在消息窗口中提示"命令成功完成"，即完成了数据类型 teletype 的创建。

除了使用上面的语句来创建用户定义数据类型外，也可以通过系统存储过程 sp_addtype 来创建。该例题中的 teletype 类型使用存储过程创建的语句如下所示：

```
sp_addtype teletype,'char(11)',null;
```

（2）删除用户定义数据类型

删除用户定义数据类型的语句如下所示：

```
DROP TYPE type_name;
```

这里，type_name 是用户定义的数据类型名称。

【例 3-2】 将上面创建的 teletype 类型删除。

根据题目要求，语句如下所示：

```
DROP TYPE teletype;
```

执行上面的语句，即可将数据类型 teletype 删除。

删除用户定义数据类型也可以使用系统存储过程 sp_droptype 来完成。将该例中删除 teletype 类型改用存储过程删除，语句如下所示：

```
sp_droptype teletype;
```

2. 使用企业管理器管理用户定义数据类型

使用企业管理器创建和删除用户定义数据类型更加容易，下面分别讲解创建和删除数据类型的操作。

（1）创建用户定义数据类型

在企业管理器中的对象资源管理器里，依次展开"dbtest1"数据库→"类型"文件夹（见图 3-1），并右击"用户定义数据类型"文件夹，在弹出的快捷菜单中单击"新建自定义数据类型"选项，弹出如图 3-2 所示的对话框。

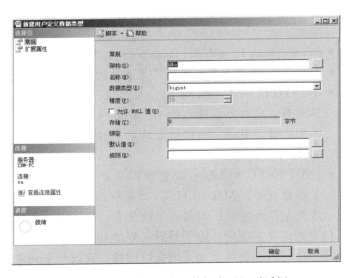

图 3-1 "dbtest1"数据库 中的类型文件夹展开效果

图 3-2 "新建用户定义数据类型"对话框

在该对话框中，添加用户定义数据类型的名称、选择数据类型、选择是否允许 NULL 值。在选择数值类型时，要指定精度；选择字符类型时，要指定长度。另外，在该对话框中还可以为该类型绑定默认值及规则，但是这些默认值和规则也是在数据库中自定义的，它们都是与报表相关的。添加好信息后，单击"确定"按钮，即可完成用户定义类型的添加。读者可以尝试通过企业管理器的方式来添加【例 3-1】中所创建的自定义类型 teletype。

（2）删除用户定义数据类型

删除用户定义数据类型非常简单，只需要在图 3-1 中展开"用户定义数据类型"文件夹，右击要删除的数据类型，在弹出的快捷菜单中选择"删除"选项，即可将该类型删除。另外，在该快捷菜单中选择"重命名"选项，可以对用户定义的数据类型进行重命名。

3.2.3　创建永久表

永久表是与临时表相对应的，永久表是指直接存放在 SQL Server 的数据文件中，只要不删除该表，该表就会一直存在。而临时表是指将其存放到内存中，当数据库关闭后再次打开，该表就不存在了。如果没有特殊说明，本书中所提到的数据表都是永久表。

创建永久表的语句如下所示：

```
CREATE TABLE table_name
(
    column_name1 datatype [ IDENTITY ( seed,increment ) ],
    …
    column_nameN datatype [ NOT NULL | NULL ]
);
```

其中：

- table_name：表名。在一个数据库中表名是不能重复的，并且要符合标识符的命名规范。
- column_name1，column_name2…：列名。表中的列名也不能重复。
- datatype：数据类型。既可以是系统的数据类型，也可以是自定义的数据类型。
- IDENTITY (seed,increment)：可选项，在一张表中只能有一个。该项表示将列设置成标识列，或称为自增长的列，seed 代表的是设定的初始值，increment 代表的是每次的增长量。另外，标识列只能用于 tinyint、smallint、int、bigint、decimal (p,0) 或 numeric (p,0) 类型的列。
- [NOT NULL | NULL]：设置该列是否可以为空，如果允许为空，则设置为"NULL"，否则设置为"NOT NULL"。如果没有特殊声明是否允许为空，在默认情况下，列的值是允许为空的，即相当于设置了"NULL"。

每个列定义完成后，除了最后一列之外，其他列都要以"，"结束。编写列的定义时可以换行，也可以不换行。为了增强可读性，建议每个列之间用"，"隔开后还是换行写。

【例 3-3】在数据库 dbtest1 中，创建图书信息表（books），见表 3-6。

表 3-6　图书信息表（books）

列　　名	数 据 类 型	说　　明
id	int	图书编号
name	nvarchar(20)	图书名称
price	decimal(7,1)	图书价格
type	nvarchar(20)	图书类型
pub	nvarchar(50)	出版社名称

根据题目要求，语句如下所示：

```
USE dbtest1 ;                              -- 打开 dbtest1 数据库
GO
CREATE TABLE books
(
    id  int ,
    name    nvarchar(20) ,
    price   decimal(7,1) ,
    type    nvarchar(20) ,
    pub     nvarchar(50)
) ;
```

执行上面的语句，即可在数据库 dbtest1 中创建图书信息表（books）。这里使用的 GO 语句是在执行多条 SQL 时使用的，用于 SQL 语句的批处理。每一个 GO 语句都代表了前面的 SQL 语句执行结束，并且 GO 语句后面不能使用分号。

【例 3-4】创建图书信息表（books_one），该表的表结构与表 3-6 一致，但是要求将图书编号列设置成标识列，从 1 开始，每次递增 1。

根据题目要求，语句如下所示：

```
USE dbtest1 ;
GO
CREATE TABLE books
(
    id  int IDENTITY(1,1) ,
    name    nvarchar(20) ,
    price   decimal(7,1) ,
    type    nvarchar(20) ,
    pub     nvarchar(50)
) ;
```

执行上面的语句，即可在数据库 dbtest1 中创建图书信息表（books_one），并且将该表的 id 列设置为标识列。这样在向表 books 中添加数据时，就不必再为图书编号列添加值，该值会自动被添加。

3.2.4 创建临时表

临时表的创建与永久表非常类似，临时表分为本地临时表和全局临时表。本地临时表是指当前登录数据库的用户可以使用，通常在表名前面加上"#"；全局临时表则是所有的用户登录该数据库后都可以使用的，通常在表名前面加上"##"。通常为了数据库安全性的考虑，一般都是创建本地临时表。创建临时表的语句同样也是使用 CREATE TABLE 语句来完成。下面通过实例来演示临时表的创建。

【例 3-5】创建临时表 book_temp，表结构与图书信息表（books）一样。

根据题目要求，语句如下所示：

```
USE dbtest1 ;
GO
CREATE TABLE #book_temp
(
    id int IDENTITY(1,1) ,
    name    nvarchar(20) ,
    price   decimal(7,1) ,
    type    nvarchar(20) ,
    pub     nvarchar(50)
) ;
```

执行上面的语句，即可创建一个临时表#book_temp。这里需要注意的是，虽然在题目中使用 USE 关键字打开了 dbtest1 数据库，但是临时表并没有存放到该数据库中，而是存放在系统数据库 tempdb 中。

如果需要创建全局临时表，则只需要在当前的表名前面再加上一个"#"即可。创建完成后，全局临时表依然保存在系统数据库 tempdb 中。

> 📖 说明：在 SQL Server 2014 中引入了内存优化表，它的作用是将数据的读/写操作放置到内存中完成，这样就可以提高对数据的存取效率，同时也能够避免死锁现象的发生。需要注意的是，如果在一个数据库中创建了内存优化表，那么该数据库的排序规则就无法更改。

3.3 维护表

维护表通常是指对表的结构进行更改，包括表中列的添加、修改及删除的操作。此外，还包括对表信息的查看和重命名的操作。

3.3.1 查看表的信息

前面已经学习了创建表的基本语句。创建好的表如何使用 SQL 语句查看表的结构呢？与前面查看数据库的信息类似，也可以使用 sp_help 存储过程来查看。另外，还可以通过 sys.objects 系统表来查看表的信息。下面通过【例 3-6】和【例 3-7】来演示查看表的效果。

【例 3-6】使用 sp_help 存储过程查看图书信息表（books）。

根据题目要求，语句如下所示：

```
USE books ;
GO
EXEC sp_help books ;
```

执行上面的语句，结果如图 3-3 所示。

从图 3-3 中可以看出，结果共有 5 部分，从上到下来看，第 1 部分用于描述表的名称、类型、拥有者及创建时间的信息；第 2 部分用于描述表中的列名、数据类型等信息；第 3 部分用于描述表中的标识列，这里 books 表中的标识列是 id 列；第 4 部分用于显示 rowguidcol 列，即表中是否含有 uniqueidentifier 类型的列，并将该列设置成 RowGuid，在 books 表中没有该列，因此显示的是"No rowguidcol column defined"，即没有定义 uniqueidentifier 类型的列；第 5 部分用于描述表存放的文件组，这里 books 表存放的文件组是主文件组 PRIMARY。此外，如果表中含有约束，还会出现约束部分的查询信息。关于约束的内容将在本书的第 4 章中详细讲解。

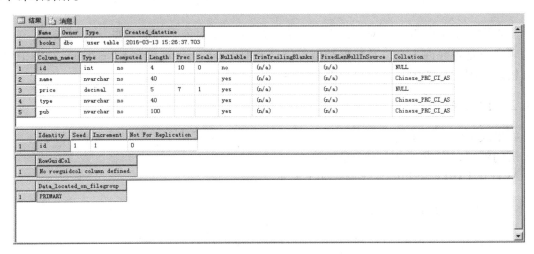

图 3-3 使用 sp_help 查看表信息

【例 3-7】使用 sys. objects 系统表查看图书信息表（books）。

根据题目要求，语句如下所示：

```
USE dbtest1;
GO
SELECT * FROM sys. objects
WHERE name ='books';
```

执行上面的语句，结果如图 3-4 所示。

图 3-4 使用 sys. objects 系统视图查看表信息

从查询结果可以看出，结果中包括了表的名称、表的类型、创建时间及修改时间等信息，但是并不能从 sys. objects 系统表中看到表中的列信息。如果需要查看具体的列信息，则可以通过系统视图 information_schema. columns 查看，如【例 3-8】所示。

【例 3-8】使用系统视图 information_schema. columns 查看图书信息表（books）的列信息。

根据题目要求，语句如下所示：

```
SELECT * FROM information_schema. columns WHERE table_name ='books';
```

执行上面的语句，部分结果如图 3-5 所示。

	TABLE_CATALOG	TABLE_SCHEMA	TABLE_NAME	COLUMN_NAME	ORDINAL_POSITION	COLUMN_DEFAULT	IS_NULLABLE	DATA_TYPE	CHARACTER_MAXIMUM_LENGTH	CHARACTER_OCTET_LENGTH
1	dbtest1	dbo	books	id	1	NULL	NO	int	NULL	NULL
2	dbtest1	dbo	books	name	2	NULL	YES	nvarchar	20	40
3	dbtest1	dbo	books	price	3	NULL	YES	decimal	NULL	NULL
4	dbtest1	dbo	books	type	4	NULL	YES	nvarchar	20	40
5	dbtest1	dbo	books	pub	5	NULL	YES	nvarchar	50	100

图 3-5　使用 information_schema. columns 系统视图查看表信息

从查询结果可以看出，通过该视图查询能够看到表中每个列的信息，包括表名、列名、列的顺序、是否允许为空以及数据类型等信息。由于 information_schema. columns 视图中含有的列较多，因此该图中只显示了一部分内容。

3.3.2　修改表

如果表中的列名在创建时写错了，或列的数据类型写错了，则只需要使用 ALTER TA-BLE 语句就可以完成对表中列信息的修改。

ALTER TABLE 语句的具体形式如下所示：

```
ALTER TABLE table_name
ADD column_name datatype [ NULL | NOT NULL][ ,…,n]
| ALTER COLUMN column_name datatype [ NULL | NOT NULL]
| DROP COLUMN column_name[ ,…,n]
```

其中：

- table_name：表名。
- column_name：列名。
- datatype：列的数据类型。
- [NULL | NOT NULL]：设置该列是否允许为空，NULL 为空，NOT NULL 为非空。默认情况下，列是允许为空的，即 NULL。
- [,…,n]：操作多列，在向表中添加列或删除列时可以一次对多列进行操作，但是不能一次修改多个列。

下面通过实例演示如何修改表中的列。

【例 3-9】向图书信息表（books）中添加一个作者（author）列。

根据题目要求，语句如下所示：

```
USE dbtest1 ;
GO
ALTER TABLE books
ADD author nvarchar(20) NOT NULL;
```

执行上面的语句，即可向 books 表中添加一列。通过 information_schema. columns 系统视图即可查看到新添加的列，如图 3-6 所示。

图 3-6　向图书信息表（books）新添加的列 author

【例 3-10】向图书信息表（books）中添加 columnA 和 columnB 两列。

根据题目要求，语句如下所示：

```
USE dbtest1;
GO
ALTER TABLE books
ADD columnA int NOT NULL,columnB varchar(10);
```

执行上面的语句，即可向 books 表中添加两列。通过 information_schema. columns 系统视图即可查看新添加的列，如图 3-7 所示。

图 3-7　向图书信息表（books）中添加的列 columnA 和 columnB

通过上面的效果可以看出，在向表中添加多列时，只需要在每个列定义之间用逗号隔开即可。

【例 3-11】将图书信息表（books）中的作者（author）列的长度改为 15。

根据题目要求，语句如下所示：

```
USE dbtest1;
GO
ALTER TABLE books
ALTER COLUMN author nvarchar(15);
```

执行上面的语句，即可将 author 列的长度改成 15。通过 information_schema. columns 系统视图即可查看新添加的列，如图 3-8 所示。

图 3-8　将图书信息表中的作者（author）列的长度改为 15

从查询的结果可以看出，不仅将图书信息表中的作者（author）列的长度修改成了 15，还将该列从不允许为空改成了允许为空。在修改列时，需要注意该列在修改前是否允许为空，如果不允许为空，则要在数据类型后面加上 NOT NULL。

> 📖 注意：在修改表结构时，最好是在表中没有存入数据之前进行。如果表中已经存在数据，则无法将表中列的长度变短或者将原来可以为空的列改成不允许为空等。

【例 3-12】将图书信息表中的作者（author）列删除。

根据题目要求，语句如下所示：

```
USE dbtest1 ;
GO
ALTER TABLE books
DROP COLUMN author;
```

执行上面的语句，author 列即可从图书信息表（books）中删除。读者可以从 information_schema. columns 系统视图中查看该列是否被删除。

【例 3-13】将图书信息表中的 columnA 和 columnB 删除。

根据题目要求，语句如下所示：

```
USE dbtest1 ;
GO
ALTER TABLE books
DROP COLUMN columnA,columnB;
```

执行上面的语句，即可将 columnA 和 columnB 从图书信息表删除。读者从 information_schema. columns 系统视图中可以发现图书信息表已经恢复到了图 3-5 所示的状态了。

3.3.3 重命名表和删除表

1. 重命名表

在修改表名称或者列名称时，使用的是 sp_rename 存储过程完成的。具体的修改语句分别如下所示：

```
EXEC sp_rename old_tablename,new_tablename;                      -- 修改表名
EXEC sp_rename 'tablename. columnname' ,'new_columnname';        -- 修改表中的列名
```

下面通过【例 3-14】演示如何修改表名和列名。

【例 3-14】将图书信息表（books）中的图书名称（name）列的名称修改成（new_name），然后将图书信息表（books）更名为 new_books。

根据题目要求，更改列名的语句如下所示：

```
USE dbtest1 ;
GO
EXECUTE sp_rename  'books. name' ,'new_name';
```

执行上面的语句，即可将图书信息表（books）中的图书名称（name）列的名称更改成 new_name。

更改表名的语句如下所示：

```
USE dbtest1;
GO
EXECUTE sp_rename   books,new_books;
```

执行上面的语句，即可将图书信息表（books）更名为 new_books。通过 information_schema. columns 系统视图查看 new_books 表的效果如图 3-9 所示。

	TABLE_CATALOG	TABLE_SCHEMA	TABLE_NAME	COLUMN_NAME	ORDINAL_POSITION	COLUMN_DEFAULT	IS_NULLABLE	DATA_TYPE	CHARACTER_MAXIMUM_LENGTH
1	dbtest1	dbo	new_books	id	1	NULL	NO	int	NULL
2	dbtest1	dbo	new_books	new_name	2	NULL	YES	nvarchar	20
3	dbtest1	dbo	new_books	price	3	NULL	YES	decimal	NULL
4	dbtest1	dbo	new_books	type	4	NULL	YES	nvarchar	20
5	dbtest1	dbo	new_books	pub	5	NULL	YES	nvarchar	50

图 3-9　更改表名和列名后的效果

通过上面的查询结果可以看出，列名和表名已经更改完成。在实际开发中，如果将表的名称或列名修改后，就需要将使用过该表的程序全部修改，因此表名和列名的修改是需要慎重考虑的。最好是在程序开发前确定好表的结构。

2. 删除表

在实际工作中，如果要删除表，则必须先将表中的数据备份后才能删除。删除表的语句如下所示：

```
DROP TABLE table_name;
```

这里，table_name 是要删除的表名。

【例 3-15】删除图书信息表（books）。

根据题目要求，语句如下所示：

```
USE dbtest1;
GO
DROP TABLE books;
```

执行上面的语句，即可将图书信息表（books）从数据库 dbtest1 中删除。需要注意的是，由于在【例 3-14】中已经将 books 更名为 new_books，因此读者如果已经操作了【例 3-14】，那么删除图书信息表时要使用 new_books 作为表名。

3.4　使用企业管理器管理表

如果使用 SQL 语句来创建和管理表不够熟练，则可以使用企业管理器操作来替代 SQL 语句的操作。但是，在实际工作中，使用 SQL 语句创建和管理表是需要熟练掌握的。

3.4.1　使用企业管理器创建表

在企业管理器中创建表与使用 SQL 语句创建类似，必须指定表名、列名以及相应的数据类型等信息。使用企业管理器创建表主要分为以下 3 个步骤。

（1）打开新建表界面

在企业管理器的对象资源管理器中，展开需要创建表的数据库，右击"表"文件夹，在弹出的快捷菜单中依次选择"新建"→"表"选项，弹出如图 3-10 所示的界面。

图 3-10　新建表界面

在该界面中，主要有列名、数据类型以及是否允许 Null 值的选项。

（2）添加表信息

在图 3-10 所示的界面中，依次添加列名和数据类型，并能直接选择该列是否允许为空。这里以创建图书信息表（books）为例，为其添加表 3-6 所示的表结构中的内容。添加后的效果如图 3-11 所示。

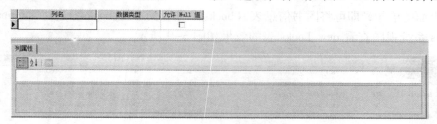

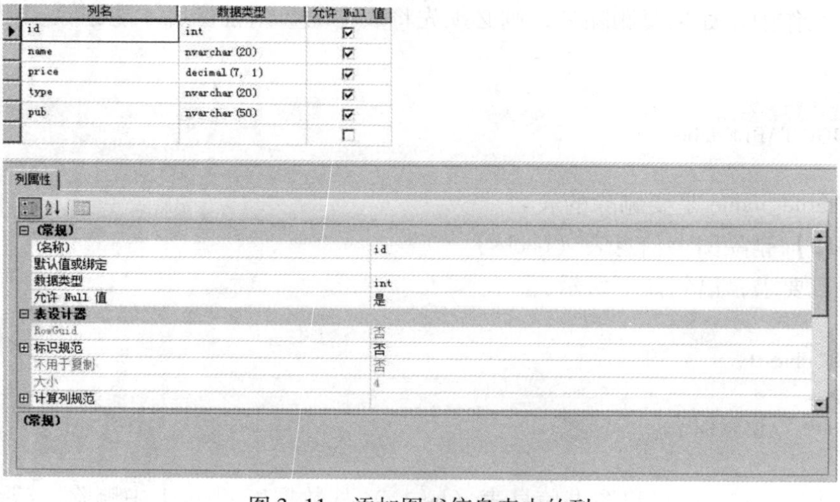

图 3-11　添加图书信息表中的列

在该界面中可以看出，添加列后默认情况下是允许为空的。此外，在添加列后，在列属性部分就出现了相应的一些选项，如列名、默认值、允许 Null 值等信息。根据表的数据要求，可以为其设置相应的选项。在使用 SQL 语句创建表时，将表中的 id 列设置成了标识列，这里也使用企业管理器将其设置成标识列。设置的方式是选中 id 列，依次展开列属性部分的"表设计器"→"标识规范"选项，如图 3-12 所示。

在该界面中，需要将"（是标识）"选项设置成"是"，然后再分别添加标识增量和标识种子。标识增量就是数值每次增加的大小，标识种子就是数值的起始值。这里将图书编号

（id）列设置成从 1 开始每次增加 1。添加后的效果如图 3-13 所示。

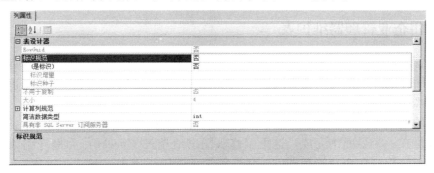

图 3-12   列属性的标识规范界面

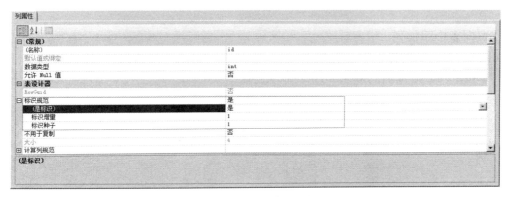

图 3-13   添加标识列

（3）添加表名

单击 SQL Server 工具栏中的 "⊞" 按钮或者直接按〈Ctrl + S〉组合键，弹出如图 3-14 所示的对话框。在该对话框中，输入 "books" 作为表名，即可完成图书信息表（books）的创建操作。

创建完成后，在对象资源管理器中的 dbtest1 数据库里的表文件夹中进行查看即可，效果如图 3-15 所示。

图 3-14   添加表名称

图 3-15   在对象资源管理器
中查看图书信息表（books）

如果需要查看表中的列，则直接展开"dbo. books"表即可查看表中的列的详细信息。

3.4.2 使用企业管理器维护表

在企业管理器中，创建表的操作完成后，使用企业管理器也可以对表结构进行更改及删除操作。下面分别介绍使用企业管理器对数据表结构进行更改、删除及重命名表操作。

1. 对表结构的更改

表结构的更改主要涉及添加列、修改列及删除列的操作。在企业管理器中，对表结构的操作几乎都是在一个界面中完成。这里以修改图书信息表（books）为例介绍如何在企业管理器中修改表结构。在企业管理器的对象资源管理器中，依次展开"数据库"→"dbtest1"文件夹，右击"books"表，在弹出的快捷菜单中选择"设计"选项，弹出的界面如图3-16所示。

（1）向表中添加列

在图3-16所示的界面中，直接在"pub"列下面输入列的数据即可。这里，向表中添加一个author列，添加后的效果如图3-17所示。

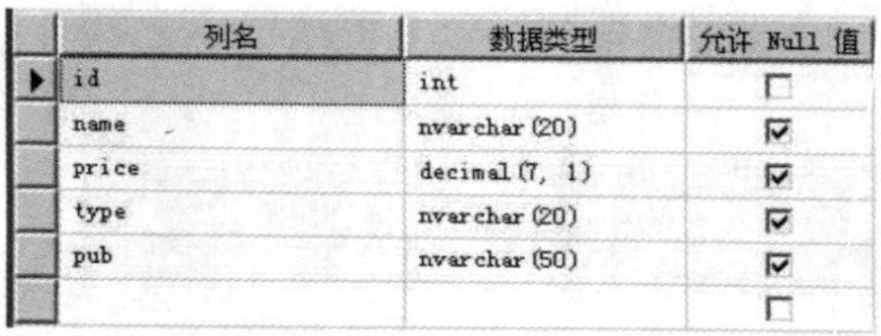

图3-16　设计表界面

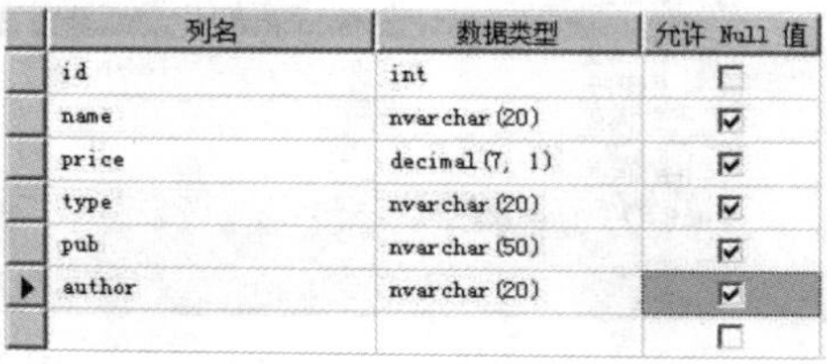

图3-17　添加author列后的效果

单击工具栏上的"⊞"按钮或者直接按〈Ctrl＋S〉组合键即可保存表中的信息。

（2）修改表中的列

在图3-16所示的界面中，直接对需要修改的列进行操作即可。如果要将author列的长度更改为50，则直接在界面中修改即可。修改后，单击工具栏上的"⊞"按钮或者直接按〈Ctrl＋S〉组合键即可保存表中的信息。

（3）删除表中的列

在图3-16所示的界面中，右击需要删除的列，在弹出的快捷菜单中选择"删除列"选项即可将所选的列删除。

2. 删除表

在企业管理器中删除表也是非常容易的，这里以删除"dbtest1"数据库中的books表为例介绍如何在企业管理器中删除表。在企业管理器的对象资源管理器中，依次展开"数据库"→"dbtest1"→"表"文件夹，右击"books"表，在弹出的快捷菜单中选择"删除"选项，弹出如图3-18所示的界面。

在图3-18所示的界面中，单击"确定"按钮，即可将books表从数据库dbtest1中删除。

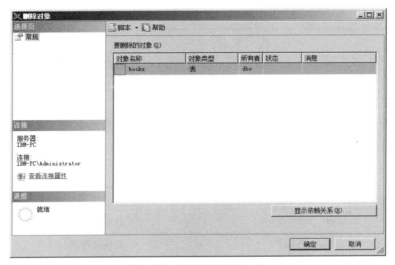

图 3-18　删除数据表 books

3. 重命名表

在企业管理器中，也可以更改表的名称。这里以将 books 表更改为 new_books 表为例介绍如何更改表的名称。在企业管理器的对象资源管理器中，依次展开"数据库"→"dbtest1"→"表"文件夹，右击"books"表，在弹出的快捷菜单中选择"重命名"选项，如图 3-19 所示。

从图 3-19 中可以看出，books 表名部分已经处于可以编辑状态，直接将其名称更改为 new_books 即可。更改名称后，直接按〈Enter〉键，即可保存表的新名称。

图 3-19　更改 books
表的表名

3.5　综合实例：向音乐播放器数据库中添加表

由于音乐播放器数据库中涉及的表比较多，这里只是简单地向音乐播放器数据库中添加用户信息表、用户权限信息表、音乐信息表、音乐类型信息表和歌手信息表。

用户信息表主要存放使用该在线音乐系统的用户信息，包括用户编号、登录名、密码、权限、邮箱等内容。其中每一个用户的登录名是不相同的。用户信息表见表 3-7。

表 3-7　用户信息表（users）

列　　名	数 据 类 型	说　　明
id	int	用户编号
name	nvarchar(20)	登录名
password	nvarchar(20)	密码
powerid	int	权限编号
email	nvarchar(50)	邮箱

用户权限信息表主要用来存放用户权限信息，在本系统中提供两个权限，即普通用户权限和管理员权限，注册的新用户默认都是普通用户权限。用户权限表见表 3-8。

表3-8　用户权限信息表（powerinfo）

列　名	数据类型	说　明
powerid	int	权限编号
powername	nvarchar(20)	权限名称

音乐信息表主要用来存放音乐的信息，包括音乐编号、音乐名称、地址、类型编号、歌手编号、上线时间等信息。音乐信息表见表3-9。

表3-9　音乐信息表（music）

列　名	数据类型	说　明
musicid	int	音乐编号
name	nvarchar(20)	音乐名称
address	nvarchar(20)	地址
typeid	int	类型编号
singerid	int	歌手编号
releasetime	datetime	上线时间
usertype	int	用户类型编号（用户权限编号）

音乐类型信息表主要用来存放音乐类型编号及类型名称。音乐类型信息表见表3-10。

表3-10　音乐类型信息表（musictype）

列　名	数据类型	说　明
typeid	int	类型编号
typename	nvarchar(20)	类型名称

歌手信息表主要用于存放歌手编号、歌手姓名、歌手简介等信息。歌手信息表见表3-11。

表3-11　歌手信息表（singerinfo）

列　名	数据类型	说　明
singerid	int	歌手编号
singer	nvarchar(20)	歌手姓名
remark	nvarchar(200)	歌手简介

下面分别根据各表中的列信息创建数据表。

创建用户信息表（users）的语句如下所示：

```
USE MusicManage；
GO
```

```
CREATE TABLE users
(
    id int identity(1,1),
    namenvarchar(20),
    passwordnvarchar(20),
    powerid int,
    emailnvarchar(50)
);
```

创建用户权限信息表（powerinfo）的语句如下所示：

```
USE MusicManage;
GO
CREATE TABLE powerinfo
(
    powerid int identity(1,1),
    powername nvarchar(20)
);
```

创建音乐信息表（music）的语句如下所示：

```
USE MusicManage;
GO
CREATE TABLE music
(
    musicid int identity(1,1),
    namenvarchar(20),
    address nvarchar(20),
    typeid    int,
    singerid   int,
    releasetime datetime,
    usertype int
);
```

创建音乐类型信息表（musictype）的语句如下所示：

```
USE MusicManage;
GO
CREATE TABLE usertype
(
    typeid int identity(1,1),
    typename nvarchar(20)
);
```

创建歌手信息表（singerinfo）的语句如下所示：

```
USE MusicManage;
GO
CREATE TABLE singerinfo
(
    singerid int identity(1,1),
    singernvarchar(20),
    age int,
    telvarchar(11)
);
```

将上述语句分别在 SQL Server 2014 中的"新建查询"页面执行后，即可将表创建到数据库 MusicManage 中。

3.6 本章小结

通过本章的学习，读者能够掌握 SQL Server 中表的概念以及表中涉及的一些术语，如列名、记录等；能够掌握表中常用的数据类型及用户自定义数据类型、创建永久表和临时表的方法；并能掌握使用企业管理器和 SQL 语句这两种方式创建和管理表，包括更改表的结构、删除表以及重命名表的操作。

3.7 本章习题

一、填空题

1. 列举出 3 个字符类型_____。
2. 列举出 3 个数值型_____。
3. 在 SQL Server 中可以将列设置成标识列，设置标识列时，要求数据类型为_____（列举 3 个即可）。

二、操作题

1. 创建课程信息表（course），在表中存放课程编号、课程名称、专业编号、授课教师、授课时间、授课教室的信息。
2. 修改题目 1 中创建的课程信息表（course），将其课程编号设置成标识列。
3. 为课程信息表（course）添加一列"备注"。
4. 将课程信息表（course）重命名为"new_course"。
5. 将课程信息表（new_course）删除。

第4章 操作表中的数据

本章将介绍如何向表中添加数据、修改数据及删除数据。在数据库中，每张表都会存放不同的数据，但是这些数据并不是随意存放的，对这些数据要有一个规则限制。表中数据的录入需要使用 SQL Server 中的约束来控制。例如，在表中输入商品价格时，不能输入小于 0 的值。另外，表之间的关系也可以通过外键约束将其关联。本章的学习目标如下。

- 掌握表中约束的作用。
- 掌握表中约束的创建和管理方法。
- 掌握向表中添加数据的操作方法。
- 掌握修改表中数据的操作方法。
- 掌握删除表中数据的操作方法。

4.1 表中的约束

在向表中添加数据前，对表中的列需要进行约束设置。本节将介绍约束的作用以及主键约束、外键约束、唯一约束、检查约束、默认值的设置与管理。

4.1.1 约束的作用

在创建表时，可以指定哪些列不允许为空。如果将第 3 章的表 3-1 中的数据录入成如表 4-1 所示的数据，会发生什么问题呢？

表 4-1　图书信息表中的数据（books）

图书编号（id）	图书名称（name）	图书价格（price）	图书类型（type）	出版社名称（pub）
1	计算机基础	-19	计算机类	电子工业出版社
2	C#高级编程	100	计算机类	100
3	公务员面试宝典	50	公考类	清华大学出版社
4	机械制图	28	机械类	机械工业出版社
5	英语四级词汇	0	二十一世纪出版社	英语类

从表 4-1 中可以看出，图书编号列设置成标识列表中的数据都是自增长的，图书名称列也没有问题。但是，在"图书价格"列中有两个列的值有问题，一个是 -19，另一个是 0，这些操作可能是在录入数据时误操作所造成的。为了避免这类问题发生，可以为该列设置检查约束，用以控制值的输入。在图书类型列中出现的问题是"二十一世纪出版社"，很明显这是将出版社名称和图书类型名称录反了。在实际应用中，如果不对录入

的数据加以规范，类似的问题是会经常发生的。因此，这里可以将图书类型列设置为外键约束与另一个张表进行关联，让图书类型列中的值全部来源于另一张表中的数据，这样就不会录入其他错误数据了。类似地，出版社名称列中出现100和英语类的问题，也可以通过外键约束来解决。

在SQL Server中约束主要包括主键约束、外键约束、唯一约束、检查约束及默认值约束。实际上，除了这5种约束外，非空约束也是一种约束。非空约束在第3章中已经介绍过了，就是确保某列的值不能为空。

（1）主键约束（PRIMARY KEY）

在一张表中只有一个主键约束，但是主键约束可以由多列构成。由多列构成的主键约束也称为复合主键。设置为主键约束的列要求该列的值不允许为空并且不允许重复，通常会将该列设置成标识列。例如，在图书信息表中，可以将图书编号列作为主键约束。

（2）外键约束（FOREIGN KEY）

外键约束是这5个约束中唯一涉及两张表关系的约束。通常将这两张表分别称为主表和从表，从表是指设置外键约束的表，而主表是被外键约束列引用值的表。将列设置为外键约束后，该列中的数据必须来源于主表中被引用值的列或者为NULL值。例如，创建一个图书类型表，见表4-2。

表4-2　图书类型表（booktype）

列　名	数　据　类　型	说　　明
typeid	int	类型编号（主键）
typename	nvarchar(20)	类型名称

将图书信息表（books）中的图书类型列设置成外键，让其值全部来源于图书类型表中的类型编号列，由于在图书信息表（books）中图书类型列的类型是字符型的，因此完全可以兼容图书类型表中类型编号的整型值。但是建议将外键列的数据类型与主表中引用列的数据类型设置一致。需要注意的是，主表中被引用的列必须是该表的主键。

（3）唯一约束

唯一约束与主键约束有些类似，作用都是确保列中的值不能重复。它与主键约束的区别是，在一张表中可以有多个唯一约束，并且允许列中有空值存在。

（4）检查约束

检查约束用来检查表中的列值是否满足一定的条件。例如，在图书信息表中，应该要求"图书价格"列的值大于0。在学生信息表中，学生的年龄列的值也要是大于0的。

（5）默认值约束

在创建表时，如果某些列中的值必须输入才能使整条记录有意义，那么这些列要为其设置非空约束。如果没有为设置非空约束的列录入值，就会出现错误。因此，通常会为设置了非空约束的列再加上一个默认值约束。在网上注册信息时，有些信息不输入，就会使用网站中默认的值，如注册时的地点、性别等信息。

对于上面介绍的5种约束也经常从数据完整性的角度将其划分为实体完整性、参照完整性及域完整性。数据完整性是指数据的正确性、有效性及一致性。

1）实体完整性主要是指表中每行数据的唯一性，能够确保每行数据唯一性的约束有主键约束和唯一约束。

2）参照完整性也称为引用完整性，是指当一张表中的数据引用了另一张表中的数据时，要避免出现一些错误的更新数据造成数据不一致问题。在前面介绍过的5个约束中，只有外键约束是保证参照完整性的约束。

3）域完整性主要是指限制了表中列的输入值的范围。检查约束和默认值约束是确保域完整性的约束。

4.1.2 主键约束

下面介绍主键约束的设置、添加及删除。

1. 在创建表时设置主键约束

创建表时设置主键约束有以下两种方式：一种是在列级设置，另一种是在表级设置。

（1）在列级设置主键约束

列级约束主要是指对表中的某一列设置约束，一般直接设置在该列的定义后面即可。主键约束在列级设置的语法如下所示：

```
CREARE TABLE    table_name
(
    column_name datatype [[CONSTRAINT constraint_name]PRIMARY KEY]
    [,…n]
)
```

其中：
- table_name：表名。
- column_name：列名。
- [CONSTRAINT constraint_name]：可以省略，constraint_name 是自定义的约束名称。如果省略了该语句，那么系统会自动为其生成一个约束名称。通常对约束的名称的规范是"约束类型名_表名_列名"的形式，具体的简写形式见表4-3。
- PRIMARY KEY：设置主键约束的关键字。

表4-3　自定义约束名称的简写

约 束 类 型	约束名称的简写
PRIMARY KEY（主键约束）	pk_表名_列名
FOREIGN KEY（外键约束）	fk_表名_列名
UNIQUE（唯一约束）	un_表名_列名
CHECK（检查约束）	ck_表名_列名
DEFAULT（默认值约束）	df_表名_列名

（2）在表级设置主键约束

表级约束主要是指对表中的多列设置约束，通常设置在所有列定义之后。此外，表级约束也可以专门为一列来设计，但是列级约束只能针对一列设置。在表级设置主键约束，具体语句如下所示：

```
CREARE TABLE table_name
(
    column_name datatype
    [,…n],
    [[CONSTRAINT constraint_name]PRIMARY KEY(column_name1,column_name2…)]
)
```

需要注意的是，如果一个主键是由多个列构成的，则必须将其在表级设置约束。

【例 4-1】在创建表 3-6 的图书信息表（books）时，为"图书编号"列设置主键约束。要求分别使用列级和表级两种方式进行设置。

1）在创建图书信息表（books）时，使用列级约束的设置方式设置主键约束，具体的语句如下所示：

```
USE dbtest1;                    --打开 dbtest1 数据库
GO
CREATE TABLE books
(
    id int    CONSTRAINT pk_books_id PRIMARY KEY,
    name    nvarchar(20),
    price    decimal(7,1),
    type    nvarchar(20),
    pub     nvarchar(50)
);
```

执行上面的语句，即可创建图书信息表，并为其图书编号（id）列添加一个名为"pk_books_id"的主键约束。这里，如果将"CONSTRAINT pk_books_id"语句省略，那么主键约束的名称则由系统自动生成。

2）在创建图书信息表（books）时，使用表级约束的设置方式设置主键约束，具体的语句如下所示：

```
USE dbtest1;                    --打开 dbtest1 数据库
CREATE TABLE books
(
    id int,
    name    nvarchar(20),
    price    decimal(7,1),
    type    nvarchar(20),
    pub     nvarchar(50),
    CONSTRAINT pk_books_id PRIMARY KEY(id)
);
```

执行上面的语句，即可在创建图书信息表时使用表级约束设置的方式为该表添加主键约束。同样，"CONSTRAINT pk_books_id"语句也是可以省略的，省略后主键约束的名称由系统自动生成。需要注意的是，使用表级约束的方式设置主键约束，要在 PRIMARY KEY 关键字后面加上设置为主键约束的列。另外，在同一个数据库中不能有同名的数据表，因此需要先将使用列级约束方式设置主键约束的图书信息表删除后才能再创建。

2. 在修改表时添加主键约束

如果数据表已经创建完成，则需要在修改表时为表中的列添加主键约束，具体的语法如下所示：

```
ALTER TABLE table_name
ADD［CONSTRAINT constraint_name］PRIMARY KEY（column_name1,column_name2,..）;
```

在添加约束时，如果表中的数据不满足新添加的约束要求，就会提示错误，不能进行约束的添加。主键约束要求表中的列非空，并且唯一。

【例 4-2】假设在创建图书信息表（books）时，并没有为其添加主键约束。要求在修改表时为其添加主键约束。

根据题目要求，具体的语句如下所示：

```
ALTER TABLE books
ADD CONSTRAINT pk_books_id PRIMARY KEY（id）;
```

执行上面的语句，即可创建图书信息表（books）并为其图书编号（id）列设置主键约束。这里，仍然可以省略"CONSTRAINT pk_books_id"语句。

在为表设置好约束后，可以通过存储过程 sp_helpconstraint 来查看表中创建的约束情况，查询的语句如下所示：

```
EXEC sp_helpconstraint table_name;
```

这里，table_name 是表名，EXEC 是执行存储过程的关键字 EXECUTE 的缩写，可以省略。

使用 sp_helpconstraint 存储过程查看图书信息表（books）的约束信息，效果如图 4-1 所示。

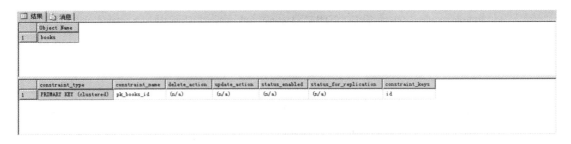

图 4-1　查看图书信息表（books）的约束信息

从图 4-1 的查询效果可以看出，在"books"表中有一个名为"pk_books_id"的主键约束。

3. 删除主键约束

删除主键约束使用的是 ALTER TABLE 语句，具体的语法如下所示：

```
ALTER TABLE table_name
DROP CONSTRAINT constraint_name;
```

其中，table_name 是表名，constraint_name 是表中的约束名称。该语句不仅可以删除主键约束，也可以删除其他约束。

【例 4-3】删除图书信息表（books）中的主键约束。

根据题目要求，语句如下所示：

```
ALTER TABLE books
DROP CONSTRAINT pk_books_id;
```

执行上面的语句，即可将主键约束"pk_books_id"从图书信息表（books）中删除。

4.1.3 外键约束

外键约束在数据完整性中属于参照完整性，它涉及两张表之间的列之间的关系。通常将设置外键约束的列所在的表称为从表，而设置外键约束的列参照的其他表称为主表。外键约束的列所参照的主表中的列必须是该主表中的主键列。本节将介绍外键约束的设置、添加与删除。

1. 在创建表时设置外键约束

外键约束的设置也可以分为在列级和表级设置，通常使用表级设置的方式居多。

（1）在列级设置外键约束

由于外键约束涉及两张表之间的关系，因此在设置时略显复杂。具体的语法如下所示：

```
CREARE TABLE    table_name1
(
    column_name datatype [[CONSTRAINT constraint_name] REFERENCES table_name2(column_
name),
       [,…n]
)
```

其中，REFERENCES 后面的表名即是外键列要参照的表，在参照的表名后面还要写清列名。需要注意的是，参照表后面的列必须是主键。在列级定义外键约束时，没有具体写明"FOREIGN KEY"关键字是因为在哪个列后面设置外键约束，外键约束就是哪列。

（2）在表级设置外键约束

在表级设置外键约束时，使用了"FOREIGN KEY"关键字。具体的语法如下所示：

```
CREARE TABLE    table_name1
```

```
(
    column_name datatype,
        [,…n],
    [[CONSTRAINT constraint_name]FOREIGN KEY(column_name)REFERENCES table_name2
(column_name),

)
```

这里，在"FOREIGN KEY"关键字后面的列名即为"table_name1"表中需要设置外键约束的列名。

【例4-4】为图书信息表（books）中的图书类型（type）列设置外键约束，将图书信息表中的图书类型列与图书类型表（typeinfo）中的图书类型编号列（typeid）参照。

根据题目要求，先创建图书类型信息表（typeinfo），并将其图书类型编号（typeid）列设置为主键。创建的语句如下所示：

```
USE dbtest1;
GO
CREATE TABLE typeinfo
(
typeid    int,
typename varchar(20),
CONSTRAINT pk_typeinfo_typeid    PRIMARY KEY(typeid)
);
```

执行上面的语句，即可创建图书类型表（typeinfo），并为其图书类型编号（typeid）列设置了名为 pk_typeinfo_typeid 的主键约束。

接着，为图书信息表（books）中的图书类型（type）列设置外键约束。由于之前图书类型列的值是 nvarchar 类型的（这里，将该列的值参照图书类型表中的图书类型编号列），因此这里将图书类型列的类型也更改为 int。创建图书信息表（books）并设置图书类型（type）列的外键约束，语句如下所示：

```
USE dbtest1;
GO
CREATE TABLE books
(
    id int CONSTRAINT pk_books_id PRIMARY KEY,
    name nvarchar(20),
    price    decimal(7,1),
    type    int CONSTRAINT fk_books_type REFERENCES typeinfo(typeid),
    pub nvarchar(50)
);
```

执行上面的语句，即可创建图书信息表（books），并为图书类型（type）列添加了名为

fk_books_typeinfo_typeid 的外键约束。如果放置在表级创建外键约束，则上面的语句可以更改为如下语句：

```
USE dbtest1 ;
GO
CREATE TABLE books
(
    id int CONSTRAINT pk_books_id PRIMARY KEY,
    name nvarchar( 20 ) ,
    price    decimal( 7,1 ) ,
    type    int ,
    pub nvarchar( 50 ) ,
    CONSTRAINT fk_books_type FOREIGN KEY( type ) REFERENCES typeinfo( typeid )
);
```

通过上面的语句可以看出，如果要在表级设置约束，则必须指定列名，而在列级就不必指定列名。

通过 sp_helpconstraint 系统存储过程查看图书信息表（books）的约束信息，结果如图 4-2 所示。

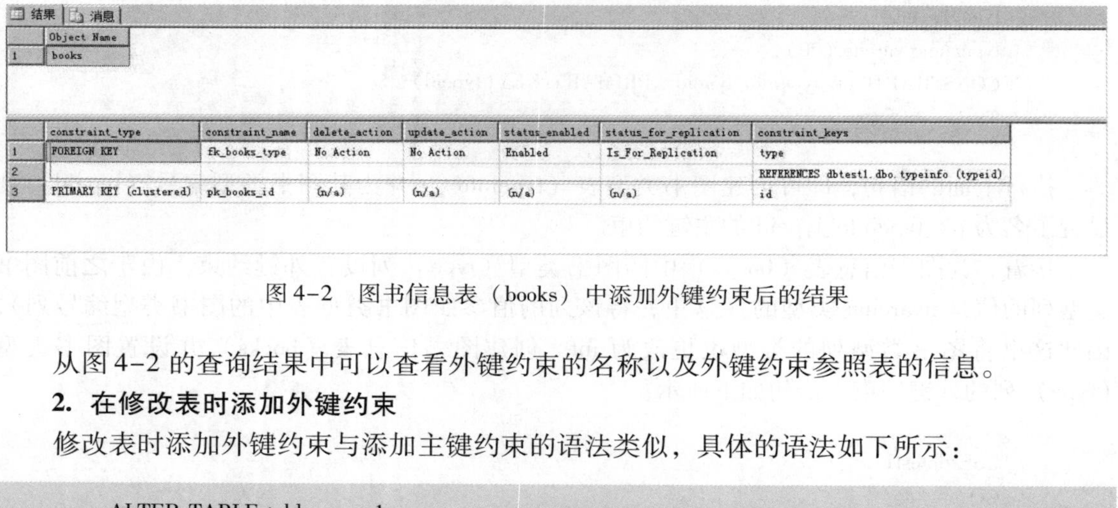

	Object Name					
1	books					

	constraint_type	constraint_name	delete_action	update_action	status_enabled	status_for_replication	constraint_keys
1	FOREIGN KEY	fk_books_type	No Action	No Action	Enabled	Is_For_Replication	type
2							REFERENCES dbtest1.dbo.typeinfo (typeid)
3	PRIMARY KEY (clustered)	pk_books_id	(n/a)	(n/a)	(n/a)	(n/a)	id

图 4-2　图书信息表（books）中添加外键约束后的结果

从图 4-2 的查询结果中可以查看外键约束的名称以及外键约束参照表的信息。

2. 在修改表时添加外键约束

修改表时添加外键约束与添加主键约束的语法类似，具体的语法如下所示：

```
ALTER TABLE table_name1
ADD [ CONSTRAINT constraint_name ] FOREIGN KEY( column_name ) REFERENCES table_name2
( column_name );
```

这里，如果省略了"［CONSTRAINT constraint_name］"语句，则外键约束的名称由系统自动生成。

【例 4-5】在图书信息表（books）中为图书类型编号列（type）添加外键约束。

根据题目要求，先创建一个不带外键约束的图书信息表，然后为其添加外键约束。具体的语句如下所示：

```
USE dbtest1 ;
GO
ALTER TABLE books
ADD CONSTRAINTfk_books_type FOREIGN KEY ( type ) REFERENCES typeinfo ( typeid ) ;
```

执行上面的语句，即可为图书信息表（books）的图书类型编号（type）列添加外键约束。读者也可以通过 sp_helpconstraint 来查看添加外键约束后的效果。

3. 删除外键约束

删除外键约束的语法与删除主键约束的语法是一样的，只要知道要删除的外键约束名称即可将其删除。下面通过实例来介绍外键约束的删除操作。

【例 4-6】 删除图书信息表（books）中的外键约束。

根据题目要求，删除外键约束的语句如下所示：

```
USE dbtest1 ;
GO
ALTER TABLE books
DROP CONSTRAINT fk_books_type ;
```

执行上面的语句，即可将外键约束"fk_books_type"从图书信息表（books）中删除。

4.1.4 唯一约束

唯一约束与主键约束有些类似，都是确保表中的列值的唯一性。与主键约束不同的是，唯一约束在一张表中可以设置多个，并且设置为唯一约束的列是允许为 NULL 的。唯一约束的设置和删除操作的语法与主键约束都是类似的，只是设置唯一约束的关键字是 UNIQUE。下面通过实例的方式介绍唯一约束的创建及删除。

【例 4-7】 在创建图书类型表（typeinfo）时，为类型名称（typename）列添加唯一约束。

根据题目要求，语句如下所示：

```
USE dbtest1 ;
GO
CREATE TABLE typeinfo
(
    typeid int PRIMARY KEY ,
    typename nvarchar ( 20 ) CONSTRAINT uq_typeinfo_typename UNIQUE
) ;
```

执行上面的语句，即可为图书类型表（typeinfo）中的类型名称列（typename）添加唯一约束。

【例 4-8】 在修改图书类型信息表（typeinfo）时，为类型名称列加上唯一约束。

根据题目要求，语句如下所示：

```
USE dbtest1 ;
GO
ALTER TABLE typeinfo
ADD CONSTRAINT uq_typeinfo_typename UNIQUE( typename) ;
```

执行上面的语句，即可在图书类型表（typeinfo）中的图书名称（typename）列添加唯一约束。

通过 sp_helpconstraint 存储过程查看图书类型表（typeinfo）的约束信息，结果如图 4-3 所示。

	Object Name						
1	typeinfo						

	constraint_type	constraint_name	delete_action	update_action	status_enabled	status_for_replication	constraint_keys
1	PRIMARY KEY (clustered)	PK_typeinfo	(n/a)	(n/a)	(n/a)	(n/a)	typeid
2	UNIQUE (non-clustered)	uq_typeinfo_typename	(n/a)	(n/a)	(n/a)	(n/a)	typename

	Table is referenced by foreign key
1	dbtest1.dbo.books: fk_books_type

图 4-3　图书类型表（typeinfo）中添加唯一约束后的结果

【例 4-9】删除图书类型表中的唯一约束。

根据图 4-3 所示的查询结果可知在图书类型表中唯一约束的名称，删除唯一约束的语句如下所示：

```
USE dbtest1 ;
GO
ALTER TABLE typeinfo
DROP CONSTRAINT uq_typeinfo_typename ;
```

执行上面的语句，即可将唯一约束从图书类型信息表（typeinfo）中删除。

4.1.5　检查约束

检查约束可用来约束列中输入数据的范围，以保证所录入数据的有效性。检查约束所使用的关键字是 CHECK。检查约束的设置和删除的方法与前面介绍过的约束操作语法是类似的。本节也以实例的方式介绍检查约束的设置与删除操作。

【例 4-10】向图书信息表（books）中的图书价格（price）列中添加一个检查约束，要求价格要大于 0 元。

根据题目要求，由于图书信息表（books）已经创建过了，因此这里只使用修改语句为其图书价格列加上检查约束即可，具体的语句如下所示：

```
USE dbtest1 ;
GO
ALTER TABLE books
ADD CONSTRAINT ck_books_price CHECK( price > 0) ;
```

执行上面的语句，即可为图书信息表（books）添加一个名为 ck_books_price 的检查约束。

再次使用 sp_helpconstraint 存储过程查看图书信息表（books）的约束信息，结果如图 4-4 所示。

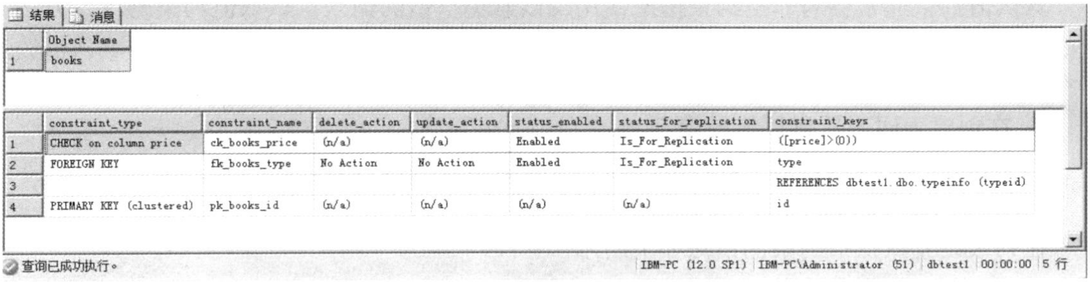

图 4-4　图书信息表（books）添加检查约束后的结果

该实例是在修改图书信息表时向表中添加的检查约束，如果需要在创建表时为图书信息表中的"price"列添加检查约束，则可以使用如下的语句：

```
USE dbtest1 ;
GO
CREATE TABLE books
(
    id int CONSTRAINT pk_books_id PRIMARY KEY,    ——设置主键约束
    name nvarchar(20) ,
    price    decimal(7,1) CONSTRAINT ck_books_price CHECK(price >0) ,      ——检查约束
    type    int,
    pub nvarchar(50) ,
    CONSTRAINT fk_books_type FOREIGN KEY(type) REFERENCES typeinfo(typeid)    ——设置
外键约束
) ;
```

执行上面的语句，即可在创建图书信息表（books）时为图书价格列（price）添加检查约束。

📖 注意：检查约束不能定义在数据类型为 text、ntext 或者 image 类型的列上。

【例 4-11】删除图书信息表（books）中的检查约束。

根据题目要求，使用删除约束的语句将通过图 4-4 所查询出的检查约束删除，具体的语句如下所示：

```
USE dbtest1 ;
GO
ALTER TABLE books
DROP CONSTRAINT ck_books_price ;
```

执行上面的语句，即可将检查约束从图书信息表（books）中删除。

4.1.6 默认值约束

默认值约束通常会与非空约束搭配使用，以避免空值的输入。默认值约束的设置方法与前面介绍的约束略有区别，但是删除的方式是一致的。下面介绍在创建表时设置默认值约束和在修改表时添加默认值约束的方法。

1. 在创建表时设置默认值约束

在创建表时设置默认值约束也分为在列级设置和在表级设置两种方式。

（1）在列级设置默认值约束

在列级设置默认值约束的语法如下所示：

```
CREARE TABLE    table_name
(
    column_name datatype [[CONSTRAINT constraint_name] DEFAULT default_value
    [,…,n]
)
```

其中，DEFAULT 是默认值约束的关键字，其后面的"default_value"就是要为该列设置的默认值。需要注意的是，为列设置的默认值一定要与列的数据类型匹配。如果默认值是字符型数据，则还要为其加上单引号。

（2）在表级设置默认值约束

在表级设置默认值约束的语法如下所示：

```
ALTER TABLE table_name
ADD[CONSTRAINT constraint_name] DEFAULT default_value FOR column_name;
```

其中，在 FOR 语句后面的"column_name"就是要为其设置默认值约束的列。

2. 在修改表时添加默认值约束

下面通过实例介绍在修改表时添加默认值的方法。

【例 4-12】在修改图书信息表（books）时，为图书出版社（pub）列添加一个默认值"无"。

根据题目要求，在修改图书信息表时为表添加默认值约束，语句如下所示：

```
USE dbtest1;
ALTER TABLE books
ADD CONSTRAINT df_books_pub DEFAULT'无'FOR pub;
```

执行上面的语句，即可向图书信息表（books）中添加一个名为 df_books_pub 的默认值约束。

【例 4-13】在创建图书信息表（books）时，为图书出版社（pub）列添加一个默认值"无"。

根据题目要求，语句如下所示：

```
USE dbtest1;
GO
CREATE TABLE books
(
    id int CONSTRAINT pk_books_id PRIMARY KEY,                              --设置主键约束
    name nvarchar(20),
    price    decimal(7,1)CONSTRAINT ck_books_price CHECK(price>0),          --检查约束
    type    int,
    pub nvarchar(50)DEFAULT'无',
    CONSTRAINT fk_books_type FOREIGN KEY(type)REFERENCES typeinfo(typeid)   --设置
外键约束
);
```

执行上面的语句，即可在创建图书信息表（books）时为图书出版社（pub）列添加默认值约束。由于在该例中创建默认值约束时，并没有设置默认值约束的名称，因此其默认值约束名称会由系统自动生成。

使用 sp_helpconstraint 存储过程查看图书信息表（books）的约束信息，结果如图 4-5 所示。

	constraint_type	constraint_name	delete_action	update_action	status_enabled	status_for_replication	constraint_keys
1	CHECK on column price	ck_books_price	(n/a)	(n/a)	Enabled	Is_For_Replication	([price]>(0))
2	DEFAULT on column pub	DF_books__pub__65370702	(n/a)	(n/a)	(n/a)	(n/a)	('无')
3	FOREIGN KEY	fk_books_type	No Action	No Action	Enabled	Is_For_Replication	type
4							REFERENCES d...

图4-5　图书信息表（books）添加默认值约束后的结果

从图 4-5 的查询结果可以看出，系统为图书出版社（pub）列添加的默认值约束名称是"DF_books_pub_65370702"。

📖 注意：需要注意的是，在为表中的列设置默认值约束时，每一个列只能设置一个默认值。

【例 4-14】从图书信息表（books）中删除为图书出版社设置的默认值约束。

根据题目要求，删除默认值约束的语句如下所示：

```
USE dbtest1;
GO
ALTER TABLE books
DROP CONSTRAINT DF_books_pub_65370702;
```

执行上面的语句，即可将默认值约束"DF_books_pub_65370702"删除。

4.1.7　使用企业管理器管理约束

在 SQL Server 数据库中，表中的约束不仅可以通过 SQL 语句来设置，也可以通过企业

管理器来设置。下面以实例的方式介绍主键约束、外键约束、唯一约束、检查约束及默认值约束的操作。

1. 主键约束

在企业管理器中，主键约束的添加和删除操作是比较简单的。下面通过两个实例来演示主键约束的添加和删除操作。

【**例4-15**】为图书信息表（books）的图书编号（id）列添加主键约束。

在修改表时，为图书信息表添加主键约束的步骤如下。

（1）打开图书信息表的设计器

在企业管理器的对象资源管理器中，依次展开"数据库"→"dbtest1"→"表"文件夹，右击"books"表，在弹出的快捷菜单中选择"设计"选项，弹出的界面如图4-6所示。

（2）为图书编号（id）列设置主键约束

在图4-6所示的界面中，右击图书编号（id）列，弹出如图4-7所示的快捷菜单。

图4-6 图书信息表（books）设计界面　　　　图4-7　列操作的快捷菜单

选择图4-7中的"设置主键"选项，即可为所选的图书编号（id）列设置主键约束。此外，也可以通过工具栏上的设置主键的按钮来设置，如图4-8所示。

在创建表时为列设置主键约束的方法与修改表时设置主键约束的方法是一样的，这里不再赘述。

【**例4-16**】将图书信息表（books）中图书编号（id）列的主键约束删除。

在企业管理器中，删除主键约束的方法与设置主键约束的方法是类似的，都是在表的设计器页面中完成的。如果图书信息表（books）的图书编号（id）列已经被设置了主键约束，那么在图4-6所示的界面中右击图书编号（id）列，弹出的快捷菜单如图4-9所示。

图4-8　使用工具栏上的按钮设置主键约束　　图4-9　设置主键后列操作的快捷菜单

从图4-9中可以看出，当为表中的列设置了主键后，快捷菜单中"设置主键"选项就变成了"删除主键"。在图4-9中，选择"删除主键"选项，即可将主键从图书信息表

（books）中删除。

2. 外键约束

下面通过两个实例讲解在企业管理器中添加和删除外键约束的操作。

【例4-17】在图书信息表（books）中，为图书类型编号（type）列添加外键约束。

打开图书信息表（books）的设计界面（见图4-6），右击表设计器，在弹出的快捷菜单中选择"关系"选项，弹出如图4-10所示的对话框。

图4-10 "外键关系"对话框

由图4-10中可以看出，在图书信息表（books）中尚未设置外键约束，单击"添加"按钮，弹出如图4-11所示的对话框。

在图4-11中，单击"表和列规范"选项后的按钮，弹出如图4-12所示的对话框。

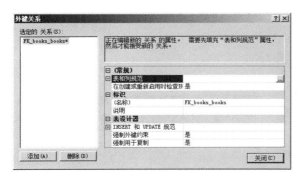

图4-11 添加外键约束

图4-12 "表和列"对话框

在图4-12所示的对话框中，将图书类型表（typeinfo）作为主键表，并选择其中的图书类型编号（typeid）列作为参照列；将图书信息表（books）作为外键表，并选择其中的图书类型编号列（type）作为外键列。完成主键表和外键表信息的选择后，输入关系名（即外键约束名称），并单击"确定"按钮，即可完成外键约束的添加操作。此外，还可以在图4-11所示的对话框中，对原有的外键约束中涉及的列进行修改。

【例4-18】删除图书信息表（books）中的外键约束。

在企业管理器中，删除外键约束也是在图4-11所示的对话框中进行操作，只需要选择要删除的外键约束名称，单击"删除"按钮，即可完成外键约束的删除操作。

3. 唯一约束

下面通过两个实例来演示如何在企业管理器中添加和删除唯一约束。

【例4-19】在企业管理器中，为图书类型表（typeinfo）中的类型名称（typename）列添加唯一约束。

为表中的列添加唯一约束仍然是在表的设计界面中完成的。在图书类型表（typeinfo）的设计界面中的快捷菜单中选择"索引/键"选项，弹出如图4-13所示的对话框。

在图4-13中可以看出，图书类型信息表（typeinfo）的主键约束也在该列表中。实际上，主键约束也是一种索引。唯一约束也是一种索引，也被称为唯一索引。在图4-13中，单击"添加"按钮，如图4-14所示。

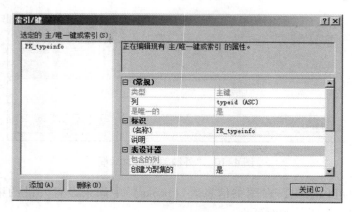

图4-13　设置索引/键对话框

在图4-14的"常规"选项区中，单击"列"选项后面的按钮，弹出如图4-15所示的对话框。

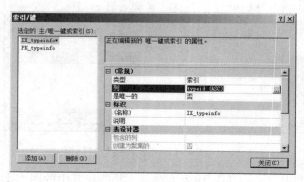

图4-14　添加唯一约束对话框

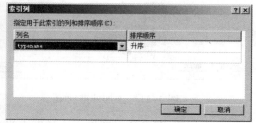

图4-15　为唯一约束设置索引列

在图4-15中选择需要设置唯一约束的列名，这里选择"typename"列。此外，还可以选择列的排序方式，默认的排序方式为升序方式。单击"确定"按钮，即可为图书类型信息表（typeinfo）中的类型名称（typename）列添加设置唯一约束的列。

在列选择操作结束后，还要在图4-14的"常规"选项区中的"是唯一的"选项后面选择"是"选项，然后单击"确定"按钮，即可为图书类型信息表（typeinfo）中的类型名称（typename）列添加唯一约束。

【例4-20】删除图书类型信息表（typeinfo）中的唯一约束。

删除唯一约束是在图4-14所示的对话框中完成的。在左侧列出的约束名称中选择要删除的唯一约束名称，然后单击"删除"按钮，即可删除唯一约束。

4. 检查约束

下面通过两个实例介绍如何在企业管理器中创建和删除检查约束。

【例4-21】在图书信息表（books）中的图书价格（price）列中添加检查约束，保证录入的图书价格是大于0的值。

添加检查约束仍然是在表的设计界面中完成的。在表的设计界面中的快捷菜单中选择"检查约束"选项，弹出如图4-16所示的对话框。

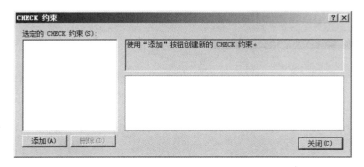

图4-16　添加检查约束

在图4-16中，单击"添加"按钮，即可输入设置检查约束的相关信息，添加信息后的对话框如图4-17所示。

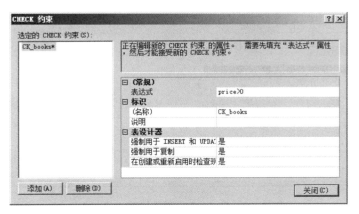

图4-17　为图书价格列（price）添加检查约束

在图4-17中可以看到，在"常规"选项区中的"表达式"选项中即可检查约束的具体内容，在"标识"选项区中的"名称"选项中即可检查约束的名称。在该对话框中单击"关闭"按钮，并保存表信息，即可将检查约束添加到图书信息表（books）中。

【例4-22】删除图书信息表（books）中的检查约束。

在图4-17中左侧的检查约束列表中，选择要删除的检查约束名称，然后单击"删除"按钮，即可将检查约束删除。

5. 默认值约束

默认值约束与前面介绍的4种约束不同。在企业管理器中，添加和删除默认值约束在表设计界面中直接设置即可。下面通过一个实例来演示如何在企业管理器中添加和删除默认值约束。

　　【例4-23】在企业管理器中，为图书信息表（books）中的出版社（pub）列添加默认值"无"。

　　在图书信息表（books）的设计界面中，选择"pub"列，在表设计界面中的列属性界面如图4-18所示。

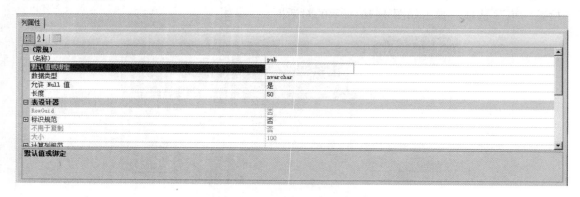

图4-18　"pub"列的列属性界面

　　在图4-18所示的界面中，在"默认值或绑定"文本框中输入该列所需的默认值即可，这里输入的值是"无"，效果如图4-19所示。

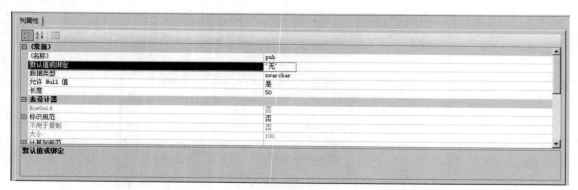

图4-19　为"pub"列添加默认值"无"

　　此时，保存表信息即可完成向图书信息表（books）中的出版社（pub）列添加默认值的操作。

　　如果需要删除默认值，则在图4-19所示的界面中，将"默认值或绑定"列后面的默认值"无"删除即可。

4.2　运算符和表达式

　　运算符不仅可以在编程语言中使用，在SQL语句中也是可以使用的。SQL语句中的运算符通常用于表中数据的计算，以及SQL语句中条件语句的编写。运算符主要分为算术运算符、逻辑运算符、比较运算符、连接运算符。

1. 算术符运算符

算术运算符是指加、减、乘、除的运算符，主要应用于数值类型的数据，见表4-4。

表4-4 算术运算符

运 算 符	说 明
+	加法运算，用于两个数值类型的数据之间就是加法运算；用于两个字符类型的数据之间表示连接，如 'A' +'a'的结果是 'Aa'
−	减法运算，用于两个数值类型的数据之间的运算
*	乘法运算，用于两个数值类型的数据之间的运算
/	除法运算，用于两个数值类型的数据之间的运算。需要注意的是，对于两个整数相除，得到的结果是相除后的商，如5/2的结果是2，不是2.5。另外，如果除数为0，则会出现"遇到以零作除数错误"的错误消息提示
%	取余运算，用于两个数值类型的数据之间的运算，如5%2的结果是1，而5.0%2的结果是1.0

在使用运算符时，不仅可以直接对表中的数据进行操作，还可以直接在 SELECT 语句后面进行数值的运算。下面就应用算术运算符完成【例4-24】和【例4-25】的操作。

【例4-24】 分别计算 123 + 456、123 − 456、12.3 * 456 以及 abc + def 的值。

根据题目要求，语句如下所示。

```
SELECT 123 + 456,123 − 456,12.3 * 456,'abc' +'def' ;
```

执行语句，效果如图4-20所示。

通过上面的语句可以看出，在 SELECT 后面直接使用运算符对数值进行运算即可，不需要再使用 FROM 子句指定从某个表中查询数据。当然，如果要对表中的数据进行运算，则需要加上 FROM 子句，后面介绍的内容会涉及关于表中数据的运算。

【例4-25】 分别计算 100/5、100/5.0、100%11、100%10.0、100%10 的值。

根据题目要求，语句如下所示。

```
SELECT 100/5,100/5.0,100%11,100%11.0,100%10;
```

执行语句，结果如图4-21所示。

图4-20　+、−、* 运算符的使用　　　　　　图4-21　/与% 运算符的使用

可以看出，使用"%"时，如果能够整除，那么余数就为0。

2. 比较运算符

比较运算符主要包括大于、小于、大于或等于、小于或等于、等于等。在 SQL 语句中，比较运算符主要用于查询语句中的 WHERE 子句中条件的设置，不能直接用在 SELECT 子句后面。使用比较运算符进行运算的结果是布尔类型的值，即 true 或 false。此外，使用比较运算符对数据进行比较时，如果是字符型的值比较，则按照字符型的值在字典中的顺序进行比较。比较运算符见表4-5。

表 4-5　比较运算符

运　算　符	说　　明
>	大于
>=	大于或等于
<	小于
<=	小于或等于
! =	不等于
<>	不等于
! >	不大于
! <	不小于

3. 逻辑运算符

逻辑运算符包括与、或、非等，主要在 SQL 语句中的 WHERE 子句中使用，用于多个条件之间的连接。该运算符两边的表达式必须是运算结果为布尔类型的。逻辑运算符见表4-6。

表 4-6　逻辑运算符

运　算　符	说　　明
and	与运算。在 and 运算符两边的表达式，只要有一个表达式的结果为假（false），则运算后的结果就为假，否则为真（true）
or	或运算。在 or 运算符两边的表达式，只要有一个表达式的结果为真，则运算后的结果就为真（true），否则为假（false）
not	非运算，
<=	小于或等于
>=	大于或等于
! =	不等于
<>	不等于
! >	不大于
! <	不小于

4.3　向表中添加数据

本节将介绍使用 SQL 语句向表中添加数据，包括向表中所有列添加值、向指定列添加值以及给表中的标识列添加值、复制表数据等操作。

4.3.1　添加数据的基本语法

对表中数据的操作使用的是 DML 语言中的 INSERT 语句来完成的，具体的语法如下所示：

```
INSERT INTO table_name( column_name1 , column_name2 ,…)
VALUES( value1 , value2 ,…) ;
```

其中:

- table_name: 表名。
- column_name: 列名。指定要输入值的列名, 如果没有指定列名, 则需要向表中的所有列输入值。
- VALUES(value1 , value2 ,…): 向对应的列中输入的值。向表名后面所指定的列中依次添加值, 要求个数和数据类型都要匹配。如果没有指定列名, 则插入值对应列的顺序就是数据表中列的存放顺序。

【例4-26】分别向图书信息表和图书类型表中添加表4-7和表4-8所示的数据。

表4-7　向图书信息表中添加的数据

图书编号（id）	图书名称（bookname）	图书价格（price）	图书类型编号（type）	出版社（pub）
1	计算机基础	30	1	机械工业出版社
2	会计电算化	25	2	电子工业出版社
3	数据库设计基础	39	1	机械工业出版社

表4-8　向图书类型表中添加的数据

类 型 编 号	类 型 名 称
1	计算机
2	会计

下面分别使用INSERT语句向图书信息表和图书类型表中添加数据。由于图书信息表中的类型编号列是图书类型表中类型编号的外键, 因此需要先向图书类型表中添加数据。具体的语句如下所示:

```
USE dbtest1 ;
GO
INSERT INTO typeinfo
VALUES('计算机 ') ;
GO
INSERT INTO typeinfo
VALUES('会计 ') ;
GO
INSERT INTO books
VALUES('计算机基础 ',30,1,'机械工业出版社 ') ;
GO
INSERT INTO books
VALUES('会计电算化 ',25,2,'电子工业出版社 ') ;
GO
INSERT INTO books
VALUES('数据库设计基础 ',39,1,'机械工业出版社 ') ;
```

执行上面的语句，即可完成向图书类型信息表和图书信息表中添加数据的操作。需要注意的是，在图书信息表和图书类型表中，图书编号列和图书类型编号列都是主键，并且已经设置成了标识列，因此不添加数据也不会出现错误。

📖 说明：如果需要向标识列添加值，则要先使用"SET IDENTITY_INSERT table_name OFF"暂时关闭标识列，然后才能向该表中的标识列添加值。

4.3.2　复制数据

向表中添加数据时，如果需要添加的数据已经在其他表中存在，则可以直接将其他表中的数据复制到需要添加数据的表中。这样，不仅可以确保数据的正确性，而且也能提高工作效率。在 SQL Server 中，复制数据的语法如下所示：

```
INSERT INTO table_name1 ( column_name1 , column_name2 , … )
SELECT column_name_1 , column_name_2 , …
FROM table_name2
```

其中：

- table_name1：需要添加数据的表。
- column_name1：表中要添加值的列名。如果不指定列名，则意味着需要向表中的所有列添加值。
- column_name_1：数据来源表 table_name2 中的列名。如果不指定列名，则相当于添加数据来源表中的全部列。
- table_name2：数据的来源表。

【例 4-27】创建图书类型信息表（typeinfo_new），并将数据从图书类型信息表（typeinfo）中复制过来。

根据题目要求，先创建 typeinfo_new 表，再复制 typeinfo 表的数据，具体的语句如下所示：

```
USE dbtest1 ;
GO
CREATE TABLE typeinfo_new(
id   int,
namenvarchar( 20 )
);
GO
INSERT INTO typeinfo_new
SELECT *
FROM typeinfo ;
```

执行上面的语句，即可将图书类型信息表（typeinfo）中的数据复制到新创建的图书类型信息表（typeinfo_new）中。

如果需要添加的数据并不在其他表中，而是新数据，那么也可以使用 SQL Sever 中的批量添加数据的语法，具体的语法如下所示：

```
INSERT INTO table_name(column_name1, column_name2, …)
VALUES(value1, value2, value3, …),
(value1, value2, value3, …),
…
```

其中，在 VALUES 后面列出要添加的数据，每条数据之间用"，"隔开就可以了。这样，省略了 INSERT INTO 子句，提高了 SQL 语句的编写效率。

【例 4-28】向图书类型表（typeinfo）中增加"机械类""自动化"类型名称。

根据题目要求，语句如下所示：

```
USE dbtest1;
GO
INSERT INTO typeinfo
VALUES('机械类'),
('自动化');
```

执行上面的语句，即可一次为表添加两条记录。

4.4 维护表数据

向表中添加数据后，不可避免地要修改或者删除表中的数据。例如，在网站上注册完信息后，可以修改个人的密码、联系方式等信息；在网站上购买商品时，需要删除订单中的商品或者删除订单等。

4.4.1 修改表中的数据

使用 SQL 语句既可以修改表中的全部数据，也可以按照指定的条件来修改表中的部分数据，具体的语法形式如下所示：

```
UPDATE table_name
SET   column_name1 = value1, column_name2 = value2 …
WHERE conditions
```

其中：

● table_name：表名。需要修改数据的表名。

● column_name = value：列名。需要修改值的列名，value 是为列设置的新值。

● conditions：条件。按条件更新表中的记录。如果省略了 WHERE 子句，就代表要修改数据表中的全部记录。

【例 4-29】将图书信息表中所有的图书价格都改成原来的 8 折。

根据题目要求，要修改表中的所有记录，省略 WHERE 子句，具体的语句如下所示：

```
USE dbtest1;
GO
UPDATE books
SET price = price * 0. 8;
```

执行上面的语句，即可将表中图书价格（price）列的值更改为原来的80%。可以通过"SELECT * FROM books"语句来验证结果。

读者可以对比表4-7中的图书价格来验证查询结果。

【例4-30】将"机械工业出版社"的图书价格改成在【例4-29】价格的基础上打9折。

根据题目要求，需要在 UPDATE 子句后加上 WHERE 子句来添加更新数据的条件，语句如下所示：

```
USE dbtest1;
GO
UPDATE books
SET price = price * 0. 9
WHERE pub ='机械工业出版社';
```

执行上面的语句，即可将符合条件的图书价格修改为原来的90%。

4.4.2　删除表中的数据

删除表中的数据后，数据将不能恢复，因此删除操作需要慎用。在删除数据前，最好对数据进行备份，以避免不必要的数据损失。在实际应用中，会在表中设置一个删除标记列，如果需要删除数据，则只修改删除标记列即可。在表中删除数据的语法如下所示：

```
DELETE FROM table_name
WHERE conditions;
```

其中：

● table_name：表名。需要删除数据的数据表名称。
● conditions：条件。按照指定条件删除数据表中的数据，如果没有指定删除条件，就是要删除表中的全部数据。

【例4-31】将表中价格高于30元的图书信息删除。

根据题目要求，语句如下所示：

```
USE dbtest1;
GO
DELETE FROM books
WHERE price >30;
```

执行上面的语句，即可将图书信息表中价格高于 30 元的图书信息删除。

【例 4-32】将图书信息表中的所有数据全部删除。

根据题目要求，删除所有数据不需要使用 WHERE 子句，具体的语句如下所示：

```
USE dbtest1 ;
GO
DELETE FROM books;
```

执行上面的语句，即可将图书信息表中所有的数据删除。

除了可以使用 DELETE 语句删除表中的全部数据外，还可以使用如下语句删除：

```
truncate table table_name
```

其中，table_name 是要删除数据的表名。由于 truncate 语句属于数据定义语言，因此使用它删除表中的数据效率比较高，但是删除后的数据是不能恢复的。使用 truncate 语句删除图书信息表的数据的语句如下所示：

```
truncate table books;
```

通过执行上面的语句，即可完成与 DELETE 语句相同的效果。

4.5　使用企业管理器管理表中的数据

在企业管理器中，不仅可以创建和维护表的结构，还可以在其中完成表中数据的添加、修改及删除的操作。下面通过实例来演示如何在企业管理器中操作数据。

【例 4-33】在图书信息表（books）中，完成如下操作。

1）向表中添入如下信息：Java 基础教程，50，1，机械工业出版社。

2）将 1）中添加的图书名称由"Java 基础教程"更改为"Java Web 基础教程"。

3）将 1）中添加的数据删除。

根据题目要求，在企业管理器的对象资源管理器中，依次展开"数据库"→"dbtest1"→"表"，右击"books"表，在弹出的快捷菜单中选择"编辑前 200 行"选项，弹出的界面如图 4-22 所示。在该界面中，最后一行数据是用"NULL"值填充的。这里可以直接录入新数据，与在 Excel 中录入数据是一样的。录入数据后的效果如图 4-23 所示。

id	name	price	type	pub
1	计算机基础	24.0	1	机械工业出版社
2	会计电算化	20.0	2	电子工业出版社
3	数据库设计基础	31.2	1	机械工业出版社
NULL	NULL	NULL	NULL	NULL

图 4-22　图书信息表（books）编辑界面

id	name	price	type	pub
1	计算机基础	24.0	1	机械工业出版社
2	会计电算化	20.0	2	电子工业出版社
3	数据库设计基础	31.2	1	机械工业出版社
4	Java基础教程	50.0	1	机械工业出版社

图 4-23　录入数据后的效果

由于在图书信息表（books）中图书编号（id）列是标识列，因此不需要录入该列的值，在录入完成数据后，仅需要将光标移动到下一行即可保存当前的数据。

如果需要更新表中的数据，则在图 4-23 所示的界面中直接修改即可，修改后依然将光标移动到下一行保存数据。这里，仅需要将"Java 基础教程"更改成"Java Web 基础教程"即可。

在图书信息表（books）中删除数据也很简单，将要删除的数据选中，并右击该选中的行，在弹出的快捷菜单中选择"删除"选项，弹出如图 4-24 所示的对话框。单击"是"按钮，即可将表中选中行的数据删除。

图 4-24　删除数据提示

4.6　综合实例 1：为音乐播放器中的数据表设置约束

音乐文件管理系统数据库所需要的约束设置要求如下：

1）为用户权限信息表（powerinfo）中的权限编号列（powerid）设置主键约束，为权限名称列（powername）设置唯一约束。

根据要求，具体语句如下所示：

```
USE MusicManage;
GO
ALTER TABLE powerinfo
ADD CONSTRAINT pk_powerinfo_powerid PRIMARY KEY(powerid),
    CONSTRAINT uq_powerinfo_powername UNIQUE(powername)
```

2）为用户信息表（users）的用户编号列（id）设置主键约束、登录名（name）设置唯一约束、用户权限（powerid）列设置与权限信息表（powerinfo）中的权限编号列（powerid）之间的外键约束。

根据要求，具体语句如下所示：

```
USEMusic Manage;
GO
ALTER TABLE users
ADD CONSTRAINT pk_users_id PRIMARY KEY(id),
    CONSTRAINT uq_users_name UNIQUE(name),
    CONSTRAINT fk_users_powerinfo_powerid FOREIGN KEY(powerid) REFERENCES powerinfo
(powerid);
```

3）为音乐类型信息表（musictype）中的类型编号（typeid）列设置主键约束、类型名称列（typename）设置唯一约束。

根据要求，具体语句如下所示：

```
USE MusicManage;
GO
ALTER TABLE musictype
ADD CONSTRAINT pk_musictype_typeid   PRIMARY KEY(typeid),
    CONSTRAINT uq_musictype_typename UNIQUE(typename);
```

4）为歌手信息表（singerinfo）中的歌手编号列（singerid）设置主键约束。

根据要求，具体语句如下所示：

```
USE MusicManage;
GO
ALTER TABLE singerinfo
ADD CONSTRAINT pk_singerinfo_singerid PRIMARY KEY(singerid);
```

5）为音乐信息表（music）中的音乐编号列（musicid）设置主键约束，为类型编号列（typeid）设置与音乐类型信息表（musictype）中的类型编号（typeid）列之间的外键约束，为歌手编号列（singerid）设置与歌手信息表（singerinfo）中的歌手编号列（singerid）之间的外键约束。

根据要求，具体语句如下所示：

```
USE MusicManage;
GO
ALTER TABLE music
ADD CONSTRAINT pk_music_musicid PRIMARY KEY(musicid),
    CONSTRAINT fk_music_musictype_typeid FOREIGN KEY(typeid) REFERENCES musictype(ty-
peid),
CONSTRAINT fk_music_singerinfo_singerid FOREIGN KEY(singerid) REFERENCES singerinfo
(singerid)
```

4.7　综合实例2：管理音乐播放器中表的数据

本实例通过向音乐播放器中所需的表中添加数据，让读者熟练掌握向表中添加数据的操作。

用户信息表（users）中的数据见表4-9。

表4-9　用户信息表（users）中的数据

用户编号	登录名	密码	权限编号	邮箱
1	sophia	123456	1	sophia@ 126. com
2	lily	123456	2	lili@ 126. com
3	lucy	123456	1	lucy@ 126. com

添加数据的语句如下所示：

```
INSERT INTO users VALUES('sophia',123456,1,'sophia@ 126. com');
INSERT INTO users VALUES('lily',123456,2,'lili@ 126. com');
INSERT INTO users VALUES('lucy',123456,1,'lucy@ 126. com');
```

用户权限表（powerinfo）的数据见表4-10。

表 4-10 用户权限表（powerinfo）的数据

权 限 编 号	权 限 名 称
1	管理员
2	普通用户

添加数据的语句如下所示：

```
INSERT INTO powerinfo VALUES('管理员 ')；
INSERT INTO powerinfo VALUES('普通用户 ')；
```

音乐信息表（music）的数据见表 4-11。

表 4-11 音乐信息表（music）的数据

音乐编号	音乐名称	地　　址	类型编号	歌手编号	上线时间	用户类型
1	一路上有你	f:\music\一路上有你 . mp3	3	1	2015 年 5 月	1
2	两只老虎	f:\music\两只老虎 . mp3	2	1	2014 年 9 月	1
3	独角戏	f:\music\独角戏 . mp3	1		2016 年 1 月	1

添加数据的语句如下所示：

```
INSERT INTO music VALUES('一路上有你 ','f:\music\一路上有你 . mp3', 3,1,'2015 - 5 ',1)，
VALUES('两只老虎 ','f:\music\两只老虎 . mp3','3,1,'2014 - 9 ',1)，
VALUES('一路上有你 ','f:\music\一路上有你 . mp3', 3,1,'2015 - 5 ',1)；
```

类型信息表（typeinfo）的数据见表 4-12。

表 4-12 类型信息表（typeinfo）的数据

类 型 编 号	类 型 名 称
1	经典老歌
2	儿歌
3	励志歌
4	流行
5	古典

添加数据的语句如下所示：

```
INSERT INTO typeinfo VALUES('经典老歌 '),('儿歌 '),('励志歌 '),('流行 '),('古典 ')；
```

歌手信息表的数据见表 4-13。

表 4-13 歌手信息表（singerinfo）的数据

歌 手 编 号	歌 手 姓 名	歌 手 简 介
1	许茹芸	无
2	小蓓蕾组合	无
3	张学友	无

添加数据的语句如下所示。

```
INSERT INTO singerinfo VALUES('许茹芸 ','无 '),('小蓓蕾组合 ','无 '),('小蓓蕾组合','无 ');
```

4.8　本章小结

通过本章的学习，读者能够掌握使用 SQL 语句及企业管理器为表创建约束以及管理表中的约束；能够掌握在 SQL Server 数据库中基本的运算符和表达式的书写；能够掌握操作表中数据的基本语句，包括向表中添加数据、更新表中的数据以及删除表中的数据，并能通过企业管理器操作表中的数据。

4.9　本章习题

一、填空题

1. 在表中只能有一个的约束是_____。
2. 主键约束与唯一约束的区别是_____。
3. 操作表中数据的 DML 语句包括_____。

二、选择题

1. 对于修改表中数据描述错误的是（　　　）。

A. 使用 UPDATE 语句可以修改表中的全部数据

B. 使用 UPDATE 语句一次只能修改一条数据

C. 使用 UPDATE 语句可以指定更新的列

D. 以上全不对

2. 对于表数据的复制，下列说法正确的是（　　　）。

A. 只能将数据源表中的数据全部复制

B. 在复制数据时，可以直接创建新表

C. 在复制数据时，可以通过 WHERE 子句来筛选源表中的数据

D. 以上都正确

三、操作题

1. 创建考试题目信息表，表结构见表 4-14；创建题目类型信息表，表结构见表 4-15。

表 4-14　考试题目信息表 （question）

列　　名	数 据 类 型	描　　述
id	int	题目编号
name	nvarchar(200)	题目名称
answer	nvarchar(200)	答案
typeid	int	题目类型编号
remark	nvarchar(200)	备注

表 4-15　题目类型信息表（questiontype）

列　　名	数据类型	描　　述
typeid	int	类型编号
typename	nvarchar(50)	类型名称

2. 根据所创建的表，为表创建如下约束。

（1）为题目类型信息表中的题目类型编号添加主键约束，为题目名称列添加唯一约束。

（2）为考试题目信息表中的题目类型编号列添加主键约束、题目名称列添加唯一约束、答案列添加非空约束，为题目类型编号列添加与题目类型信息表中的类型编号列之间的外键约束。

3. 分别为考试题目信息表和题目类型信息表添加表 4-16 和表 4-17 所示的数据。

表 4-16　考试题目信息表（question）中的数据

题目编号	题目名称	答案	题目类型编号	备注
1	在表中只能有一个的约束是( )	主键约束	1	无
2	列举出表中的 3 个约束	主键约束、外键约束、检查约束	2	无

表 4-17　题目类型信息表

类型编号	类型名称
1	填空题
2	简答题

4. 将考试题目信息表中的编号为 2 的题目答案更改为"主键约束、唯一约束、外键约束"。

5. 将考试题目信息表中的编号为 1 的题目信息删除。

第5章 查　　询

在数据库的使用中查询语句的使用频率是最高的。例如，在网上购买图书时，通过图书的名称、出版社等信息查询图书，查询手机的话费，收取电子邮件等。因此，查询语句是SQL语句的核心内容。在SQL Server数据库中，查询语句主要分为单表查询、多表查询、分组查询和子查询。本章的学习目标如下。

- 掌握基本查询语句。
- 掌握多表查询语句。
- 掌握分组查询的使用。
- 掌握子查询的使用。

5.1 基本查询语句

本节将详细说明在SQL语句中使用的运算符和表达式、SELECT语句的基本形式及常用的查询语句。为了有大量的数据供读者查询使用，本章使用的示例数据库是SQL Server中的NorthWind数据库。在该数据库中，本章使用其中3张数据表作为查询的数据源，即产品、供应商及类别表。为了能够让读者更好地理解表中数据的内容，本数据库使用的是中文版的，并且表名和列名也是中文的。但是，在实际工作中建议不要采用中文的表名。产品表的表结构如图5-1所示。在产品表中，供应商ID和类别ID都是外键约束，分别与供应商表中的供应商ID列和类别表中的类别ID列关联。产品ID列是该表的主键约束。此外，产品名称列也不能为空。

供应商表的表结构如图5-2所示。在供应商表中，供应商ID列是主键约束，公司名称列不允许为空。

列名	数据类型	允许 Null 值
产品ID	int	☐
产品名称	nvarchar(40)	☐
供应商ID	int	☑
类别ID	int	☑
单位数量	nvarchar(20)	☑
单价	money	☑
库存量	int	☑
订购量	int	☑
再订购量	int	☑
中止	bit	☐
		☐

图5-1　产品表的表结构

列名	数据类型	允许 Null 值
供应商ID	int	☐
公司名称	nvarchar(40)	☐
联系人姓名	nvarchar(30)	☑
联系人职务	nvarchar(30)	☑
地址	nvarchar(60)	☑
城市	nvarchar(15)	☑
地区	nvarchar(15)	☑
邮政编码	nvarchar(10)	☑
国家	nvarchar(15)	☑
电话	nvarchar(24)	☑
传真	nvarchar(24)	☑
主页	nvarchar(MAX)	☑
		☐

图5-2　供应商表的表结构

类别表的表结构如图 5-3 所示。在类别表中，类别 ID 是主键约束，类别名称不允许为空。

	列名	数据类型	允许 Null 值
▶	类别ID	int	☐
	类别名称	nvarchar(15)	☐
	说明	nvarchar(MAX)	☑
	图片	image	☑
			☐

图 5-3　类别表的表结构

5.1.1　不带条件的查询

不带条件的查询是指查询语句中数据的检索范围是表中的全部数据，只是选择显示的列不同或者对列有一些相关运算。不带条件的查询语句只需要 SELECT 和 FROM 子句，具体的语法形式如下所示：

SELECT［DISTINCT］［TOP n］* , column_name|expressions, column_name|expressions, …
FROM table_name

其中：

- column_name：列名，是指数据表中的列名，可以在 SELECT 子句后面添加多个列名，多个列名之间用逗号隔开
- expressions：表达式，是使用上一章所讲解的运算符对表中的数据进行的计算。
- DISTINCT：去除表中的重复行。
- TOP n：显示查询结果中的前 n 行。
- *：表示显示表中所有的列。
- table_name：表名，实际上 SELECT 语句不仅可以查询表中的数据，还可以查看视图、函数以及 XML 数据等。

下面通过实例来演示不带条件查询的基本应用。

【例 5-1】查询产品表中的产品名称和单价的信息。

根据题目要求，语句如下所示。

SELECT 产品名称,单价
FROM 产品;

执行上面的语句，结果如图 5-4 所示。由于表中的数据较多，这里只取部分数据。

【例 5-2】查询产品表中的全部列，并显示前 5 行记录。

根据题目要求，语句如下所示：

SELECT TOP 5 *
FROM 产品;

执行上面的语句，效果如图 5-5 所示。

	产品名称	单价
1	苹果汁	18.00
2	牛奶	19.00
3	蕃茄酱	10.00
4	盐	22.00
5	麻油	21.35
6	酱油	25.00
7	海鲜粉	30.00
8	胡椒粉	40.00
9	鸡	97.00
10	蟹	31.00
11	大众奶酪	21.00
12	德国奶酪	38.00
13	龙虾	6.00
14	沙茶	23.25
15	味精	15.50
16	饼干	17.45

图 5-4　查询产品名称和单价的信息

	产品ID	产品名称	供应商ID	类别ID	单位数量	单价	库存量	订购量	再订购量	中止
1	1	苹果汁	1	1	每箱24瓶	18.00	39	0	10	1
2	2	牛奶	1	1	每箱24瓶	19.00	17	40	25	0
3	3	蕃茄酱	1	2	每箱12瓶	10.00	13	70	25	0
4	4	盐	2	2	每箱12瓶	22.00	53	0	0	0
5	5	麻油	2	2	每箱12瓶	21.35	0	0	0	1

图 5-5　查询产品表中的前 5 行记录

【例5-3】查询产品表，显示出所有单位数量。

在图5-5的查询结果中可以看出，有好多单位数量都是重复的，现在只想显示不重复的，在SELECT语句中使用DISTINCT去除重复行，语句如下所示：

```
SELECT DISTINCT 单位数量
FROM 产品；
```

执行上面的语句，效果如图5-6所示。

从查询结果可以看出，只显示不重复的11条单位数量的值。

【例5-4】查询产品表，并将所有的单价上调10%。

根据题目要求，只是在查询表数据时将产品的单价上调10%而不是更改表中的数据。查询语句如下所示：

```
SELECT 产品名称,单价,单价*1.1
FROM 产品；
```

执行上面的语句，效果如图5-7所示。

图5-6 查询产品表中的单位数量

图5-7 将单价上调后的查询效果

从查询结果可以看出，调价的结果上面并没有显示列名。那么，如何来更改显示结果中的列名呢？在SQL Server中，支持以下03种方式。

（1）使用AS关键字设置列别名

使用AS关键字设置别名的语句如下所示：

```
SELECT 列名1 AS 别名1, 列名1 AS 别名1,…
FROM 表名
```

这里，列名也可以是表达式。

（2）使用空格设置列别名

设置的方法与使用AS的方法类似，只是将AS换成空格即可，语句如下所示：

```
SELECT 列名1 别名1, 列名1 别名1,…
FROM 表名
```

（3）使用等号设置列别名

使用等号设置列别名的语句与上面两种略有不同，将别名放到列名或表达式前面来进行设置，语句如下所示：

```
SELECT 别名 1 = 列名 1,别名 2 = 列名 2,…
FROM 表名
```

下面通过【例5-5】演示如何给调价后的价格列设置别名。

【例5-5】分别使用3种设置别名的方式来演示【例5-4】中的查询语句。

根据题目要求，使用 AS 设置别名的语句如下所示：

```
SELECT 产品名称,单价,单价 * 1.1 AS 调价后的价格
FROM 产品;
```

使用空格的方式设置别名的语句如下所示：

```
SELECT 产品名称,单价,单价 * 1.1    调价后的价格
FROM 产品;
```

使用等号的方式设置别名的语句如下所示：

```
SELECT 产品名称,单价, 调价后的价格 = 单价 * 1.1
FROM 产品;
```

上面3种设置别名的方式的显示效果是一样的，如图5-8所示。

	产品名称	单价	上调后的价格
1	苹果汁	18.00	19.80000
2	牛奶	19.00	20.90000
3	蕃茄酱	10.00	11.00000
4	盐	22.00	24.20000
5	麻油	21.35	23.48500
6	酱油	25.00	27.50000
7	海鲜粉	30.00	33.00000
8	胡椒粉	40.00	44.00000
9	鸡	97.00	106.70000
10	蟹	31.00	34.10000
11	大众奶酪	21.00	23.10000
12	德国奶酪	38.00	41.80000
13	龙虾	6.00	6.60000
14	沙茶	23.25	25.57500
15	味精	15.50	17.05000
16	饼干	17.45	19.19500

图 5-8   设置列别名

5.1.2　带条件的查询

带条件的查询是指在 SELECT 子句后面加上 WHERE 子句。在 WHERE 子句后面可以使

用前面学习的比较运算符或者逻辑运算符对表中的数据进行检索，具体的语句形式如下所示：

```
SELECT［DISTINCT］［TOP n］＊,column_name|expressions,column_name|expressions,…
FROM table_name
WHERE conditions;
```

其中，WHERE 语句要放到 FROM 语句之后使用，在 WHERE 语句后可以放置一个或多个条件，并且多个条件之间使用逻辑运算符连接，即与（and）、或（or）、非（not）。除了在第 4 章中学习过的运算符外，还有一部分专门用于条件编写的特殊运算符，见表 5-1。

表 5-1　特殊运算符

运　算　符	说　　明
IN	判断某个值是否在 IN 后面的指定的范围内。例如，50 IN（50，100，200），如果在 IN 后面的数值中有 50，那么结果为 True，否则为 False
BETWEEN…AND	判断某个值是否在一个范围内。例如，100 BETWEEN 50 AND 200，如果 100 在 50～200 之间，则结果是 True，否则是 Falsh
LIKE	用于模糊查询，判断某个值是否与 LIKE 后面的值匹配。LIKE 运算符后面通常会与通配符连用

下面通过实例来演示带条件查询语句的应用。

【例 5-6】查询产品表，显示所有单价高于 50 元的产品名称、单价及订购量。

根据题目要求，语句如下所示。

```
SELECT 产品名称,单价,订购量
FROM 产品
WHERE 单价 >50;
```

执行上面的语句，效果如图 5-9 所示。

【例 5-7】查询产品表，查询出单价在 50～100 之间的产品名称和单价信息。

根据题目要求，语句如下所示：

```
SELECT 产品名称,单价
FROM 产品
WHERE 单价 >=50 AND 单价 <=100;
```

执行上面的语句，效果如图 5-10 所示。

	产品名称	单价	订购量
1	鸡	97.00	0
2	墨鱼	62.50	0
3	桂花糕	81.00	0
4	鸭肉	123.79	0
5	绿茶	263.50	0
6	猪肉干	53.00	0
7	光明奶酪	55.00	0

图 5-9　查询单价高于 50 元的产品信息

	产品名称	单价
1	鸡	97.00
2	墨鱼	62.50
3	桂花糕	81.00
4	猪肉干	53.00
5	光明奶酪	55.00

图 5-10　查询单价在 50～100 之间的产品信息

使用 BETWEEN…AND 语句也可以达到与上面的语句相同的效果。

```
SELECT 产品名称,单价
FROM 产品
WHERE 单价 BETWEEN 50 AND 100;
```

执行上面的语句,显示的效果与图 5-10 一样。需要注意的是,这里,使用 BETWEEN…AND 检索数据时,是要包含 50 和 100 的。如果要查询的值不是小于或等于 100,而是小于 100 的这种情况,则不能使用 BETWEEN…AND 运算符。

【例 5-8】查询产品表,显示产品名称是猪肉干、牛奶、苹果汁的产品信息。

根据题目要求,语句如下所示:

```
SELECT *
FROM 产品
WHERE 产品名称 = '猪肉干'OR 产品名称 = '牛奶'OR 产品名称 = '苹果汁';
```

执行上面的语句,结果如图 5-11 所示。

	产品ID	产品名称	供应商ID	类别ID	单位数量	单价	库存量	订购量	再订购量	中止
1	1	苹果汁	1	1	每箱24瓶	18.00	39	0	10	1
2	2	牛奶	1	1	每箱24瓶	19.00	17	40	25	0
3	51	猪肉干	24	7	每箱24包	53.00	20	0	10	0

图 5-11　显示苹果汁、牛奶、猪肉干的产品信息

读者会发现上面的查询语句略显烦琐,实际上使用表 5-1 中的特殊运算符里的 IN 运算符即可完成。使用 IN 运算符改写后的语句如下所示:

```
SELECT *
FROM 产品
WHERE 产品名称 IN('猪肉干','牛奶','苹果汁');
```

执行上面的语句,结果与图 5-11 一致。

【例 5-9】查询产品表,显示除了猪肉干、牛奶、苹果汁的产品信息。

根据题目要求,查询的结果正好与【例 5-8】相反,直接在 IN 运算符前面加上 NOT 运算符即可,具体的语句如下所示:

```
SELECT *
FROM 产品
WHERE 产品名称 NOT IN('猪肉干','牛奶','苹果汁');
```

执行上面的语句,部分结果如图 5-12 所示。

	产品ID	产品名称	供应商ID	类别ID	单位数量	单价	库存量	订购量	再订购量	中止
1	3	蕃茄酱	1	2	每箱12瓶	10.00	13	70	25	0
2	4	盐	2	2	每箱12瓶	22.00	53	0	0	0
3	5	麻油	2	2	每箱12瓶	21.35	0	0	0	1
4	6	酱油	3	2	每箱12瓶	25.00	120	0	25	0
5	7	海鲜粉	3	7	每箱30盒	30.00	15	0	10	0
6	8	胡椒粉	3	2	每箱30盒	40.00	6	0	0	0
7	9	鸡	4	6	每袋500克	97.00	29	0	0	1
8	10	蟹	4	8	每袋500克	31.00	31	0	0	0
9	11	大众奶酪	5	4	每袋6包	21.00	22	30	30	0
10	12	德国奶酪	5	4	每箱12瓶	38.00	86	0	0	0
11	13	龙虾	6	8	每袋500克	6.00	24	0	5	0
12	14	沙茶	6	7	每箱12瓶	23.25	35	0	0	0
13	15	味精	6	2	每箱30盒	15.50	39	0	5	0

图 5-12　查询除了猪肉干、牛奶、苹果汁的产品信息

同样，在 BETWEEN…AND 运算符、LIKE 运算符前面也可以加上 NOT 关键字，表示不在某个范围之内或不符合某个条件。

5.1.3　模糊查询

模糊查询是查询语句最常见的一种应用。例如，在网上购物时，输入商品名称得到的查询结果是含有输入的商品名称字样的所有商品信息。在网上找工作时，输入相应的职位名称，就会显示所有含有该职位名称的职位信息。在京东商城的搜索框中输入"鼠标"，单击搜索按钮，部分效果如图 5-13 所示。

¥49.00

罗技（Logitech）M100r 光电鼠标（黑色）罗技畅销有线鼠标，黑白双色，全尺
已有149847人评价

□对比 ♡关注 🛒加入购物车

¥179.00 噢品

雷蛇（Razer）Deathadder 炼狱蝰蛇1800 DPI 游戏鼠标 性价比更加合理，游戏的持
已有29522人评价

□对比 ♡关注 🛒加入购物车

¥34.90

雷柏（Rapoo）M218 无线光学鼠标 黑色专业无线，月销6万，18万好评，高分评
已有146968人评价

□对比 ♡关注 🛒加入购物车

¥69.00 噢品

双飞燕（A4TECH）N-810FX 飞梭截图针光鼠 绅士旺黑 双飞燕游戏键鼠，狂欢返场
已有48137人评价

□对比 ♡关注 🛒加入购物车

图 5-13　查询与鼠标匹配的结果

从图 5-13 中可以看出，显然搜索结果品牌各异，但是其商品描述中都含有"鼠标"二字。

在 SQL Server 中，使用模糊查询仅需要使用 LIKE 运算符即可。在使用 LIKE 运算符时，需要配合以下通配符使用。

1）%：代表 0 到多个字符。

2）_：代表 1 个字符。

3）［］：代表在指定范围内的任意单个字符。例如，［A－C］表示只能是匹配 A、B、C 中的任意一个字符。

4）［^］：代表不在指定范围内的任意单个字符。例如，［^A－C］表示匹配除了 A、B、C 的任意一个字符。

【例 5-10】查询产品表，显示所有含有"奶酪"的产品名称和单价。

根据题目要求，使用"%"作为通配符进行查询，语句如下所示：

```
SELECT 产品名称,单价
FROM 产品
WHERE 产品名称 LIKE '%奶酪%';
```

执行上面的语句，效果如图 5-14 所示。

从查询结果可以看出，商品名称中全部都是含有"奶酪"字样的产品信息。

【例 5-11】查询产品表，显示结尾 3 个字中含有"奶酪"字样的产品名称和单价信息。

根据题目要求，3 个字的产品名称并且以"奶酪"字样结尾意味着在"奶酪"前面只能有一个字符，因此需要使用"_"通配符完成，语句如下所示：

```
SELECT 产品名称,单价
FROM 产品
WHERE 产品名称 LIKE '_奶酪';
```

执行上面的语句，效果如图 5-15 所示。

	产品名称	单价
1	大众奶酪	21.00
2	德国奶酪	38.00
3	温馨奶酪	12.50
4	白奶酪	32.00
5	浪花奶酪	2.50
6	光明奶酪	55.00
7	花奶酪	34.00
8	黑奶酪	36.00
9	意大利奶酪	21.50
10	酸奶酪	34.80

图 5-14　显示出含有"奶酪"的产品信息

	产品名称	单价
1	白奶酪	32.00
2	花奶酪	34.00
3	黑奶酪	36.00
4	酸奶酪	34.80

图 5-15　查询以"奶酪"结尾，
产品名称为 3 个字的产品信息

从查询结果可以看出，符合题目要求的结果只有 4 条记录。

【例 5-12】查询产品表，查询出以"奶酪"结尾的 3 个字的产品名称，并且第 1 个字符必须是"白"或者"黑"。

根据题目要求，需要使用[ ]通配符来完成，语句如下所示：

```
SELECT 产品名称,单价
FROM 产品
WHERE  产品名称 LIKE '[白,黑]奶酪';
```

执行上面的语句，效果如图5-16所示。

从查询结果可以看出，将图5-15中的结果又做了进一步的筛选，只显示了其中以"白"或"黑"开头的产品信息。如果想查询不以"白"或"黑"开头，但还是以"奶酪"结尾的产品信息，更改后的语句如下所示：

```
SELECT 产品名称,单价
FROM 产品
WHERE 产品名称 LIKE '[^白,黑]奶酪';
```

执行上面的语句，效果如图5-17所示。

	产品名称	单价
1	白奶酪	32.00
2	黑奶酪	36.00

图5-16　含有"白"或"黑"的
以"奶酪"结尾的产品信息

	产品名称	单价
1	花奶酪	34.00
2	酸奶酪	34.80

图5-17　查询不以"白"或"黑"
开头的、以"奶酪"结尾的产品信息

需要注意的是，不能直接使用 NOT LIKE 来检索不是"黑"或"白"开头的3个字的产品信息，否则会查询出所有不是以"黑"或"白"开头的并以"奶酪"结尾的产品信息。

在检索数据时，有时还会遇到查询含有"%"或单引号等特殊字符的信息，在 SQL Server 中已经将这些符号赋予了特殊的意义。因此，查询这些特殊的字符，要使用 SQL Server 中提供的转义字符。

在 SQL Server 中，使用 ESCAPE 关键字来定义转义字符，当把转义字符放置在通配符的前面时，则该通配符会被解释为普通的字符。

【例5-13】查询产品表，显示产品名称中含有"%"的产品名称和单价。

为了能够更好地体现查询结果，先在产品表中加入一个"%牛奶%"的产品。这里，需要将"%"使用 ESCAPE 关键字解释成普通的字符，那么就需要在"%"前面加上一个符号，这里使用"/"作为转义字符。实现的语句如下所示。

```
SELECT 产品名称,单价
FROM 产品
WHERE 产品名称 LIKE '%/%牛奶/%% 'ESCAPE '/';
```

执行上面的语句，结果如图5-18所示。

从上面的查询结果可以看出，在"/"后面的"%"被解释成一般的"%"，而不在"/"后面的"%"仍然是通配符。

	产品名称	单价
1	%牛奶%	NULL

图5-18　查询产品名称中含有
"%牛奶%"的产品信息

除了使用 ESCAPE 可以对字符转义外，还可以使用 LIKE 中的通配符[ ]来完成，将特殊的字符放置到其中。上面的语句可以更改为如下语句：

```
SELECT 产品名称,单价
FROM 产品
WHERE 产品名称 LIKE '%[%]牛奶[%]% 'ESCAPE '/';
```

执行上面的语句，即可实现与图 5-18 相同的效果。

5.1.4 NULL 值查询

从产品表的查询结果中可以看出，有很多没有填写的值，这些值都使用 NULL 来填充。如果需要从表中将所有为 NULL 值的列查询出来，则不能直接使用 " = NULL" 的形式来查询。具体的查询方法如下所示：

```
SELECT [DISTINCT][TOP n] * ,column_name|expressions,column_name|expressions,…
FROM table_name
WHERE   column_name IS [NOT] NULL;
```

这里，将判断条件放置到 WHERE 子句后面，IS NULL 是判断列值为 NULL，IS NOT NULL 是判断列值不为 NULL。需要注意的是，NULL 值代表的是没有为该列赋值，而不是空字符。

【例5-14】查询产品表，显示出价格为 NULL 的所有产品名称、单价及库存量。

根据题目要求，语句如下所示：

```
SELECT 产品名称,单价,库存量
FROM 产品
WHERE 单价 IS NULL;
```

执行上面的语句，效果如图 5-19 所示。

	产品名称	单价	库存量
1	%牛奶%	NULL	NULL

图 5-19　查询单价为 NULL 的产品信息

从查询结果可以看出，只有一条记录符合单价列的值为 NULL 的条件。类似地，如果需要查询单价列不为 NULL 的记录，则直接将其改成如下语句即可：

```
SELECT 产品名称,单价,库存量
FROM 产品
WHERE 单价 IS NOT NULL;
```

部分执行效果如图 5-20 所示。

从查询结果可以看出，单价列的值全都不为 NULL。

	产品名称	单价	库存量
1	苹果汁	18.00	39
2	牛奶	19.00	17
3	蕃茄酱	10.00	13
4	盐	22.00	53
5	麻油	21.35	0
6	酱油	25.00	120
7	海鲜粉	30.00	15
8	胡椒粉	40.00	6
9	鸡	97.00	29
10	蟹	31.00	31
11	大众奶酪	21.00	22
12	德国奶酪	38.00	86
13	龙虾	6.00	24

图 5-20　单价列不为 NULL 的产品信息

5.1.5　查询结果排序

在实际应用中，经常用到的操作就是对查询结果进行排序。例如，在网上购物时，会按照价格对商品进行排序；如果想知道某件商品是否畅销，经常还会按照其销量进行排序。在图 5-13 中，查询"鼠标"信息时，并没有对查询结果进行排序。如果要对查询出的结果按照产品的价格从高到低进行排序，则显示的结果如图 5-21 所示。

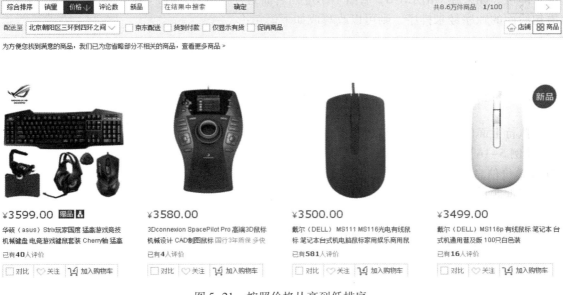

图 5-21　按照价格从高到低排序

在 SQL Server 中，对查询结果排序只需要使用 ORDER BY 子句即可完成，该子句需要放到查询语句的最后。放置 ORDER BY 子句后，查询语句的形式如下所示：

```
SELECT［DISTINCT］［TOP n］*,column_name|expressions,column_name|expressions,…
FROM table_name
```

```
WHERE conditions
ORDER BY column_name|column_num [DESC|ASC],…;
```

其中，ORDER BY 子句后面的 column_name 是指定要按其排序的列，column_num 是指列在 SELECT 语句后面的顺序，如 SELECT 后的第一列就是 1。DESC 是降序排列，ASC 是升序排序。如果没有指定列的排序顺序，则默认情况下按照升序排列显示结果。此外，在 ORDER BY 子句后面也可以按照多列排序，多个列排序之间用逗号隔开即可。例如，按照第 1 列升序排列、第 2 列降序排列。按照第 2 列排序是指当第 1 列相同时，才会再按照第 2 列排序。

【例 5-15】查询产品表，显示产品的单价位列前 5 位的产品名称、单价信息。

根据题目要求，语句如下所示：

```
SELECT TOP 5 产品名称,单价
FROM 产品
ORDER BY 单价   DESC;
```

执行上面的语句，结果如图 5-22 所示。

从查询结果可以看出，查询单价位列前 5 位的产品信息就是先将产品的单价按照从高到低的顺序排列，然后再取得查询结果的前 5 条记录即可。如果在 ORDER BY 后面不指定列名而是使用列在 SELECT 语句后面的顺序号来排序，则可以改写成如下语句：

图 5-22 查询单价
位列前 5 位的产品信息

```
SELECT TOP 5 产品名称,单价
FROM 产品
ORDER BY2   DESC;
```

执行上面的语句，结果与图 5-22 一致。

【例 5-16】查询产品表，按照类别 ID 降序排列、单价升序排列，显示产品名称、类别 ID 及单价信息。

根据题目要求，语句如下所示：

```
SELECT 产品名称,类别 ID,单价
FROM 产品
ORDER BY 类别 ID DESC,单价 ASC;
```

执行上面的语句，结果如图 5-23 所示。

从查询结果可以看出，类别 ID 列是按照从大到小的顺序排列的，并且当类别 ID 相同时，单价的值按照从小到大的顺序排列。

在使用 ORDER BY 子句对查询结果进行排序，应用 TOP 关键字返回前 n 行记录时，还可以加上 WITH TIES 选项，这样查询出来的记录中包含与 ORDER BY 子句后面排序列的值相同的所有项。下面通过【例 5-17】来对比 WITH TIES 选项添加前和添加后的

效果。

【例5-17】分别使用 TOP N 和 TOP N WITH TIES 查询产品表中的前 5 条记录,按照类别 ID 降序排列显示出产品名称和类别 ID。

根据题目要求,先使用 TOP N 查询,语句如下所示:

```
SELECT  TOP 5 产品名称,类别 ID
FROM 产品
ORDER BY 类别 ID  DESC;
```

执行上面的语句,结果如图 5-24 所示。

	产品名称	类别ID	单价
1	龙虾	8	6.00
2	雪鱼	8	9.50
3	虾子	8	9.65
4	蚵	8	12.00
5	海参	8	13.25
6	海哲皮	8	15.00
7	虾米	8	18.40
8	鱿鱼	8	19.00
9	黄鱼	8	25.89
10	干贝	8	26.00
11	蟹	8	31.00
12	墨鱼	8	62.50
13	鸡精	7	10.00
14	沙茶	7	23.25
15	海鲜粉	7	30.00
16	烤肉酱	7	45.60
17	猪肉干	7	53.00
18	鸡肉	6	7.45
19	鸭肉	6	24.00

图 5-23　按照类别 ID 降序排列、
单价升序排列查询产品信息

	产品名称	类别ID
1	蟹	8
2	龙虾	8
3	墨鱼	8
4	黄鱼	8
5	鱿鱼	8

图 5-24　使用 TOP N,按照类别 ID
降序排列显示前 5 条记录

使用 TOP N WITH TIES 查询,语句如下所示:

```
SELECT  TOP 5 WITH TIES 产品名称,类别 ID
FROM 产品
ORDER BY 类别 ID  DESC;
```

执行上面的语句,结果如图 5-25 所示。

从上面的查询结果可以看出,使用 WITH TIES 选项可以将与第 5 条记录中类别 ID 相同的值全部显示出来。

5.2　多表查询

在图 5-23 所示的查询结果中,类别 ID 列的值都是数字,不能直接看出具体的类别名称。类别名称是在类别表中的,因此需要根据产品表中的类别 ID 找到对应的类别表中的类别名称列的值。这种数据的查询方式称为多表查询。多表查询是指可以从 1

	产品名称	类别ID
1	蟹	8
2	龙虾	8
3	墨鱼	8
4	黄鱼	8
5	鱿鱼	8
6	干贝	8
7	虾米	8
8	虾子	8
9	雪鱼	8
10	蚵	8
11	海参	8
12	海哲皮	8

图 5-25　使用 TOP N
WITH TIES,按照类别
ID 降序排列显示前 5 条记录

个以上的表中检索数据。

5.2.1 笛卡儿积

笛卡儿积是一个从多表中检索数据，并且不加 WHERE 子句指定查询条件的结果。假设，不加入 WHERE 子句查询产品表和类别表，查询语句如下所示：

```
SELECT *
FROM 产品,类别;
```

执行上面的语句，效果如图 5-26 所示。

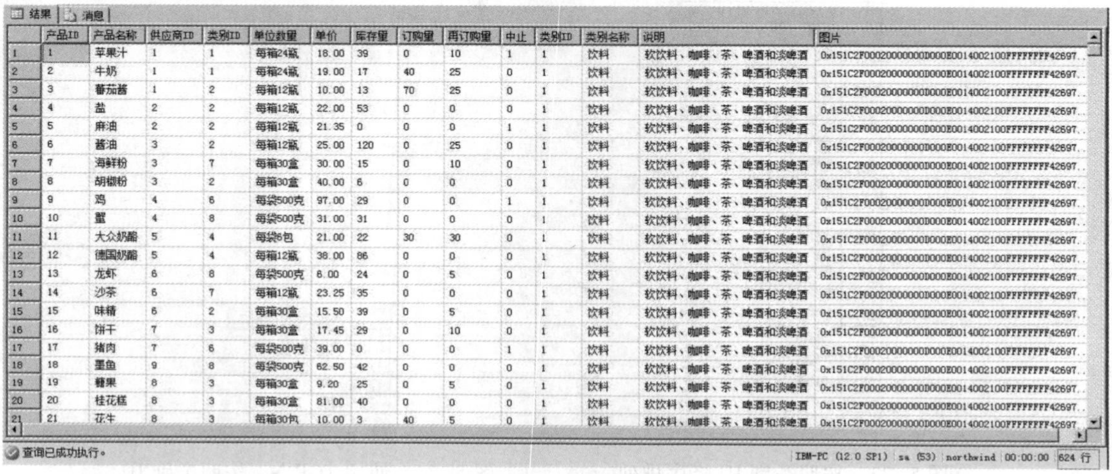

	产品ID	产品名称	供应商ID	类别ID	单位数量	单价	库存量	订购量	再订购量	中止	类别ID	类别名称	说明	图片
1	1	苹果汁	1	1	每箱24瓶	18.00	39	0	10	1	1	饮料	软饮料、咖啡、茶、啤酒和淡啤酒	0x151C2F0002000000D000E0014002100FFFFFFFF42697...
2	2	牛奶	1	1	每箱24瓶	19.00	17	40	25	0	1	饮料	软饮料、咖啡、茶、啤酒和淡啤酒	0x151C2F0002000000D000E0014002100FFFFFFFF42697...
3	3	蕃茄酱	1	2	每箱12瓶	10.00	13	70	25	0	1	饮料	软饮料、咖啡、茶、啤酒和淡啤酒	0x151C2F0002000000D000E0014002100FFFFFFFF42697...
4	4	盐	2	2	每箱12瓶	22.00	53	0	0	0	1	饮料	软饮料、咖啡、茶、啤酒和淡啤酒	0x151C2F0002000000D000E0014002100FFFFFFFF42697...
5	5	麻油	2	2	每箱12瓶	21.35	0	0	0	1	1	饮料	软饮料、咖啡、茶、啤酒和淡啤酒	0x151C2F0002000000D000E0014002100FFFFFFFF42697...
6	6	酱油	3	2	每箱12瓶	25.00	120	0	25	0	1	饮料	软饮料、咖啡、茶、啤酒和淡啤酒	0x151C2F0002000000D000E0014002100FFFFFFFF42697...
7	7	海鲜粉	3	7	每箱30盒	30.00	15	0	10	0	1	饮料	软饮料、咖啡、茶、啤酒和淡啤酒	0x151C2F0002000000D000E0014002100FFFFFFFF42697...
8	8	胡椒粉	3	2	每箱30盒	40.00	6	0	0	0	1	饮料	软饮料、咖啡、茶、啤酒和淡啤酒	0x151C2F0002000000D000E0014002100FFFFFFFF42697...
9	9	鸡	4	6	每袋500克	97.00	29	0	0	1	1	饮料	软饮料、咖啡、茶、啤酒和淡啤酒	0x151C2F0002000000D000E0014002100FFFFFFFF42697...
10	10	蟹	4	8	每袋500克	31.00	31	0	0	0	1	饮料	软饮料、咖啡、茶、啤酒和淡啤酒	0x151C2F0002000000D000E0014002100FFFFFFFF42697...
11	11	大众奶酪	5	4	每袋6包	21.00	22	30	30	0	1	饮料	软饮料、咖啡、茶、啤酒和淡啤酒	0x151C2F0002000000D000E0014002100FFFFFFFF42697...
12	12	德国奶酪	5	4	每箱12瓶	38.00	86	0	0	0	1	饮料	软饮料、咖啡、茶、啤酒和淡啤酒	0x151C2F0002000000D000E0014002100FFFFFFFF42697...
13	13	龙虾	6	8	每袋500克	6.00	24	0	5	0	1	饮料	软饮料、咖啡、茶、啤酒和淡啤酒	0x151C2F0002000000D000E0014002100FFFFFFFF42697...
14	14	沙茶	6	7	每箱12瓶	23.25	35	0	0	0	1	饮料	软饮料、咖啡、茶、啤酒和淡啤酒	0x151C2F0002000000D000E0014002100FFFFFFFF42697...
15	15	味精	6	2	每箱30盒	15.50	39	0	5	0	1	饮料	软饮料、咖啡、茶、啤酒和淡啤酒	0x151C2F0002000000D000E0014002100FFFFFFFF42697...
16	16	饼干	7	3	每箱30盒	17.45	29	0	10	0	1	饮料	软饮料、咖啡、茶、啤酒和淡啤酒	0x151C2F0002000000D000E0014002100FFFFFFFF42697...
17	17	猪肉	7	6	每袋500克	39.00	0	0	0	1	1	饮料	软饮料、咖啡、茶、啤酒和淡啤酒	0x151C2F0002000000D000E0014002100FFFFFFFF42697...
18	18	墨鱼	9	8	每袋500克	62.50	42	0	0	0	1	饮料	软饮料、咖啡、茶、啤酒和淡啤酒	0x151C2F0002000000D000E0014002100FFFFFFFF42697...
19	19	糖果	8	3	每箱30盒	9.20	25	0	5	0	1	饮料	软饮料、咖啡、茶、啤酒和淡啤酒	0x151C2F0002000000D000E0014002100FFFFFFFF42697...
20	20	桂花糕	8	3	每箱30盒	81.00	40	0	0	0	1	饮料	软饮料、咖啡、茶、啤酒和淡啤酒	0x151C2F0002000000D000E0014002100FFFFFFFF42697...
21	21	花生	8	3	每箱30包	10.00	3	40	5	0	1	饮料	软饮料、咖啡、茶、啤酒和淡啤酒	0x151C2F0002000000D000E0014002100FFFFFFFF42697...

图 5-26　查询产品表和类别表的全部记录

图 5-1 和图 5-3 分别列出的是产品表和类别表的表结构，产品表中共有 10 列，类别表中共有 4 列，在产品表中共有 78 行记录、类别表中共有 8 行记录。从上面的查询结果可以看出，结果中共有 14 列 624 行记录。实际上，结果中的列数就是两张表中列数的和（10 +4），行数就是两张表中行数的乘积（即 78 ×8）。笛卡儿积也称笛卡儿乘积，它实际上是关系代数中的一个概念，在数据库中笛卡儿积是指在查询结果中的记录行数等于每张表中记录行数的乘积。

在实际工作中，由于产生笛卡儿积的查询结果会存在大量的冗余数据，因此，在对多表进行查询时，一定要在表之间设置合理的条件，尽量避免笛卡儿积形式的结果出现。

5.2.2 内连接查询

在 SQL Server 中，内连接查询分为等值连接查询、自连接查询、非等值连接查询。内连接查询的结果都是符合 WHERE 语句后面检索条件的记录，即去除了与另一张表中的行不匹配的行。

1. 等值连接

等值连接是指具有主外键关系的表中的关联，如产品表中的类别 ID 列与类别表中类别 ID 列之间的关联。下面通过【例 5-18】来完成等值连接的演示。

【例 5-18】 查询产品表和类别表，显示产品名称和类别名称的前 5 条记录。

根据题目要求，语句如下所示：

```
SELECT TOP 5 产品名称,类别名称
FROM 产品,类别
WHERE 产品．类别 ID=类别．类别 ID;
```

执行上面的语句，效果如图 5-27 所示。

	产品名称	类别名称
1	苹果汁	饮料
2	牛奶	饮料
3	汽水	饮料
4	啤酒	饮料
5	蜜桃汁	饮料

图 5-27　查询产品名称和类别名称信息

从上面的查询结果可以看出，已经将产品表中的类别 ID 与类别表中的类别 ID 列建立关联，查询出了类别 ID 所对应的类别名称值。

需要注意的是，在使用多表连接时，WHERE 子句中的条件中的列名前面必须加上表名加以限制，即“表名.列名”的形式。另外，在多表查询时，如果在多个表中有相同的列名，则需要在 SELECT 语句后面使用“表名．列名”的方式来限定列名来自哪张表。

在查询语句中可以为列设置别名，在多表查询时，如果表名过长，则也可以为表设置别名。给表设置别名使用的是空格或 AS 的方式，即“表名　别名”或“表名 AS 别名”。

【例 5-19】查询产品表、类别表、供应商表，显示产品名称、类别名称、公司名称前 5 条记录。

根据题目要求，语句如下所示：

```
SELECT 产品名称,类别名称,公司名称
FROM 产品,类别,供应商
WHERE 产品．类别 ID=类别．类别 ID
        AND 产品．供应商 ID=供应商．供应商 ID
```

执行上面的语句，效果如图 5-28 所示。

	产品名称	类别名称	公司名称
1	苹果汁	饮料	佳佳乐
2	牛奶	饮料	佳佳乐
3	汽水	饮料	金美
4	啤酒	饮料	力锦
5	蜜桃汁	饮料	力锦

图 5-28　查询产品名称、类别名称以及公司名称信息

从查询结果可以看出，既将产品表中的类别 ID 列关联到类别中的类别 ID 列显示类别名称列，又将产品表中的供应商 ID 与供应商表中的供应商 ID 列关联，查询出公司名称列。

在多表连接查询时，不仅可以放置多表之间的连接条件，而且可以加上其他的条件，如模糊查询、范围查询等。

【例 5-20】查询产品表、类别表，显示出类别名称为“饮料”并且价格大于 20 元的产品信息。

根据题目要求，语句如下所示：

```
SELECT 产品名称,类别名称
FROM 产品,类别
WHERE 产品．类别 ID=类别．类别 ID
        AND 类别．类别名称='饮料'
        AND   产品．单价>20;
```

执行上面的语句，效果如图 5-29 所示。

	产品名称	类别名称
1	绿茶	饮料
2	柳橙汁	饮料

图 5-29　查询出类别是"饮料"并且单价大于 20 的产品信息

除了直接使用等值连接条件外，也可以使用 INNER JOIN 的方式来完成内连接操作，具体的语法如下所示：

```
SELECT column_name1 , column_name2 , …
FROM table_name1    INNER JOIN table_name2
ON conditions
WHERE othersconditions
ORDER BY column_name|column_num    [DESC|ASC] , … ;
```

其中：

- table_name1：数据表 1，通常在表连接中称为左表。
- table_name2：数据表 2，通常在表连接中称为右表。
- INNER JOIN：内连接的关键字。
- ON：设置连接的条件，也就是两张表中的连接条件。如果需要加上其他的筛选条件，则直接在 WHERE 语句后面添加即可。

下面将【例5-18】【例5-19】和【例5-20】改写成 INNER JOIN 的形式。

【例5-21】将【例5-18】中的查询使用 INNER JOIN 的方式实现。

根据题目要求，语句如下所示：

```
SELECT TOP 5 产品名称,类别名称
FROM 产品 INNER JOIN 类别
      ON   产品 . 类别 ID = 类别 . 类别 ID;
```

执行上面的语句，效果与图 5-27 相同。

【例5-22】将【例5-19】中的查询使用 INNER JOIN 的方式实现。

根据题目要求，语句如下所示：

```
SELECT 产品名称,类别名称,公司名称
FROM 产品    INNER JOIN 类别
      ON 产品 . 类别 ID = 类别 . 类别 ID
      INNER JOIN 供应商 . 供应商 ID
      ON 产品 . 供应商 ID = 供应商 . 供应商 ID
```

执行上面的语句，效果与图 5-28 相同。

【例5-23】将【例5-20】中的查询使用 INNER JOIN 的方式实现。

根据题目要求，语句如下所示：

```
SELECT 产品名称,类别名称
FROM    产品   INNER JOIN 类别
        ON 产品 . 类别 ID = 类别 . 类别 ID
WHERE   类别 . 类别名称 = '饮料'
        AND 产品 . 单价 > 20;
```

执行上面的语句,效果与图 5-29 相同。

2. 自连接

自连接是指表与自身连接,在自连接时,一定要在 FROM 语句后面为表分别设定别名。实际上,自连接是将一张表看作两张表,然后使用相关的条件进行连接。下面通过【例 5-24】来演示自连接的实现。

【例 5-24】查询价格比巧克力便宜的产品名称和单价。

根据题目要求,语句如下所示:

```
SELECT   a. 产品名称,a. 单价
FROM 产品 a,产品 b
WHERE    b. 产品名称 = '巧克力' AND a. 单价 < b. 单价;
```

执行上面的语句,结果如图 5-30 所示。

	产品名称	单价
1	蕃茄酱	10.00
2	龙虾	6.00
3	糖果	9.20
4	花生	10.00
5	燕麦	9.00
6	汽水	4.50
7	温馨奶酪	12.50
8	浪花奶酪	2.50
9	虾子	9.65
10	雪鱼	9.50
11	蚵	12.00
12	蛋糕	9.50
13	玉米片	12.75
14	三合 [...]	7.00
15	鸡肉	7.45
16	海参	13.25
17	绿豆糕	12.50
18	鸡精	10.00
19	浓缩咖啡	7.75
20	辣椒粉	13.00

图 5-30　查询低于巧克力单价的产品信息

3. 非等值连接

非等值连接是指不是按照相等作为条件进行连接的。例如,将产品表和类别表中的连接条件修改成了 < > ,则查询的语句如下所示:

```
SELECT *
FROM 产品,类别
WHERE 产品 . 类别 ID < > 类别 . 类别 ID
```

5.2.3 外连接查询

外连接查询是与内连接查询相对应的。外连接查询允许显示仅与一张表中数据匹配而与另一张表中数据不匹配的结果。外连接查询分为左外连接、右外连接及全外连接 3 种。

1. 左外连接

左外连接的查询结果中包括所有与左表中记录匹配的内容，如果与左表中匹配的内容与右表中的内容不匹配，那么右表中相应的记录会用 NULL 值来填充。具体的语句形式如下所示：

```
SELECT column_name1 , column_name2 , …
FROM table1_name LEFT OUTER JOIN table2_name
ON conditions
WHERE otherconditions
ORDER BY column_name|column_num [ DESC|ASC ] , … ;
```

这里，LEFT OUTER JOIN 就是实现表左外连接的语句，其他的语句在前面已经讲解过，不再赘述。

【例 5-25】 使用左外连接的形式查询产品表、类别表，并将价格高于 60 元的产品的产品名称和类别名称及单价显示出来。

根据题目要求，为了能够达到理想的效果，现在产品表中添加一个产品，并将其类别设置为类别表中类别 ID 不存在的值，查询的语句如下所示：

```
SELECT 产品 . 产品名称, 产品 . 单价, 类别 . 类别名称
FROM 产品 LEFT OUTER JOIN 类别
ON 产品 . 类别 ID = 类别 . 类别 ID
WHERE 产品 . 单价 > 60 ;
```

执行上面的语句，效果如图 5-31 所示。

从查询结果可以看出，左边产品表里面的产品荔枝与右边类别表没有对应的值。由于是左外连接的操作，因此将左表中的记录全部查询出来，右表中与之不匹配的内容使用 NULL 值来填充。

	产品名称	单价	类别名称
1	鸡	97.00	肉/家禽
2	墨鱼	62.50	海鲜
3	桂花糕	81.00	点心
4	鸭肉	123.79	肉/家禽
5	绿茶	263.50	饮料
6	荔枝	80.00	NULL

图 5-31 使用左外连接
查询产品信息

2. 右外连接

右外连接与左外连接类似，只是将右表中的记录全部查询出来，左表中与之对应的记录全部填充为 NULL 值。具体的语法形式如下所示：

```
SELECT column_name1 , column_name2 , …
FROM table1_name RIGHT OUTER JOIN table2_name
ON conditions
WHERE otherconditions
ORDER BY column_name|column_num [ DESC|ASC ] , … ;
```

这里，与左外连接不同的是将 LEFT OUTER JOIN 换成了 RIGHT OUTER JOIN。但仍然将 table1_name 称为左表、table2_name 称为右表。

【例 5-26】使用右外连接查询产品表和类型表，显示产品名称、单价及类型名称。

根据题目要求，为了能够更好地显示结果，在类别表中新添加一个"图书"类，查询语句如下所示：

```
SELECT 产品 . 产品名称，产品 . 单价,类别 . 类别名称
FROM 产品 RIGHT OUTER JOIN 类别
ON 产品 . 类别 ID = 类别 . 类别 ID
```

执行上面的语句，部分效果如图 5-32 所示。

	产品名称	单价	类别名称
1	NULL	NULL	图书
2	苹果汁	18.00	饮料
3	牛奶	19.00	饮料
4	汽水	4.50	饮料
5	啤酒	14.00	饮料
6	蜜桃汁	18.00	饮料
7	绿茶	263.50	饮料
8	运动饮料	18.00	饮料
9	柳橙汁	46.00	饮料
10	矿泉水	14.00	饮料
11	苏打水	15.00	饮料
12	浓缩咖啡	7.75	饮料
13	柠檬汁	18.00	饮料

图 5-32　使用右外连接查询产品信息

从查询结果可以看出，右表类别表中的"图书"类没有与左表匹配的记录，因此将左表产品表中与之没有匹配的记录使用 NULL 值填充。

3. 全外连接

全外连接实际上是左外连接和右外连接的综合，它不仅将左表中的全部记录查询出来，右表中没有与之对应的记录填充 NULL 值，而且将右表中的全部记录查询出来，左表中没有与之对应的记录填充 NULL 值，具体的语法形式如下所示：

```
SELECT column_name1 , column_name2 ,…
FROM table1_name FULL OUTER JOIN table2_name
ON conditions
WHERE otherconditions
ORDER BY column_name|column_num [ DESC|ASC ],…;
```

这里，全外连接使用的连接语句是 FULL OUTER JOIN，其他的都与左外连接和右外连接一致。

【例 5-27】使用全外连接查询产品表和类别表，显示出产品名称、单价及类别名称：

根据题目要求，语句如下所示：

```
SELECT 产品 . 产品名称,产品 . 单价,类别 . 类别名称
FROM 产品 FULL OUTER JOIN 类别
ON 产品 . 类别 ID = 类别 . 类别 ID
```

执行上面的语句，效果如图 5-33 所示。

从查询结果可以看出，既将左表产品表中的"荔枝"查询出来，把右表中没有与之匹配的部分填充为 NULL 值，又将右表中的"图书"查询出来，把左表中没有与之匹配的部分填充为 NULL 值。

	产品名称	单价	类别名称
61	海鲜酱	28.50	调味品
62	山渣片	49.30	点心
63	甜辣酱	43.90	调味品
64	黄豆	33.25	谷类/...
65	海苔酱	21.05	调味品
66	肉松	17.00	调味品
67	矿泉水	14.00	饮料
68	绿豆糕	12.50	点心
69	黑奶酪	36.00	日用品
70	苏打水	15.00	饮料
71	意大	21.50	日用品
72	酸奶酪	34.80	日用品
73	海哲皮	15.00	海鲜
74	鸡精	10.00	特制品
75	浓缩咖啡	7.75	饮料
76	柠檬汁	18.00	饮料
77	辣椒粉	13.00	调味品
78	%牛奶%	NULL	饮料
79	荔枝	80.00	NULL
80	NULL	NULL	图书

图 5-33　使用全外连接
查询产品信息

5.2.4　结果集的运算

结果集就是通过查询得到的结果，即通过 SELECT 语句查询得到的结果。每一个查询都返回一个结果集。结果集的运算是指对不同的查询得到的结果集进行的合并、相减等运算。例如，有两个查询，另一个用于查询产品表所有低于 50 元的产品信息，另一个用于查询产品饮料类产品，如果想得到这两个查询中的结果，不再写新的查询，则需要使用结果集的运算来操作这两个查询。

在 SQL Server 中，结果集的运算包括求并集、求差集及求交集的运算。

1. 求并集

对结果集进行并集运算是将使用 SELECT 语句查询得到的结果集合并到一起，可以理解为结果集的相加。具体的语法形式如下所示：

```
select_statement
UNION [ALL]
select_statement
UNION [ALL]
select_statement…;
```

其中：

- select_statement：查询语句。需要注意的是，结果集合并时，所有查询语句中的数据类型和数量要匹配
- UNION[ALL]：合并结果集的运算符。按照查询语句给出的列按照顺序一对一地合并。在查询语句中可以有多个 UNION 运算符。需要注意的是，UNION 运算符在合并结果集后，会将结果集中的重复行删除。如果在合并结果集后，不去除重复行，则可以在 UNION 运算符后加上 ALL 关键字。

【例 5-28】分别使用两个查询来查询产品表，一个查询用于查询产品表中所有价格高于 100 元的产品的产品名称及单价，另一个查询用于查询产品表中所有价格低于 10 元的产品的产品名称及单价，然后使用 UNION ALL 将两个查询结果合并。

根据题目要求，语句如下所示：

```
SELECT 产品名称,单价
FROM 产品
WHERE 单价 > 100
UNION ALL
SELECT 产品名称,单价
```

```
FROM 产品
WHERE 单价 < 10;
```

执行上面的语句,结果如图 5-34 所示。

从查询结果可以看出,结果中的数据是由两个查询结果组成的,并且第一个结果集的内容在前,第二个结果集的内容在后。如果需要将合并后的结果集内容排序,则可以使用 ORDER BY 子句来完成。ORDER BY 子句仍然放到语句的最后,排序的列是第一个查询中 SELECT 后面的列表。例如,将上面的查询结果按照单价升序排列,更改后的语句如下所示:

```
SELECT 产品名称,单价
FROM 产品
WHERE 单价 > 100
UNION ALL
SELECT 产品名称,单价
FROM 产品
WHERE 单价 < 10
ORDER BY 单价   ASC;
```

执行上面的语句,效果如图 5-35 所示。

	产品名称	单价
1	鸭肉	123.79
2	绿茶	263.50
3	龙虾	6.00
4	糖果	9.20
5	燕麦	9.00
6	汽水	4.50
7	浪花奶酪	2.50
8	虾子	9.65
9	雪鱼	9.50
10	蛋糕	9.50
11	三合一	7.00
12	鸡肉	7.45
13	浓缩咖啡	7.75

图 5-34　使用 UNION ALL 合并结果集

	产品名称	单价
1	浪花奶酪	2.50
2	汽水	4.50
3	龙虾	6.00
4	三合一麦片	7.00
5	鸡肉	7.45
6	浓缩咖啡	7.75
7	燕麦	9.00
8	糖果	9.20
9	雪鱼	9.50
10	蛋糕	9.50
11	虾子	9.65
12	鸭肉	123.79
13	绿茶	263.50

图 5-35　对合并后的结果排序

2. 求差集

求差集与求并集类似,也是对查询的结果进行操作,并且要求每个查询结果集中的列数据类型和列数量要匹配。具体的语法形式如下所示:

```
select_statement
EXCEPT
select_statement
EXCEPT
select_statement…;
```

这里,EXCEPT 运算符是用于求差集的。在查询结果中使用该运算符,结果是第一个查询结果集的记录减去第二个查询结果集的记录,依次类推。

【例 5-29】 分别使用两个查询来查询产品表,第一个查询用于查询单价在 50～100 元之间的产品的产品名称和价格,第二个查询用于查询单价在 50～70 元之间的产品的产品名称和价格。现对这两个查询结果集求差集。

根据题目要求,语句如下所示:

```
SELECT 产品名称,单价
FROM 产品
WHERE 单价 BETWEEN 50 AND 100
EXCEPT
SELECT 产品名称,单价
FROM 产品
WHERE 单价 BETWEEN 50 AND 70;
```

执行上面的语句,效果如图 5-36 所示。

从查询结果可以看出,结果中只剩下了 70～100 元之间的产品信息了。

3. 求交集

求交集实际上是得到两个集合中相同的部分。交集的运算符是 INTERSECT,具体的语法形式如下所示:

图 5-36 使用 EXCEPT 求差集

```
select_statement
INTERSECT
select_statement
INTERSECT
select_statement…;
```

这里,INTERSECT 是交集的运算符。与前面的集合运算符相同,要求每一个查询语句中的 SELECT 子句后面的列数据类型和列数量要一致。

【例 5-30】 对【例 5-29】中的两个查询求交集。

根据题目要求,语句如下所示:

```
SELECT 产品名称,单价
FROM 产品
WHERE 单价 BETWEEN 50 AND 100
INTERSECT
SELECT 产品名称,单价
FROM 产品
WHERE 单价 BETWEEN 50 AND 70;
```

执行上面的语句,效果如图 5-37 所示。

对于结果集的运算也可以混合使用,即在一个语句中可以同时使用 UNION、EXCEPT 及 INTERSECT 运算符。

【例 5-31】 分别定义 3 个查询来查询产品表,第 1 个查询用于查

图 5-37 使用 INTERSECT 求交集

询单价在 40～60 元之间的产品的产品名称和单价，第 2 个查询用于查询单价高于 100 元的产品的产品名称和单价，第 3 个查询用于查询单位 50～70 元之间的产品的产品名称和单价，然后将第 1 个查询与第 2 查询做合并运算，最后再与第 3 个查询做差集运算。

根据题目要求，语句如下所示：

```
SELECT 产品名称,单价
FROM 产品
WHERE 单价 BETWEEN 40 AND 60
UNION
SELECT 产品名称,单价
FROM 产品
WHERE 单价 > 100
EXCEPT
SELECT 产品名称,单价
FROM 产品
WHERE 单价 BETWEEN 50 AND 70;
```

执行上面的语句，效果如图 5-38 所示。

	产品名称	单价
1	胡椒粉	40.00
2	烤肉酱	45.60
3	柳橙汁	46.00
4	绿茶	263.50
5	牛肉干	43.90
6	山渣片	49.30
7	甜辣酱	43.90
8	鸭肉	123.79

图 5-38　使用多个集合运算符查询产品信息

从查询结果可以看出，结果中的内容是将 30～60 元的产品与 100 元以上的产品合并后，从中再取出 50～70 元产品后的结果。

📖 说明：如果在一个集合运算中包含了 INTERSECT、UNION 及 EXCEPT 运算符，则优先级最高的运算符是 INTERSECT，UNION 与 EXCEPT 的优先级是相同的。如果要改变运算顺序，则可以使用加括号的方式。

5.3　分组查询

在实际应用中，经常会遇到统计每类产品的数量、每个班级的人数、每个科目的学生的平均分等操作，这些操作都是利用分组查询来完成的。本节将介绍分组查询的用法及常用的聚合函数。

5.3.1　聚合函数

在分组查询中经常会用到求平均值、求最大值、求和等操作，在 SQL Server 中，提供的针对分组查询使用的聚合函数也叫组函数，见表 5-2。

表 5-2 聚合函数

函 数 名 称	说　明	函 数 名 称	说　明
MAX	求最大值	COUNT	求记录数
MIN	求最小值	AVG	求平均值
SUM	求和		

下面通过实例来演示聚合函数的用法。

【例 5-32】查询产品表，统计产品名称中含有"奶酪"字样的产品数量。

根据题目要求，需要使用模糊查询作为条件，然后使用 COUNT 函数来统计产品数量，具体的语句如下所示：

```
SELECT COUNT( * ) AS 含有奶酪字样的产品数量
FROM 产品
WHERE 产品名称　LIKE　:% 奶酪%';
```

执行上面的语句，结果如图 5-39 所示。

从查询结果可以看出，含有奶酪字样的产品数量是 10。这里，COUNT（ * ）代表了统计查询结果中的记录行数。当然，也可以使用表中的列名替换。

【例 5-33】查询产品表，统计最高和最低的产品单价。

根据题目要求，统计最高和最低的单价分别使用 MAX 和 MIN 函数即可，语句如下所示：

```
SELECT MAX(单价) AS 产品最高单价,MIN(单价) AS 产品最低单价
FROM 产品;
```

执行上面的语句，结果如图 5-40 所示。

图 5-39　使用 COUNT 函数统计产品数量　　　图 5-40　使用 MAX 和 MIN 函数统计产品单价

从查询结果可以看出，在产品表中产品最高的单价是 263.5 元，最低的单价是 2.5 元。这里，在 MAX 和 MIN 中参数都是单价列，通常在计算大小时使用数值类型的列比较多。如果使用的是字符类型的列，那么就是按照字符的字典顺序进行比较的。

【例 5-34】查询产品表，统计带有"奶酪"字样的产品总价和平均单价。

根据题目要求，统计产品的总价使用 SUM 即可，语句如下所示：

```
SELECT SUM(单价) AS 含有奶酪字样的产品总价,AVG(单价) AS 含有奶酪字样的产品平均
单价
FROM 产品
WHERE 产品名称　LIKE　'% 奶酪%';
```

执行上面的代码，结果如图 5-41 所示。

从查询结果可以看出，在产品中含有"奶酪"字样的产品总价是 287.30 元，平均价格是 28.73 元。这里，在 SUM 和 AVG 中的参数也是单价列，在这两个函数中参数都必须要求是数值类型的值。如果在 SUM 或 AVG 函数中放置了字符类型的参数，执行语句时，就会出现"操作数数据类型 varchar 对于 sum 运算符无效"或"操作数数据类型 varchar 对于 avg 运算符无效"的提示。

含有奶酪字样的产品总价	含有奶酪字样的产品平均单价
1	287.30	28.73

图 5-41　使用 SUM 和 AVG
函数统计产品单价

5.3.2　使用分组查询

分组查询是指对一组有相同特征的数据进行查询和运算。分组查询也是在查询语句中经常使用的一类查询，主要用于统计计算。例如，在产品表中，可以计算同类产品的总价、同类产品的总量等。

分组查询是在 SELECT 子句中添加 GROUP BY 子句实现的，具体的语法形式如下所示：

```
SELECT column_name1, column_name2, …
FROM table_name1
[WHERE] conditions
GROUP BY column_name1, column_name2…
[HAVING] conditions
[ORDER BY] column_name1, column_name2…;
```

其中：

- GROUP BY：关键字，用于分组查询。在其后面写的是放置表中的列名，并且可以放置多个列名，多个列名之间使用逗号隔开。
- HAVING：关键字，作为分组查询时的条件判断。该关键字只能与 GROUP BY 子句连用。它的作用与 WHERE 语句类似，能够限制查询条件，但是二者执行顺序不同，WHERE 子句要在分组前执行，而 HAVING 子句要在分组后执行。

至此，已经完成了基本的 SELECT 语句中子句的学习。其实，这些子句在执行时都是有固定顺序的。从 FROM 子句开始执行到 ORDER BY 子句结束，具体顺序如下所示：

FROM→WHERE→GROUP BY→HAVING→ORDER BY→SELECT。

【例 5-35】查询产品表和类别表，统计出每类产品的数量。

根据题目要求，产品的类别名称在类别表中，查询数据时，需要两张表关联查询，语句如下所示：

```
SELECT 类别名称,COUNT( * ) AS 数量
FROM 产品,类别
WHERE 产品 . 类别 ID = 类别 . 类别 ID
GROUP BY 类别名称;
```

执行上面的语句，效果如图 5-42 所示。

从查询结果可以看出，在产品表中共有 8 类产品，并在每类产品后列出了相应的数量。

需要注意的是，在分组查询中，SELECT 子句后面的内容只有两种情况，一种是在 GROUP BY 后面分组的列，另一种是使用聚合函数计算的列。

【例 5-36】查询产品表和类别表，查询出每类产品的最高单价、最低单价及平均单价。

根据题目要求，语句如下所示：

```
SELECT 类别.类别名称,MAX(单价) AS 最高单价,MIN(单价) AS 最低单价,AVG(单价) AS
平均单价
FROM 产品,类别
WHERE 产品.类别 ID = 类别.类别 ID
GROUP BY 类别.类别名称;
```

执行上面的语句，结果如图 5-43 所示。

	类别名称	数量
1	点心	13
2	调味品	12
3	谷类/麦片	7
4	海鲜	12
5	日用品	10
6	肉/家禽	6
7	特制品	5
8	饮料	13

	类别名称	最高单价	最低单价	平均单价
1	点心	81.00	9.20	25.16
2	调味品	43.90	10.00	23.0625
3	谷类/麦片	38.00	7.00	20.25
4	海鲜	62.50	6.00	20.6825
5	日用品	55.00	2.50	28.73
6	肉/家禽	123.79	7.45	54.0066
7	特制品	53.00	10.00	32.37
8	饮料	263.50	4.50	37.9791

图 5-42　统计每类产品的数量　　　　图 5-43　统计每类产品的最高单价、最低单价及平均单价

从查询结果可以看出产品表中的 8 类产品的最高单价、最低单价及平均单价。另外，还可以在分组后，对结果进行筛选。例如，查询平均单价大于 30 元的产品类型名称，使用如下语句即可：

```
SELECT 类别.类别名称,AVG(单价) AS 平均单价
FROM 产品,类别
WHERE 产品.类别 ID = 类别.类别 ID
GROUP BY 类别.类别名称
HAVING AVG(单价) > 30;
```

执行上面的语句，结果如图 5-44 所示。

从查询结果可以看出，所有的类别名称所对应的平均单价都是大于 30 元的。需要注意的是，聚合函数只能用在 HAVING 语句中作为条件判断时出现，而不能在 WHERE 语句中使用。

	类别名称	平均单价
1	肉/家禽	54.0066
2	特制品	32.37
3	饮料	37.9791

图 5-44　查询平均单价
大于 30 元的类别名称

5.4　子查询

子查询是在一个查询中又包含了一个查询，也可以称为查询的嵌套。通过子查询可以将其他表中查询的结果用于当前的查询中。例如，查询比"饮料"类产品平均价格高的产品，这时就需要先将"饮料"类产品的平均价格查询出来，然后再查询相应的产品信息。子查询的应用范围比较广，即可以在 SELECT、FROM、WHERE、HAVING、UPDATE、DELETE 等语句中使用。

5.4.1　子查询中所用的运算符

在 SQL Server 中，子查询中常用的运算符见表 5-3。

运　算　符	说　　　明
ALL	用于判断是否满足 ALL 后面的条件。例如，70 > ALL(10,30,50,60)，要 70 大于 ALL 后面的每一个值时，则结果是 True，否则为 False
ANY	用于判断是否有一个值满足 ANY 后面的条件。例如，100 > ANY(20,200)，只要在 ANY 后面有一个数是大于 100 的，结果就是 True，否则就是 False
SOME	与 ANY 的使用方法相同

下面通过实例来演示这些运算符在子查询中的应用。

【例 5-37】查询产品表，显示所有价格高于"饮料"类任意产品价格的产品名称与单价。

根据题目要求，使用子查询查出"饮料"类产品价格，然后进行比较。具体的语句如下所示：

```
SELECT 产品名称,单价
FROM 产品
WHERE 单价 >
ANY(SELECT 单价 FROM 产品,类别
WHERE 产品.类别 ID = 类别.类别 ID    AND    类别.类别名称 = '饮料');
```

执行上面的语句，部分结果如图 5-45 所示。

	产品名称	单价
1	苹果汁	18.00
2	牛奶	19.00
3	蕃茄酱	10.00
4	盐	22.00
5	麻油	21.35
6	酱油	25.00
7	海鲜粉	30.00
8	胡椒粉	40.00
9	鸡	97.00
10	蟹	31.00
11	大众奶酪	21.00
12	德国奶酪	38.00
13	龙虾	6.00
14	沙茶	23.25
15	味精	15.50
16	饼干	17.45
17	猪肉	39.00
18	墨鱼	62.50

图 5-45　使用 ANY 运算符的子查询

如果将 ANY 运算符换成 ALL 运算符，那么查询结果是大于所有产品单价中最高的值。

5.4.2　单行子查询

单行子查询是指子查询的查询结果是一行数据或一列值。单行子查询既可以用在查询语

131

句中，也可以用在 UPDATE 或 DELETE 语句中。

【例 5-38】查询产品表，查出单价高于产品单价平均值的产品名称和单价。

根据题目要求，语句如下所示：

```
SELECT 产品名称,单价
FROM 产品
WHERE 单价 >
(SELECT AVG(单价) FROM 产品);
```

执行上面的语句，部分结果如图 5-46 所示。

从上面的子查询可以看出，先用子查询查找到所有产品的平均单价，然后再将单价与其进行比较，得到结果。

【例 5-39】查询产品表，查询出与"饮料"类产品中最高的单价和类别名称相同的产品名称、单价及库存量等信息。

根据题目要求，先查出"饮料"类中最贵的产品，然后继续查询，语句如下所示：

```
SELECT a. 产品名称,a. 单价,a. 库存量
FROM 产品 a,(SELECT MAX(单价) 最高单价,类别. 类别名称,类别. 类别 ID  FROM 产品,
类别
WHERE 产品. 类别 ID = 类别. 类别 ID  GROUP BY 类别. 类别名称,类别. 类别 ID HAVING
类别名称 = '饮料') b
WHERE   a. 类别 ID = b. 类别 ID AND a. 单价 = b. 最高单价
```

执行上面的语句，结果如图 5-47 所示。

	产品名称	单价
1	海鲜粉	30.00
2	胡椒粉	40.00
3	鸡	97.00
4	蟹	31.00
5	德国奶酪	38.00
6	猪肉	39.00
7	墨鱼	62.50
8	桂花糕	81.00
9	棉花糖	31.23
10	牛肉干	43.90
11	烤肉酱	45.60
12	鸭肉	123.79
13	白奶酪	32.00
14	绿茶	263.50
15	椰橙汁	46.00

	产品名称	单价	库存量
1	绿茶	263.50	17

图 5-46 返回单列值的子查询应用   图 5-47 单行多列子查询的应用

从上面的查询语句中可以看出，子查询是在 FROM 语句后面使用的，相当于返回一张表，表中内容由一行三列的值构成。

除了能在 SELECT 语句中查询外，还可以在 UPDATE、DELETE 语句中使用子查询。下面通过【例 5-40】演示如何在 UPDATE 语句中使用子查询。

【例 5-40】将所有低于平均价格的产品的单价提高 10%。

根据题目要求，语句如下所示：

```
UPDATE 产品
SET 单价 = 单价 * 1.1
WHERE 单价 < (SELECT AVG(单价) FROM 产品);
```

执行上面的语句，会在消息栏中显示"52 行受影响"，这就说明在产品表中有 52 行记录是单价低于产品表中所有产品平均价格的产品。

同样，子查询也可以用在 DELETE 语句的 WHERE 子句中，按照指定的条件来删除记录。

5.4.3 多行子查询

多行子查询与单行子查询不同的是，在 WHERE 子句中选择运算符时，一定要使用带范围的运算符，如 ALL、ANY、SOME 或者 IN 等。此外，多行子查询也经常用于 FROM 子句中，相当于是在一张表中查询。

【例 5-41】查询产品表，将价格高于供应商"佳佳乐"或"康富食品"所提供产品的产品名称、单价查询出来。

根据题目要求，先查询出供应商"佳佳乐"或"康富食品"的产品价格，然后再查询出产品的名称、单价及供应商，语句如下所示：

```
SELECT 产品名称,单价
FROM 产品
WHERE 单价 >
ANY(SELECT 单价  FROM 产品,供应商 WHERE 产品. 供应商 ID = 供应商. 供应商 ID AND
供应商. 公司名称 IN('佳佳乐','康富食品'))
```

执行上面的语句，部分效果如图 5-48 所示。

	产品名称	单价
1	苹果汁	19.80
2	牛奶	20.90
3	盐	24.20
4	麻油	23.485
5	酱油	27.50
6	海鲜粉	30.00
7	胡椒粉	40.00
8	鸡	97.00
9	墨	31.00
10	大众奶酪	23.10
11	德国奶酪	38.00
12	沙茶	25.575
13	味精	17.05
14	饼干	19.195
15	猪肉	39.00
16	墨鱼	62.50
17	桂花糕	81.00

图 5-48　多行子查询的应用

如果将上面的查询语句中的 ANY 换成 ALL，则查询的是价格高于"佳佳乐"或"康富食品"供应商提供的产品的最高价格。

5.5 综合实例：根据条件完成音乐播放器数据库中的查询语句

本节将继续完成音乐播放器数据库中查询语句的编写，具体需要实现的要求如下：

（1）验证用户名和密码是否正确

假设用户名为"sophia"、密码为"123456"，则查询语句如下所示。

```
SELECT * FROM users WHERE name = 'sophia' and password = '123456';
```

执行上面的语句，如果能查询出记录，则说明用户登录成功，否则失败。

（2）查询登录用户的权限信息

用户的权限有两种，一种是普通用户，另一种是管理员。查询权限信息与（1）类似，但是只需要显示查询权限编号列，具体的语句如下所示：

```
SELECT powerid FROM users WHERE name = 'sophia' and password = '123456';
```

执行上面的语句，如果能查询出记录，则说明用户登录成功，并能够获取用户权限的值。

（3）在歌曲信息表中，根据歌曲类型查看歌曲信息

假设要查询的歌曲类型是"儿童"，则查询语句如下所示：

```
SELECT music. name, music. address, music. pic, typeinfo. typename
FROM music, typeinfo
WHERE music. typeid = typeinfo. typeid AND typeinfo. typename = '儿童';
```

执行上面的语句，即可查出与"儿童"类相关的歌曲信息。

（4）在歌曲信息表中，根据歌手名称查看音乐信息

假设要查询的歌手是"张学友"，则查询语句如下所示：

```
SELECT   music. name, music. address, music. pic, typeinfo. typename, singerinfo. singer
FROM music, typeinfo, singerinfo
WHERE music. typeid = typeinfo. typeid
AND music. singerid = singerinfo. singerid
AND singerinfo. singer = '张学友';
```

（5）根据每种音乐类型，统计每种歌曲收录的个数

使用分组查询来查询，具体语句如下所示：

```
SELECT typeinfo. typename, count( * )
FROM music, typeinfo
WHERE music. typeid = typeinfo. typeid
GROUP BY typeinfo. typename;
```

执行上面的语句，即可查看到每类音乐中的歌曲个数。

5.6 本章小结

通过本章的学习，读者能够掌握 SQL Server 中查询语句的使用，包括基本查询的使用、多表查询的使用、分组查询的使用、子查询的使用，掌握查询语句的执行顺序，即"FROM →WHERE→GROUP BY→HAVING→ORDER BY→SELECT"。

5.7 本章习题

一、填空题
1. 笛卡儿积是指_____。
2. 聚合函数包括_____。
3. 外连接分为_____。

二、选择题
1. 下列关于子查询的描述正确的是（   ）。

A 子查询仅能用在 WHERE 子句中

B 子查询仅能返回一条记录

C 子查询可以返回多条记录

D 子查询仅能返回多条记录

2. 下列关于模糊查询的描述正确的是（   ）。

A 模糊查询中使用的通配符 "%" 代表的是 0 到多个字符

B 模糊查询中使用的通配符 "_" 代表的是 0 到 1 个字符

C 使用模糊查询，查询所有姓张的员工信息，可以用 "％张％" 表示

D 以上都是正确的

三、操作题
在本操作题中所使用的数据表都是本章中使用的数据表。

1. 在产品表中，查询所有含有 "奶酪" 字样的产品名称和价格。

2. 在产品表中，查询所有价格高于含有 "奶酪" 字样的产品名称和价格。

3. 在产品表中，统计产品价格高于 "50" 并且是 "饮料" 类的产品数量。

第6章 函 数

为了方便用户的使用，SQL Server 内置了很多函数，这些函数可以帮助使用者处理许多特定的问题。内置函数由微软预定义在数据库内部，用户只需调用并传递参数即可，当函数处理完成后会返回结果。常用内置包括数学函数、日期函数、字符串函数、聚合函数、加密函数、转换函数、逻辑函数等。除此之外，SQL Server 还允许用户自定义函数，以适应不同的业务逻辑。本章会将其中比较常用的函数以实例应用的方式展示给读者，同时也将讲解如何自己创建函数。本章的主要知识点如下。

- 了解函数的概念。
- 了解函数的分类。
- 掌握常用函数的使用方法。
- 掌握自定义函数的语法。
- 掌握自定义函数的操作。
- 掌握利用企业管理器管理函数。

6.1 系统函数

系统函数也称为内置函数，由官方编写并预定义到数据库中，主要针对某些公式或发生频率比较高的业务逻辑。有了这些函数，用户不需要再浪费时间重新编写相关代码，直接调用它们就好，这样能有效节省开发时间、提高开发效率。函数主要包括数学函数、日期函数、字符串函数、聚合函数、加密函数、转换函数、逻辑函数等。本节将对常用的函数结合实例进行讲解。

6.1.1 数学函数

每个数学函数都可以进行相应的固定模式的计算（部分函数需要填写参数值），并返回计算结果。SQL Server 中常用的数学函数主要有以下几种。

1. ABS 函数

ABS 是绝对值函数，具体语法形式如下所示：

```
ABS( num_expr)
```

该函数用于返回"num_expr"的绝对值。其中"num_expr"是函数参数，要求为数值或数值表达式。函数返回值类型与参数相同。

【例 6-1】获取"5""-78""-2.78"的绝对值。

根据例题要求，编写 SQL 脚本如下：

```
SELECT ABS(5), ABS( -78), ABS( -2.78);
```

执行以上脚本，执行结果如图 6-1 所示。

	(无列名)	(无列名)	(无列名)
1	5	78	2.78

图 6-1　ABS 函数执行结果

📖 注意：参数值不能超过其类型的最大表示范围，否则会报溢出错误。假设参数为 int 类型，那么参数值就不可以是 "-2 147 483 648"。因为该数值经过 ABS 函数计算后，会返回 "2 147 483 648"，返回后的值实际上超出了 int 类型能表示的最大范围 "2 147 483 647"，会报溢出错误。

2. PI 函数

PI 函数会返回 π 的常量值，即 "3.14 159 265 358 979"，具体语法形式如下。

```
PI( )
```

该函数本身不需要参数，返回 float 类型数值。

3. DEGREES 函数

DEGREES 函数用于返回弧度对应的角度，具体语法形式如下：

```
DEGREES( num_expr)
```

其中 "num_expr" 是函数参数，参数必须为数值或数值表达式（bit 类型除外）。函数返回值类型与参数类型相同。参数为整型时，函数返回值为整型；参数为浮点型时，函数返回值为浮点型。考虑到精度问题，建议参数保留小数。

4. RADIANS 函数

RADIANS 函数用于返回角度对应的弧度值，具体语法形式如下：

```
RADIANS( num_expr)
```

其中 "num_expr" 是函数参数，参数是数值或数值表达式（bit 类型除外）。函数返回值类型与参数相同。使用时要考虑函数返回值的精度，用户可适当为参数保留小数。

【例 6-2】获取弧度 "3.14" "1" "π/2" 对应的角度，获取 180°对应的弧度值。

根据例题要求，编写 SQL 脚本如下：

```
SELECT DEGREES(3.14),DEGREES(PI( )/2),DEGREES(1),DEGREES(1.0),
RADIANS(180.0),RADIANS(180);
```

执行以上脚本，执行结果如图 6-2 所示。

	(无列名)	(无列名)	(无列名)	(无列名)	(无列名)	(无列名)
1	179.90874767107849000	90	57	57.295779513082323000	3.141592653589793100	3

图 6-2　获取弧度对应的角度

5. SIN 函数

SIN 函数用于返回指定角度（用弧度表示）的正弦值，具体语法形式如下所示：

```
SIN(float_expr)
```

其中"float_expr"是函数参数，参数是 float 类型或能隐式转换为 float 类型的表达式。函数返回值为 float 类型。

与其相似的函数有以下几个。

- ASIN(float_expr)：获取反正弦值。参数为 float 或可以隐式转换为 float 的表达式，其取值范围为 [−1,1]。超出该范围的值，会提示错误。函数返回值为 float 类型。
- COS(float_expr)：获取余弦。参数为 float 或可以隐式转换为 float 的表达式。函数返回值为 float 类型。
- ACOS(float_expr)：获取反余弦值。参数为 float 或可以隐式转换为 float 的表达式，其取值范围为 [−1,1]。超出该范围的值，会提示错误。函数返回值为 float 类型。
- TAN(float_expr)：获取正切值。参数为 float 或可以隐式转换为 float 的表达式。返回值也为 float 类型。
- ATAN(float_expr)：获取反正切值。参数为 float 或可以隐式转换为 float 的表达式。返回值也为 float 类型。

【例 6-3】试获取弧度 $\pi/2$ 的正弦值、余弦值、正切值、反正切值，以及 1 的反正弦值和 −1 的反余弦值。

根据例题要求，编写 SQL 脚本如下：

```
SELECT SIN(PI()/2),COS(PI()),TAN(PI()/2),ATAN(1.63312393531954E+16),PI()/2;

SELECT ASIN(1),ACOS(−1);
```

执行以上脚本，执行结果如图 6-3 所示。

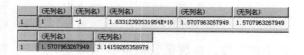

图 6-3　三角函数演示

6. CEILING 函数

CEILING 函数用于获取大于或等于参数的最小整数，具体语法形式如下所示：

```
CEILING( num_expr)
```

其中"num_expr"是函数参数，参数必须为数值或数值表达式（bit 类型除外）。函数返回数值型。

7. FLOOR 函数

FLOOR 函数用于获取小于或等于参数的最大整数。

138

```
FLOOR( num_expr)
```

其中 "num_expr" 是函数参数，参数是数值或数值表达式（bit 类型除外）。函数返回数值型。

【例 6-4】 试利用 CEILING 函数分别获取大于 "1" " -98.3" "0.21" 的最小整数以及小于它们的最大整数。

根据例题要求，编写 SQL 脚本如下：

```
SELECT CEILING(1),CEILING( -98.3),CEILING(0.21),FLOOR(1),FLOOR( -98.3),FLOOR
(0.21);
```

执行以上脚本，结果如图 6-4 所示。

图 6-4　CEILING 函数演示

📖 注意：CEILING 和 FLOOR 的参数为整数时，返回值是参数本身。

8. LOG 函数

LOG 是对数函数，具体语法形式有以下两种：

```
LOG( float_expr)
```

或

```
LOG( float_expr,base)
```

- "LOG（float_expr）" 表示获取 "float_expr" 的自然对数。
- "LOG（float_expr, base）" 表示获取以 "base" 为底、"float_expr" 的对数，这种语法格式只在 SQL Server 2012 以后支持。
- 参数 "float_expr" 是 float 类型或能隐式转换为 float 类型的表达式。
- 参数 "base" 要求为整型。

9. LOG10 函数

LOG10 函数是 LOG 函数的变形，具体语法形式如下所示：

```
LOG10( float_expr)
```

该函数表示获取以 10 为底、"float_expr" 的对数。有关参数的要求和 LOG 函数一样。

【例 6-5】 求以 e 为底、12 的对数，以 2 为底、12 的对数以及以 10 为底、100 的对数。

根据例题要求，编写 SQL 脚本如下：

```
SELECT LOG(12),LOG(12,2),LOG(100,10),LOG10(100);
```

执行以上脚本，结果如图 6-5 所示。

	(无列名)	(无列名)	(无列名)	(无列名)
1	2.484906649788	3.58496250072116	2	2

图 6-5　LOG 及 LOG10 函数演示

10. EXP 函数

EXP 是自然数底数的指数函数，具体语法形式如下所示：

```
EXP(float_expr)
```

该函数可以获取以 e 为底、“float_expr” 次幂的指数值。其中 “float_expr” 是参数，参数为 float 类型或 float 类型表达式。函数返回值也为 float 类型。

11. POWER 函数

POWER 是任意底数的指数函数，具体语法形式如下所示：

```
POWER(float_expr, y)
```

- 函数返回 “float_expr” 的 “y” 次幂。
- 参数 “float_expr” 是 float 类型或 float 类型表达式。
- 参数 “y” 为数值或数值表达式（bit 类型除外）。函数返回值类型和参数 “float_expr” 一致（包括精度）。

12. SQUARE 函数

SQUARE 是平方函数，具体语法形式如下所示：

```
SQUARE(float_expr)
```

该函数可以获取参数 “float_expr” 的平方。参数是 float 类型或 float 类型表达式。函数返回 float 类型数值。

【例 6-6】 分别求 e 的 3 次幂、-2 的 4 次幂、2.5 和 -2.5 的平方值。

根据例题要求，编写 SQL 脚本如下。

```
SELECT EXP(3),POWER( -2,4),SQUARE( -2.5),POWER(2.5,2),POWER(2.50,2);
```

执行以上脚本，执行结果如图 6-6 所示。

从图 6-6 的执行结果可以发现，POWER 函数需要考虑精度，其运算结果的精度和第一个参数是一致的。

	(无列名)	(无列名)	(无列名)	(无列名)	(无列名)
1	20.0855369231877	16	6.25	6.3	6.25

图 6-6　EXP、POWER、SQUARE 函数演示

13. SQRT 函数

SQRT 是开平方函数。具体语法形式如下所示：

```
SQRT(float_expr)
```

该函数可以获取参数 “float_expr” 的二次方根。参数为 float 类型或 float 类型表达式。

函数返回 float 类型数值。

【例 6-7】 分别求 4、25、18 的二次方根。

根据例题要求，编写 SQL 脚本如下：

```
SELECT SQRT(4),SQRT(25),SQRT(18);
```

执行以上脚本，执行结果如图 6-7 所示。

	(无列名)	(无列名)	(无列名)
1	2	5	4.24264068711928

图 6-7　SQRT 函数演示

14. RAND 函数

RAND 是随机函数，具体语法形式如下所示：

```
RAND([y])
```

该函数返回一个随机浮点值，该值的范围在 0~1 之间（不包括 0 和 1）。若为函数指定一个种子，则对于使用相同种子值的函数将返回相同的值；若使用者不主动指定种子值，则由系统随机分配一个。"y" 为参数，是种子值，要求为整数或整数表达式（若为小数，则整数部分有效）。

【例 6-8】 分别获取两个随机数，获取种子为 5.1 和 5 的函数值，产生两个 100 以内的随机整数。

根据例题要求，编写 SQL 脚本如下：

```
SELECT RAND(5.1),RAND(5),RAND(),RAND(),FLOOR(RAND() * 100),FLOOR(RAND()
    * 100);
```

执行以上脚本，执行结果如图 6-8 所示。

	(无列名)	(无列名)	(无列名)	(无列名)	(无列名)	(无列名)
1	0.713866525097956	0.713866525097956	0.454560299686459	0.451838857702612	82	70

图 6-8　RAND 函数演示

📖 说明：对于相同种子值，RAND 返回相同的结果。在同一个数据库会话内，如果种子值被指定了（无论是由开发者指定，还是由系统随机指定），后续的调用都会基于第一次指定的种子值生成结果。例如，例题中生成的结果在同一个会话内，无论重复查询多少次，其结果都和第一次相同。

---

15. ROUND 函数

ROUND 是舍入函数，具体语法形式如下所示：

```
ROUND(num_expr, length[ ,function])
```

- 函数根据指定的参数，使得参数 "num_expr" 舍入到指定的长度或精度。
- "num_expr" 为数值或数值型表达式（bit 数据类型除外）。
- 参数 "length" 的有效部分是整数部分。当它为正数时，会将 "num_expr" 舍入到 length 指定的小数位数；如果 "length" 为负数，则会将 "num_expr" 小数点左边部分舍入到 length 指定的长度。当 length 为负数时，如果它大于小数点前数字的个数，那么 ROUND 函数返回值为 0。

- 参数“function”是可选项，要求为整型；当该选项不存在或为 0 时，对“num_expr”执行四舍五入操作；如果“function”是除了 0 以外的值，则对“num_expr”执行截断操作。

【例 6-9】 分别对数值“825.45678”舍入和截取到小数点后 3 位、舍入和截取到小数点前 1 位。

根据例题要求，编写 SQL 脚本如下：

```
SELECT ROUND(825.45678,3,0),ROUND(825.45678,3,1),ROUND(825.45678,-1),
ROUND(825.45678,-1,1);
```

执行以上脚本，执行结果如图 6-9 所示。

	(无列名)	(无列名)	(无列名)	(无列名)
1	825.45700	825.45600	830.00000	820.00000

图 6-9　ROUND 函数演示

注意：ROUND 有可能出现溢出的情况。例如，当出现“ROUND（825.45678，-3）”的形式时，会提示数据转换时出现溢出错误。因为在百位进行舍入时，会以 decimal（9，5）的形式返回结果；而“825.45678”是 decimal（8，5）的结构，它无法返回 1000.00000。要想不报错，百位只能小于 5 才行。

6.1.2　字符串函数

字符串函数主要是针对字符串进行操作的函数。利用这些函数，可以快速地处理字符串经常遇到的业务问题，如截取字符串、连接字符串、获取字符串长度、覆盖指定字符、去字符串首位空格等。本节将对常用的字符串函数做一个详细的介绍。

1. ASCII 函数

ASCII 函数可以获取字符的 ASCII 码值，具体语法形式如下所示：

```
ASCII(char_expr)
```

该函数能返回字符表达式中最左侧字符的 ASCII 码。参数“char_expr”必须为 char 或 varchar 类型，函数返回整型数据。

2. CHAR 函数

CHAR 函数可以把 ASCII 码转换成字符，具体语法形式如下所示：

```
CHAR(int_expr)
```

该函数可以把参数转换成字符。参数“int_expr”为 int 类型的 ASCII 码。函数返回一个字符。如果参数超出 ASCII 码范围，则函数返回 NULL。

【例 6-10】 利用 ASCII 函数分别获取“a”“abc”“char”的左侧字符的 ASCII 码；利用 CHAR 函数把 97、99 转换成字符。

根据例题要求，编写 SQL 脚本如下：

```sql
SELECT ASCII('a'),ASCII('abc'),ASCII('char'),CHAR(97),CHAR(99);
```

执行以上脚本，执行结果如图 6-10 所示。

	(无列名)	(无列名)	(无列名)	(无列名)	(无列名)
1	97	97	99	a	c

图 6-10　ASCII 函数演示

3. CHARINDEX 函数

CHARINDEX 函数可以在一个指定的字符表达式中搜索另一个字符表达式并返回其起始的位置，具体语法形式如下所示：

```
CHARINDEX( expr_ToFind,expr_ToSearch[ ,start_location])
```

- 函数会从 "expr_ToSearch" 中的 "start_location" 位置开始查找 "expr_ToFind"，如果能找到，则返回该位置。
- 参数 "expr_ToSearch" 表示被查询的字符表达式（源字符串）。
- 参数 "expr_ToFind" 表示查询的对象，是字符表达式。
- 参数 "start_location" 表示查找的起始位置。该参数是可选项，如不写，则表示从起始位置开始查找。

【例 6-11】利用 CHARINDEX 函数分别从 "DDFFFDD" 的第 2 个位置查找 "DD"；从 "这是一个测试" 的起始位置查找 "测试"；从 "4321" 中查找 "12334"，并返回具体所在位置。

根据例题要求，编写 SQL 脚本如下：

```sql
SELECT CHARINDEX('DD','DDFFFDD',2),
CHARINDEX('测试','这是一个测试'),CHARINDEX('12334','4321');
```

执行以上脚本，执行结果如图 6-11 所示。

	(无列名)	(无列名)	(无列名)
1	6	5	0

图 6-11　CHARINDEX 函数演示

4. CONCAT 函数

CONCAT 函数可以连接两个字符串，具体语法形式如下所示：

```
CONCAT( string_value1 ,string_value2[ ,string_value_n])
```

该函数可以连接至少两个或多个字符串，使之成为一个字符串并作为结果返回。参数 "string_value1" 表示参与连接的字符串，允许有多个，它们之间要用逗号隔开。

【例 6-12】利用 CONCAT 函数连接 "这" "是一个" "CONCAT" "测试" "。" 几个字符串，并返回最终结果。

根据例题要求，编写 SQL 脚本如下：

```sql
SELECT CONCAT('这','是一个','CONCAT','测试','。');
```

执行以上脚本，执行结果如图 6-12 所示。

5. LEFT 函数

LEFT 可以返回字符串中指定数目的字符，具体语法形式

	(无列名)
1	这是一个CONCAT测试。

图 6-12　CONCAT 函数演示

如下所示：

```
LEFT( char_expr, int_expr)
```

- 函数会从"char_expr"的左边开始，返回"int_expr"个字符。
- 参数"char_expr"是 varchar 或 nvarchar 类型的数据（也可以是列）或表达式。
- 参数"int_expr"是正整数。
- 当参数"char_expr"是 Unicode 字符数据类型时，返回 nvarchar；否则返回 varchar。

【例6-13】利用 LEFT 函数获取字符串"平均价格 8908"前 5 个字符，以及获取 northwind 数据库中"1997 年产品销售额"表的"发货季度"列中的数据的前 1 个字符。

根据例题要求，编写 SQL 脚本如下：

```
USE northwind
GO                          -- 以上,表示进入 northwind 数据库

SELECT LEFT('平均价格 8908 ',5),LEFT(发货季度,1) FROM［1997 年产品销售额］;
```

执行以上脚本，执行结果如图 6-13 所示。

在这里，查询语句中包含了一个数据表中的列。当查询完成时，查询结果会把该列中所有符合要求的数据都列出来，同时会把另一个查询项目（即 LEFT（'平均价格 8908 '，5））的结果一起列出，这就会出现图 6-13 中左侧数据不断重复出现的情况。由于篇幅关系，图 6-13 中只给出了一部分查询结果做参考。

	(无列名)	(无列名)
1	平均价格8	1
2	平均价格8	2
3	平均价格8	3
4	平均价格8	4
5	平均价格8	1
6	平均价格8	2
7	平均价格8	3
8	平均价格8	4
9	平均价格8	2

图 6-13　LEFT 函数演示

6. LEN 函数

LEN 函数可以获取参数的长度，具体语法形式如下所示：

```
LEN( string_expr)
```

LEN 返回参数的长度（不包含参数尾部的空格）。参数"string_expr"是字符串表达式，也可以是能隐式转成字符串的其他类型。

【例6-14】利用 LEN 函数获取 121678、"占用时间"及"占用时间　"的长度。

根据例题要求，编写 SQL 脚本如下。

```
SELECT LEN( 121678),LEN('占用时间 '),LEN('占用时间   ');
```

执行以上脚本，执行结果如图 6-14 所示。

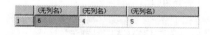

	(无列名)	(无列名)	(无列名)
1	6	4	5

图 6-14　LEN 函数

📖 说明：参数"string_expr"允许是常量、变量、直接字符串或表中的列。

7. LOWER 函数

LOWER 函数可以把大写字符转成小写字符，具体语法形式如下所示：

```
LOWER(character_expr)
```

该函数可以把参数中的大写字母转换成对应的小写字母，返回结果是一个全部小写字母的字符串。参数“character_expr”要求是字符或能隐式转成 varchar 的其他类型。

8. UPPER 函数

UPPER 函数与 LOWER 函数相反，它可以把小写字符转成大写字符，具体语法形式如下所示：

```
UPPER(character_expr)
```

该函数可以把参数中的小写字母转换成对应的大写字母，返回结果是一个全部大写字母的字符串。参数“character_expr”要求是字符或能隐式转成 varchar 的其他类型。

【例 6-15】 把字符串“大写 A 转小写”“SOHU”“The”转成小写字符串，把“abcD”“小写 t 转大写”转成大写字符串。

根据例题要求，编写 SQL 脚本如下：

```
SELECT LOWER('大写 A 转小写') ,LOWER('SOHU '),LOWER('The '),
UPPER('abcD '),UPPER('小写 t 转大写');
```

执行以上脚本，执行结果如图 6-15 所示。

	(无列名)	(无列名)	(无列名)	(无列名)	(无列名)
1	大写a转小写	sohu	the	ABCD	小写T转大写

图 6-15 LOWER 和 UPPER 函数演示

9. LTRIM 函数

LTRIM 函数能删除字符串中的前导空格，具体语法形式如下所示：

```
LTRIM(character_expr)
```

该函数可以去除参数的前端空格，参数“character_expr”可以是存储字符串的常量、变量或表中的列。函数返回类型为字符型。

10. RTRIM 函数

RTRIM 和 LTRIM 相反，它可以去除尾端空格，具体语法形式如下所示：

```
RTRIM(character_expr)
```

该函数可以去除参数尾部的空格，参数要求同 LTRIM 函数。

【例 6-16】 试用 LTRIM 和 RTRIM 分别去除“ 春夏秋冬”“好好学习 ”“ The ”（两边都有空格）“ABC DEFG”的首尾空格，并进行验证。

根据例题要求，编写 SQL 脚本如下：

```
SELECT LTRIM('春夏秋冬'),LTRIM('好好学习 '),
LEN(CONCAT(' The ','Y')),LEN(CONCAT(RTRIM(LTRIM(' The ')),'Y')),LTRIM('   ABC
DEFG ');
```

执行以上脚本，执行结果如图 6-16 所示。

SQL Server 函数允许嵌套使用。为了能让读者看得

(无列名)	(无列名)	(无列名)	(无列名)	(无列名)
1	春夏秋冬	好好学习	6	4	ABC DEFG

图 6-16　LTRIM 和 RTRIM 函数演示

更清楚，例题语句中嵌套使用了 LEN 函数和 CONCAT
函数。SQL 语句中把去除空格前的字符串和字符"Y"连接，并计算连接后的长度；另一种
则是先去除" The "中两端空格，然后再和"Y"连接，最后计算连接后字符串的长度。
比较二者的长度，就能看出 RTRIM 和 LTRIM 函数的作用。

11. REPLACE 函数

REPLACE 函数可以替换指定字符串，具体语法形式如下所示：

```
REPLACE(string_expr, string_pattern, string_replacement)
```

- 函数可以用 string_replacement 替换 string_expr 中出现的 string_pattern 字符。
- 参数"string_expr"表示原字符串。
- 参数"string_pattern"表示要查找的子字符串，不能为空字符。
- 参数"string_replacement"表示用来替换的字符串。

【例 6-17】试用 REPLACE 函数分别替换"基本 SQL 语句"中的"语句"为" SERV-
ER 语句"，"一般情况下"中的"下"为"中"。

根据例题要求，编写 SQL 脚本如下：

```
SELECT REPLACE('基本 SQL 语句','语句','SERVER 语句'),REPLACE('一般情况下','下','
中');
```

执行以上脚本，执行结果如图 6-17 所示。

12. REVERSE 函数

REVERSE 函数可以返回参数的逆序，具体语法形

(无列名)	(无列名)
1	基本SQL SERVER 语句	一般情况中

图 6-17　REPLACE 函数演示

式如下所示：

```
REVERSE(string_expr)
```

该参数"string_expr"可以是字符串或相同类型的表达式，也可以是存储该类型的常
量、变量或表中的数据列。

【例 6-18】试用 REVERSE 函数逆序输出"春天到了"字符串以及"northwind"数据库
中"1997 年产品销售额"表中的"发货季度"列中的数据。

根据例题要求，编写 SQL 脚本如下：

```
SELECT REVERSE('春天到了'),REVERSE(发货季度),发货季度
FROM  [dbo].[1997 年产品销售额];
```

执行以上脚本，执行结果如图 6-18 所示。

	(无列名)	(无列名)	发货季度
1	了到天春	度季 1	1 季度
2	了到天春	度季 2	2 季度
3	了到天春	度季 3	3 季度
4	了到天春	度季 4	4 季度
5	了到天春	度季 1	1 季度
6	了到天春	度季 2	2 季度
7	了到天春	度季 3	3 季度
8	了到天春	度季 4	4 季度
9	了到天春	度季 2	2 季度

图 6-18　REVERSE 函数演示

13. SUBSTRING 函数

SUBSTRING 函数可以获取参数的某一部分，也可简单认为是字符串截取函数，具体语法形式如下所示：

$$SUBSTRING(expr, start, length)$$

- 函数可以返回参数 expr 从 start 位置开始，长度为 length 的那一部分字符串。
- 参数 "expr" 允许是 character、binary、text、ntext 或 image 表达式。
- 参数 "start" 用来指明截取字符串的开始位置，字符串最左边位置认为是 1。
- 参数 "length" 用来指明截取字符串的长度。

【例 6-19】试用 SUBSTRING 函数对字符串 "723456" 进行不同长度的截取操作。

根据例题要求，编写 SQL 脚本如下：

```
SELECT SUBSTRING('723456 ',0,1),SUBSTRING('723456 ',1,1),
SUBSTRING('723456 ',1,2),SUBSTRING('723456 ',-1,3);
```

执行以上脚本，执行结果如图 6-19 所示。

图 6-19　SUBSTRING 函数演示

注意，图 6-19 中 "000723456" 的 "0" 实际上是空字符，并不是真实的数字，这里只是方便读者理解。如果 start 的数值大于字符串本身的长度，那么函数返回空值。

6.1.3　日期函数

日期函数用来获取系统时间以及处理与日期时间相关的操作。其操作对象的数据类型主要是 time、date、smalldatetime、datetime 及 string 等。日期函数数量比较多，但常用的不多，本节主要介绍日常应用频繁的相关函数。

1. SYSDATETIME 函数

SYSDATETIME 函数可以以高精度获取系统时间，具体语法形式如下所示：

> SYSDATETIME( )

该函数会获取系统的日期和时间。系统时间就是运行 SQL Server 实例的计算机操作系统的时间。函数表示时间的范围是"0001 − 01 − 01 00：00：00. 0000000 ~ 9999 − 12 − 31 23：59：59. 9999999"，精度是 100 ns。

2. GETDATE 函数

GETDATE 函数以较低精度获取系统时间，具体语法形式如下所示：

> GETDATE( )

该函数日常应用比较多，其表示范围是"1753 − 01 − 01 ~ 9999 − 12 − 31"，精度是 0. 00333 s。

【例 6-20】以不同精度获取数据库实例的系统时间。

根据例题要求，编写 SQL 脚本如下：

> SELECT SYSDATETIME( ),GETDATE( );

执行以上脚本，执行结果如图 6-20 所示。

3. GETUTCDATE 函数

GETUTCDATE 函数可以获取世界标准时间日期值，具体语法形式如下所示：

> GETUTCDATE( )

该函数以较低精度把系统时间作为 UTC（世界标准时间）时间进行返回。

【例 6-21】以 UTC 方式获取当前系统时间。

根据例题要求，编写 SQL 脚本如下：

> SELECT GETUTCDATE( ),GETDATE( );

执行以上脚本，执行结果如图 6-21 所示。

	(无列名)	(无列名)
1	2016-03-02 00:07:03.7828251	2016-03-02 00:07:03.780

	(无列名)	(无列名)
1	2016-04-01 05:09:19.193	2016-04-01 13:09:19.193

图 6-20　SYSDATETIME 和 GETDATE 函数演示　　　图 6-21　GETUTCDATE 函数演示

4. DATENAME 函数

DATENAME 函数可以获取指定日期时间中的某个组成部分。

> DATENAME(datepart,date)

- 函数可以获取 date 中 datepart 的部分，返回字符串。
- 参数"datepart"指明日期中需要返回的部分，可以是 year、month、day、week、hour、minute、second 等。
- 参数"date"是一个日期格式的表达式。

与该函数相似的还有 DATEPART，语法结构如下所示：

```
DATEPART(datepart,date)
```

该函数会以整数的形式返回 date 中用 datepart 指定的时间组成部分。

【例 6-22】利用 DATENAME 和 DATEPART 函数获取提供日期的不同部分。

根据例题要求，编写 SQL 脚本如下：

```
SELECT DATENAME(YEAR, GETDATE()),DATENAME(YEAR, GETDATE()),
DATENAME(YEAR, '2009 - 08 - 09 12:12:56'),DATENAME(MONTH, GETDATE()),
DATEPART(SECOND, '2009 - 08 - 09 12:12:56');
```

执行以上脚本，执行结果如图 6-22 所示。

	(无列名)	(无列名)	(无列名)	(无列名)	(无列名)
1	2016	2016	2009	04	56

图 6-22　DATENAME 函数演示

5. DAY 函数

DAY 函数可以获取日期中的日，具体语法结构如下：

```
DAY(date)
```

参数 "date" 表示的是一个日期结构。函数返回整数。与之相似的函数有以下几个：

```
MONTH(date)
YEAR(date)
```

其中：

- MONTH 函数以整数形式返回参数 "date" 中的月份。
- YEAR 函数以整数形式返回参数 "date" 中的年份。

【例 6-23】利用函数分别获取指定日期中的日、月和年份。

根据例题要求，编写 SQL 脚本如下：

```
SELECT DAY('2009 - 08 - 09 12:12:56'),MONTH('2009 - 08 - 09 12:12:56'),YEAR(GET-
DATE());
```

执行以上脚本，执行结果如图 6-23 所示。

6. DATEDIFF 函数

DATEDIFF 函数可以获取某个时间段内，指定的日期单位的个数，具体语法结构如下：

```
DATEDIFF(datepart,startdate,enddate)
```

	(无列名)	(无列名)	(无列名)
1	9	8	2016

图 6-23　DAY、MONTH、YEAR 函数演示

- 函数可以获取 startdate 和 enddate 之间 datepart 单位的个数。例如，从 1999 ~ 2200 年，一共包含多少年或多少月等。

- 参数"startdate"表示开始日期。
- 参数"enddate"表示结束日期。
- 参数"datepart"表示需要指定的日期单位。主要有 year、month、day、week、hour、minute、second 等

【例6-24】试查看"1999 - 02 - 18 13:21:01"~"2000 - 06 - 17 13:21:02"之间有多少年、小时。

根据例题要求,编写 SQL 脚本如下:

```
SELECT DATEDIFF( YEAR,'1999 - 02 - 18 ','2000 - 06-17 '),
       DATEDIFF( HOUR,'1999 - 02 - 18 13:21:01 ','2000 - 06-17 13:21:02 ');
```

执行以上脚本,执行结果如图6-24所示。

7. DATEADD 函数

DATEADD 函数可为日期的某个组成部分添加指定的数量,并返回更改后的日期,具体语法结构如下:

(无列名)	(无列名)
1	1	11640

图 6-24 DATEDIFF 函数演示

```
DATEADD( datepart,number,date )
```

- 函数会为 date 日期的某个组成部分(参数中的 datepart 可以是年、月、日等)增加数量为 number 个单位,并返回增加后的新日期。
- 参数"datepart"用来指明日期的组成部分。常用的有 year、month、day、week、hour、minute、second 等
- 参数"number"是一个 int 类型的表达式,表示增加的数量。
- 参数"date"是原始日期。

【例6-25】试为日期"1999 - 02 - 18 13:21:01"增加24个小时、为日期"2000 - 06 - 17 13:21:02"增加800秒,并输出修改后的日期。

根据例题要求,编写 SQL 脚本如下:

```
SELECT DATEADD( HOUR,24,'1999 - 02 - 18 13:21:01 '),
       DATEADD( SECOND,800,'2000 - 06 - 17 13:21:02 ');
```

执行以上脚本,执行结果如图6-25所示。

6.1.4 其他函数

(无列名)	(无列名)
1	1999-02-19 13:21:01.000	2000-06-17 13:34:22.000

图 6-25 DATEADD 函数演示

除了前面介绍的几种类型的函数外,SQL Server 还提供了其他函数,如转换函数、加密函数、系统函数等。本节将对常用的几个函数进行简单介绍。

1. 数据类型转换函数

该类型函数常用的有两个,分别是 CAST 和 CONVERT。它们可以将参数由一种数据类型转换成另一种数据类型。

（1）CAST 函数

CAST 函数可以根据应用环境不同，把参数从一种数据类型转换成另外一种类型，以降低因数据类型不匹配而引发错误的概率。例如，日期和字符串之间的转换，以及数字和字符串之间的转换等。其语法结构如下：

CAST(expr AS data_type[(length)])

其中：

- 函数表示把 expr 数据类型转成 data_type 类型。
- 参数"expr"是原类型的数据表达式。
- AS 是关键字，后面加目标数据类型。
- 参数"data_type"是目标数据类型。不能使用别名数据类型。
- 参数"length"指明目标数据类型的长度，是一个可选项，默认是 30。

（2）CONVERT 函数

该函数的效果和 CAST 几乎是一样的，但参数格式存在差别，具体语法结构如下：

CONVERT(data_type[(length)] , expr [, style])

其中：

- 函数表示把 expr 数据类型转成 data_type 类型。
- 参数"style"表示数据类型转换后的样式。最常用的就是日期、时间的转换，有关日期转换常用 style，见表 6-1。
- 其他参数可参考 CAST 函数的参数说明。

表 6-1 针对日期的 style 值

不带世纪数位的 style 值（yy）	带世纪数位的 style 值（yyyy）	标准	输入/输出
–	0 或 100	默认	mon ddyyyy hh：miAM（或 PM）
1	101	美国	mm/dd/yyyy
2	102	ANSI	yyyy. mm. dd
3	103	英国/法国	dd/mm/yyyy
4	104	德国	dd. mm. yyyy
5	105	意大利	dd – mm – yyyy
6	106[1]	–	dd monyyyy
7	107[1]	–	mon dd，yyyy
8	108	–	hh：mi：ss
–	9 或 109	默认设置 + 毫秒数	mon ddyyyy hh：mi：ss：mmmAM（或 PM）
10	110	美国	mm – dd – yyyy

（续）

不带世纪数位的 style 值（yy）	带世纪数位的 style 值（yyyy）	标准	输入/输出
11	111	日本	yyyy/mm/dd
12	112	ISO	yyyymmdd
–	13 或 113	欧洲默认设置 + 毫秒数	dd monyyyy hh：mi：ss：mmm（24h）
14	114	–	hh：mi：ss：mmm（24h）
–	20 或 120	ODBC 规范	yyyy – mm – dd hh：mi：ss（24h）
–	21 或 121	ODBC 规范（带毫秒）	yyyy – mm – dd hh：mi：ss. mmm（24h）
–	126	ISO8601	yyyy – mm – ddThh：mi：ss. mmm（无空格）
–	127	带时区 Z 的 ISO8601	yyyy – mm – ddThh：mi：ss. mmmZ（无空格）
–	130	伊斯兰教历	dd monyyyy hh：mi：ss：mmmAM
–	131	伊斯兰教历	dd/mm/yyyy hh：mi：ss：mmmAM

注：不带世纪数位指用两位表示年份，如 30、40、80，这种表示方式并不明确，容易混淆，因此不建议使用；带世纪数位指用 4 位表示年份，如 1990、2008 等，推荐使用这种方式描述日期（表中给出了带世纪数位的格式）。表中的“输入/输出”是指当转换为 datetime 时输入、转换为字符数据时输出。

【例 6-26】 试将系统日期以日本、美国格式转成字符串。

根据例题要求，编写 SQL 脚本如下：

```
SELECT CONVERT(nvarchar(20),GETDATE(),111),
CONVERT(nvarchar(20),GETDATE(),110),GETDATE();
```

执行以上脚本，执行结果如图 6-26 所示。

	(无列名)	(无列名)	(无列名)
1	2016/04/01	04-01-2016	2016-04-01 23:36:55.200

图 6-26　CONVERT 函数演示

2. 元数据和系统函数

元数据函数用来获取有关数据库以及数据库对象的相关信息，如表中某列的定义宽度、数据库 ID 号等。系统函数通常都是用来获取 SQL Server 或与之相关的计算机系统本身的一些信息，如获取数据库服务器的标识号或名称等。常用的主要有以下几个。

（1）OBJECT_ID 函数

OBJECT_ID 函数可以在用户权限范围内获取数据库对象的标识号，基本语法结构如下：

```
OBJECT_ID('[database_name.[schema_name].|schema_name.]object_name')
```

其中

- “[database_name.[schema_name].|schema_name.]”这部分参数是可选参数。如果查询当前数据库中某表的 ID，则可以不使用这部分。
- 参数“database_name”是数据库名，如“northwind”。
- 参数“schema_name”是架构名，如“dbo”。
- 参数“object_name”是具体的数据库对象，如名为“产品”的表。
- 函数返回 int 类型。

【例 6-27】 分别获取“northwind”数据库中，dbo 架构下，“产品”表的 ID，以及

"AdventureWorks2014"数据库中，Person 架构下的 Address 表的 ID。

根据例题要求，编写 SQL 脚本如下：

SELECT OBJECT_ID('northwind. dbo. 产品')，OBJECT_ID('AdventureWorks2014. Person. Address ')；

执行以上脚本，执行结果如图 6-27 所示。

（2）COL_LENGTH 函数

COL_LENGTH 函数以字节为单位返回表中列的定义宽度，具体语法结构如下：

图 6-27 OBJECT_ID 函数演示

COL_LENGTH('table_name ','col_name ')

其中：

● 函数会以字节为单位返回表 table_name 中 col_name 列的定义宽度。
● 参数 "table_name" 是表名，要求为字符串或字符串表达式。
● 参数 "col_name" 是需要返回宽度的列名，要求为字符串或字符串表达式。

（3）COL_NAME 函数

COL_NAME 可以获取表中被指定列的名称，具体语法结构如下：

COL_NAME(table_id,column_id)

其中：

● 函数根据指定的表的标识号和列的标识号返回列的名称。
● 参数 "table_id" 是表的标识号，要求为 int 类型。
● 参数 "column_id" 是列的标识，要求为 int 类型。

【例 6-28】获取 "northwind" 数据库中，"产品" 表中 "产品 ID" 的定义宽度，以及该表中第 3 列的名称。

根据例题要求，编写 SQL 脚本如下：

SELECT COL_LENGTH('产品','产品 ID ')，COL_NAME(OBJECT_ID('northwind. dbo. 产品')，
3)；

执行以上脚本，执行结果如图 6-28 所示。

（4）DB_ID 函数

DB_ID 函数可以获取数据库的标识号（ID），具体语法结构如下：

图 6-28 COL_LENGTH 和
COL_NAME 函数演示

DB_ID(['database_name '])

该函数可以获取指定数据库的 ID 号，返回 int 类型。参数 "database_ name" 是可选项，表示数据库名称。如果是获取当前数据库的标识号，则可不用该参数。

（5）DB_NAME 函数

153

DB_NAME 函数和 DB_ID 是相反的操作，它利用数据库 ID 可以获取对应的名称，具体语法结构如下：

```
DB_NAME([database_id])
```

参数 "database_id" 表示数据库标识号，同样为可选项。获取当前数据库名称的情况下，可以不加参数。参数要求为 int 类型。函数返回字符串。

【例 6-29】获取当前数据库的名称和 ID，以及 "AdventureWorks2014" 数据库的 ID。

根据例题要求，编写 SQL 脚本如下：

```
SELECT DB_ID(),DB_NAME(),DB_ID('AdventureWorks2014');
```

执行以上脚本，执行结果如图 6-29 所示。

(6) HOST_ID 函数

HOST_ID 函数可以获取 SQL Server 服务器的标识号，具体语法结构如下：

```
HOST_ID()
```

该函数不需要参数，返回一个 char(10) 类型。

(7) HOST_NAME 函数

HOST_NAME 函数可以获取 SQL Server 服务器的名称，具体语法结构如下：

```
HOST_NAME()
```

该函数不需要参数，返回一个 nvarchar(128) 类型。

【例 6-30】获取当前连接的 SQL Server 服务器的标识号和名称。

根据例题要求，编写 SQL 脚本如下：

```
SELECT HOST_ID(),HOST_NAME();
```

执行以上脚本，执行结果如图 6-30 所示。

	(无列名)	(无列名)	(无列名)
1	5	northwind	6

图 6-29 DB_ID 和 DB_NAME 函数演示

	(无列名)	(无列名)
1	7452	IBM-PC

图 6-30 HOST_ID 和 HOST_NAME 函数演示

3. 安全函数

安全函数主要用来获取数据库安全管理方面的信息，常用的主要有以下几个。

(1) USER_ID 函数

USER_ID 函数可以获取数据库用户的标识号，具体语法结构如下：

```
USER_ID(['user'])
```

参数 "user" 是数据库用户名（不是指登录名）。利用 SSMS 工具，在每个数据库的

"安全性"|"用户"分支下可以看到。

（2）USER_NAME

USER_NAME 根据指定的用户标识号返回对应的用户名，具体语法结构如下：

```
USER_NAME([id])
```

参数"id"是 int 类型，表示数据库用的 ID。该函数和 USER_ID 函数相反。

（3）SUER_USER 函数

SUER_USER 可以获取登录用户的登录名，具体语法结构如下：

```
SYSTEM_USER
```

该函数不需要参数和括号，直接调用即可，以字符串的形式获取登录用户的名称。

【例 6-31】获取给定用户名对应的 ID、给定用户 ID 对应的用户名以及登录用户名。

根据例题要求，编写 SQL 脚本如下：

```
SELECT USER_ID('sys'),USER_NAME(4),SYSTEM_USER;
```

执行以上脚本，执行结果如图 6-31 所示。

	(无列名)	(无列名)	(无列名)
1	4	sys	IBM-PC\IBM

图 6-31 USER_ID 和 USER_NAME 函数演示

6.2 自定义函数

虽然 SQL Server 提供了大量的内置函数供开发者使用，但这些函数主要是针对大概率问题以及常用公式的，对实时业务针对性不强。因此，在企业开发过程中，内置函数并不能完全满足业务需求。为了消除这一缺陷，微软在提供内置函数的同时，也允许开发者创建自己的函数，以满足多样化的业务需求。

6.2.1 基本语法

自定义函数是允许接受参数、执行计算或操作，并把操作结果以值的形式返回的一种 SQL 代码段。函数返回值可以是单个值（标量值函数）或表（表值函数），其中标量值函数更常用。本节将介绍标量值函数以及内联表值函数（表值函数）的创建语法。

自定义函数有固定的结构，用户在该结构下，可快速地构建出自己的函数。自定义函数的基本语法介绍如下。

1）标量值函数的语法结构如下：

```
CREATE FUNCTION[schema.] function_name([{@ parameter_name param_data_type}][,...,
n])
RETURNS return_data_type
```

```
        [AS]
        BEGIN
            function_body
            RETURN scalar_expression
        END
```

其中：

- 函数由标题和函数体两部分组成。在 AS 之前的部分称为标题，在 BEGIN…END 之间的内容属于函数体。其中，标题部分主要描述函数的属性，如函数名称和所属机构、输入参数的个数和类型、返回值的类型等；而函数体则包含了函数的具体操作。
- CREATE FUNCTION：关键字。创建自定义函数必须有这一部分。
- [schema.]：可选。指明函数位于哪个架构下，若在当前库中创建函数，则可以省略。
- function_name：自定义函数名称。为了方便用户识别，通常以 "fun_" 开头。
- @ parameter_name：用户定义函数的参数，数量不超过 2100 个。要求参数名符合标识符规则。
- param_data_type：参数的数据类型。允许使用除 text、ntext、image、用户定义表类型和 timestamp 数据类型之外的所有数据类型。
- 大括号内的部分是声明一个参数时的组合，不可分割。但是参数是可选的，自定义函数允许不带参数。
- [,...n]：表示参数可以有多个，但每组参数声明都需要用逗号隔开。
- RETURNS：关键字。用来指明函数返回值的类型。
- return_data_type：指明函数返回值的具体数据类型。
- [AS]：关键字。可不写。
- BEGIN…END：表示函数体的开始和结束。函数代码写在这两个标签的中间。
- function_body：泛指函数体代码。函数体可以是一句代码，也可以是多个 SQL 语句构成的语句序列。
- RETURN：关键字。后面接函数返回值。
- scalar_expression：表示函数最终返回的标量值。

2）内联表值函数的语法结构如下：

```
CREATE FUNCTION[schema.] function_name([{@ parameter_name param_data_type}][ ,...n])
RETURNSTABLE
    [AS]
    RETURN [( ] select_stmt [ )]
[ ;]
```

其中：

- TABLE：指明该函数的返回值是一个表。
- select_stmt：内联表值函数返回值的单个 SELECT 语句。
- 其他各项介绍可参考 "标量值函数" 相关语法介绍。

156

函数的使用并不是没有限制的，用户使用函数需要注意以下几点：

- 自定义函数不能用于执行修改数据库状态的操作。
- 自定义函数不能返回多个结果集。则如果需要返回多个结果集，则可以考虑存储过程。
- 自定义函数不能调用存储过程。
- 自定义函数不能使用动态 SQL 或临时表。

完整的自定义函数语法结构过于复杂，而且其中很多结构对初学者都来说都不适用。因此，这里只提供基础的语法结构，利用这些就可以完成一个自定义函数。

6.2.2 创建标量值函数

标量值函数在日常项目中应用较多，可分为无参数和有参数标量值函数。无参数函数大部分用来实现一个数学公式，或某些数据直接取自数据库；而有参数函数则能根据不同的应用环境获取不同的结果，应用更加灵活。下面先通过实例介绍无参数函数的创建方式。

【例 6-32】 获取系统中的年份，并返回年份除以 5 的余数。

根据例题要求，编写 SQL 脚本如下。

```
CREATE FUNCTION fun_ntd_yushu( )
RETURNS varchar(15)
AS
BEGIN
    RETURN Year(GetDate( ))%5;        --获取系统日期中的年份,并取余
END
```

在查询窗口中执行以上脚本，如无错误发生，则有以下提示：

命令已成功完成。

此时，在当前数据库中（这里用了"northwind"数据库）多了一个名为"fun_ntd_yushu"的自定义函数。由于该函数只属于该数据库，因此调用时要加"dbo."前缀。验证函数效果，编写以下查询语句。

```
SELECT dbo.fun_ntd_yushu( );
```

执行该查询，查询结果如图 6-32 所示。

这只是一个简单的应用。实际上自定义函数可以完成更复杂的计算，如可以判断当前年份是否为闰年等。

图 6-32　无参数
自定义函数

【例 6-33】 获取系统中的年份，并判断该年份是否为闰年。

根据闰年的定义可知，闰年能被 4 整除且不能被 100 整除，或能被 400 整除。根据要求，编写 SQL 脚本如下：

```
CREATE FUNCTION fun_ntd_runnian( )
RETURNS varchar(15)                    --函数返回 varchar 类型
```

```
AS
BEGIN
    RETURN                                          ――返回后面计算的结果
    CASE                                            ―― CASE 语句开始
        ―― 以下判断年份是否能被 4 整除但不能被 100 整除
        WHEN( Year( GetDate( ) )% 4  = 0 AND Year( GetDate( ) )% 100 < >0)
        OR( Year( GetDate( ) )% 400  = 0)           ―― 或者以下判断年份是否能被 400 整除
        THEN '是闰年'                                ―― 符合上面几个条件则返回"是闰年"
        ELSE '不是闰年'                              ―― 不符合上面几个条件则返回"不是闰年"
    END                                             ―― CASE 语句结束
END                                                 ―― 函数结束
```

在查询窗口中执行以上脚本。如无错误，则当前数据库中增加了一个名为"fun_ntd_runnian"的自定义函数。编写以下脚本对该函数进行验证。

```
SELECT dbo. fun_ntd_runnian( ) ;
```

执行该查询，查询结果如图 6-33 所示。

从查询结果可知，2016 年是闰年，符合实际情况。说明函数计算没有错误。

	(无列名)
1	是闰年

图 6-33　判断今年是否是闰年

无参数函数虽然也能解决一些问题，但它不具有较好的交互能力。而带参数的自定义函数更能适应复杂的业务逻辑。下面对【例 6-33】进行升级，使得该函数可以判断任意年份是否为闰年。

【例 6-34】编写函数，判断提供的年份是否为闰年。

根据要求，编写 SQL 脚本如下：

```
CREATE FUNCTION fun_ntd_csrunnian( @ year int )    ――带一个 int 类型的参数,作为待判断的
年份
RETURNS varchar( 15 )
AS
BEGIN
    RETURN
    CASE
        WHEN( @ year% 4  = 0 AND @ year% 100 < >0)  ――判断参数是否符合闰年的第一个条件
        OR
        ( @ year% 400  = 0)

                                                    ――判断参数是否符合闰年的第二个条件
        THEN '是闰年'
        ELSE '不是闰年'
    END
END
```

在查询窗口中执行以上脚本。如无错误，则当前数据库中增加了一个名为"fun_ntd_cs-runnian"的自定义函数。编写以下脚本对该函数进行验证：

SELECT dbo. fun_ntd_csrunnian(2014),dbo. fun_ntd_csrunnian(Year(GetDate()));

执行该查询，查询结果如图6-34所示。

从函数细节以及业务逻辑来看，带输入参数的函数和
无参数函数二者操作没有本质区别，不同的只是把无参数
函数体内固定的年份改成了允许灵活输入。这样，函数本身就更加具有实用价值。

	(无列名)	(无列名)
1	不是闰年	是闰年

图6-34 带参数自定义函数

6.2.3 创建表值函数

表值函数的作用是根据某个条件在数据库中查询相应的结果，该结果以一个表的形式返回。对于函数返回的结果，查询语句可以像查询一张表一样对其进行查询操作。同样地，表值函数存在有参数和无参数两种情况。下面分别以实例的形式来演示如何创建它们。

【例6-35】编写函数，返回"产品"表中产品价格小于25的数据。

根据要求，需要创建表值函数，具体SQL脚本如下：

```
CREATE FUNCTION fun_ntd_chaxunchanpin()
RETURNS TABLE
AS
RETURN
SELECT 产品名称,单位数量,单价  FROM dbo. 产品
WHERE 产品. 单价 < 25;
```

在查询窗口执行以上脚本，创建函数完成。编写以下脚本对该函数进行验证。

SELECT * from dbo. fun_ntd_chaxunchanpin();

执行该查询，部分查询结果如图6-35所示。

实际上，在查询语句中可以指定要查询的列名。这样，在查询
结果中，出现的列名是图6-35的子集。从运行结果来看这和查询一
张普通的表几乎一样。为了让函数更灵活，可以在函数中使用参数，
如下面的例题。

【例6-36】编写函数，返回"产品"表中符合指定产品价格和
供应商的数据。

根据要求，需要创建表值函数，具体SQL脚本如下：

	产品名称	单位数量	单价
28	苹果汁	每箱24瓶	18.00
29	苹果汁	每箱24瓶	18.00
30	牛奶	每箱24瓶	19.00
31	牛奶	每箱24瓶	19.00
32	牛奶	每箱24瓶	19.00
33	牛奶	每箱24瓶	19.00
34	牛奶	每箱24瓶	19.00
35	牛奶	每箱24瓶	19.00
36	牛奶	每箱24瓶	19.00
37	牛奶	每箱24瓶	19.00
38	牛奶	每箱24瓶	19.00
39	牛奶	每箱24瓶	19.00

图6-35 查询
无参数表值函数

```
CREATE FUNCTION fun_ntd_chaxunchanpin2(@ supplier varchar(20),@ price int)
RETURNS TABLE
AS
RETURN
SELECT 产品名称,单位数量,单价,公司名称 AS 供应商 FROM dbo. 产品,供应商
WHERE 产品. 单价 < @ price
```

```
        AND 供应商 . 公司名称  =  @ supplier
        AND 产品 . 供应商 ID  =  供应商 . 供应商 ID
```

在查询窗口执行以上脚本，创建函数完成。编写以下脚本对该函数进行验证：

```
SELECT  *  from dbo. fun_ntd_chaxunchanpin2 ('妙生', 200) ;
```

该语句是查询所有产品价格低于 200、供货商是"妙生"的商品。执行该查询，查询结果如图 6-36 所示。

	产品名称	单位数量	单价	供应商
1	酱油	每箱12瓶	25.00	妙生
2	海鲜粉	每箱30盒	30.00	妙生
3	胡椒粉	每箱30盒	40.00	妙生

图 6-36　带参数的表值函数

6.3　维护自定义函数

自定义函数一旦创建，就会存在于指定的架构中。除了允许用户对其进行调用外，还允许对其进行修改、删除和信息查看。本节将介绍如何对已有的自定义函数进行管理。

6.3.1　查看函数信息

函数一旦创建，SQL Server 就会以不同的方式把函数信息分别保存到不同的系统表中，利用特定的系统存储过程可以查看相关信息。假如查看自定义函数代码，则可用系统存储过程"sp_helptext"；假如查看自定义函数信息，则可用系统存储过程"sp_help"。

【例 6-37】利用 sp_helptext 查看自定义函数 fun_ntd_yushu 的定义脚本。

根据题目要求，具体 SQL 脚本如下：

```
        sp_helptext 'fun_ntd_yushu ';
        或
        EXEC sp_helptext 'fun_ntd_yushu ';
```

执行该脚本，相关结果如图 6-37 所示。

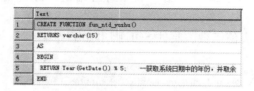

	Text
1	CREATE FUNCTION fun_ntd_yushu()
2	RETURNS varchar (15)
3	AS
4	BEGIN
5	RETURN Year (GetDate()) % 5;　　一获取系统日期中的年份，并取余
6	END

图 6-37　查看函数定义脚本

【例 6-38】利用 sp_help 查看自定义函数 fun_ntd_yushu 的相关信息。

根据题目要求，具体 SQL 脚本如下：

```
sp_help 'fun_ntd_chaxunchanpin';
或
EXEC sp_help 'fun_ntd_chaxunchanpin';
```

执行该脚本，相关结果如图 6-38 所示。

	Name	Owner	Type	Created_datetime
1	fun_ntd_chaxunchanpin	dbo	inline function	2016-05-07 11:42:45.243

	Column_name	Type	Computed	Length	Prec	Scale	Nullable	TrimTrailingBlanks	FixedLenNullInSource	Collation
1	产品名称	nvarchar	no	80			no	(n/a)	(n/a)	Chinese_PRC_CI_AS
2	单位数量	nvarchar	no	40			yes	(n/a)	(n/a)	Chinese_PRC_CI_AS
3	单价	money	no	8	19	4	yes	(n/a)	(n/a)	NULL

图 6-38　查看自定义函数信息

6.3.2　重命名函数

函数一旦创建，就允许对其名称进行重命名操作。由于重命名操作有可能对调用函数的程序有影响，因此开发者一定要对其进行同步更新。相关语法结构如下：

```
sp_rename[@ objname = ]'object_name',[@ newname = ]'new_name'
[,[@ objtype = ]'object_type']
```

其中：
- sp_rename：关键字，表示重命名操作。
- [@ objname =]：可选项，它后面接旧名称。
- 'object_name'：表示待命名对象的旧名称。
- [@ newname =]：可选项，它后面接新名称。
- 'new_name'：表示待命名对象的新名称。
- [,[@ objtype =]'object_type']：整体可选项，指明重命名对象的类型。一般不使用该选项。

【例 6-39】利用 sp_rename 将函数"fun_ntd_csrunnian"重新命名为"fun_ntd_csrunnian_c"：
根据题目要求，具体 SQL 脚本如下：

```
SP_RENAME 'fun_ntd_csrunnian','fun_ntd_csrunnian_c';
```

执行以上脚本，数据库会给出警告"注意：更改对象名的任一部分都可能会破坏脚本和存储过程。"此时刷新原函数所在结点，会发现函数已经更名。

📖 注意：在 SQL Server 中为自定义函数或其他数据库对象更名时，变更的名称不会同步到系统信息表中，如"sys. sql_modules"。由于变更名称也可能引发一些错误，因此不建议用户随意对创建的对象进行更名操作。

6.3.3　修改函数

只要能看懂创建函数的语法，那么修改函数的语法就不成问题。它们之间的差异仅仅是把创建函数的"CREATE"换成修改函数的"ALTER"（同时需要用户具有修改权限），其他语法不变，具体语法如下：

```
ALTER FUNCTION[schema. ]function_name([{@ parameter_name param_data_type}][,...n])
RETURNS return_data_type
    [AS]
    BEGIN
        function_body
        RETURN scalar_expression
    END
```

或

```
ALTER FUNCTION[schema. ]function_name([{@ parameter_name param_data_type}][,...n])
RETURNSTABLE
    [AS]
    RETURN[()select_stmt()]
[;]
```

由于语法只是变更了一项关键字，这里就不再对语法其他各项进行相关介绍。如果读者不太清楚语法中各项的含义，则可以参考 6.2.1 节的内容。修改自定义函数可以参考下面的例题。

【例 6-40】修改函数"fun_ntd_chaxunchanpin"，要求返回价格低于 10 元的产品。

根据要求，需要创建表值函数，具体 SQL 脚本如下：

```
ALTER FUNCTION fun_ntd_chaxunchanpin()        -- ALTER 表示修改已有函数
RETURNS TABLE
AS
RETURN
SELECT 产品名称,单位数量,单价    FROM dbo. 产品
WHERE 产品. 单价 < 10;                        -- 返回产品单价小于 10 元的产品
```

在查询窗口执行以上脚本，如果不发生错误，则提示"命令已成功完成"。编写以下脚本对该函数进行验证：

```
SELECT * from dbo. fun_ntd_chaxunchanpin();
```

执行该查询，部分查询结果如图 6-39 所示。

从查询结果可以发现，函数已经被正确修改。

	产品名称	单位数量	单价
1	龙虾	每袋500克	6.00
2	糖果	每箱30盒	9.20
3	燕麦	每袋3kg	9.00
4	汽水	每箱12瓶	4.50
5	浪花奶酪	每箱12瓶	2.50
6	虾子	每袋3kg	9.65
7	雪鱼	每袋3kg	9.50
8	蛋糕	每箱24个	9.50
9	三合一麦片	每箱24包	7.00
10	鸡肉	每袋3kg	7.45

图 6-39　查询修改后的函数

6.3.4 删除函数

对于不用的函数，为了节省资源，可以对其进行删除操作。函数删除语法结构如下：

```
DROP FUNCTION{[schema_name.]function_name}[,...n]
```

其中：
- DROP FUNCTION：关键字，表示删除函数。
- [schema_name.]：函数所在架构名称。对当前架构下的函数，可省略该项。
- function_name：待删除的函数的名称。
- 允许一次删除多个函数，每个函数名称间要用逗号隔开。

【例6-41】删除"northwind"下的函数"fun_ntd_chaxunchanpin"。

根据要求，具体 SQL 脚本如下：

```
DROP FUNCTION fun_ntd_chaxunchanpin22；
```

在查询窗口中执行以上代码，完成函数的删除。

6.4 使用企业管理器管理自定义函数

对初学者而言，企业管理器工具可以在一定程度上提高函数操作的效率。在企业管理器工具中，创建函数与修改函数时会自动生成一个模板，用户只需在模板的框架下进行相关修改就能实现适合自己的新函数。

1. 利用企业管理器创建函数

【例6-42】编写函数 fun_ssms_fn1。要求获取系统中的年份，并返回年份除以 3 的余数。

依据题意，按照以下步骤可以完成函数的创建。

（1）进入标量值函数结点

在 SSMS 工具的"对象资源管理器"中，选择"数据库"→"northwind"→"可编程性"→"函数"→"标量值函数"，如图 6-40 所示。

（2）打开创建函数的模板

在"标量值函数"结点上单击鼠标右键，弹出如图 6-41 所示的快捷菜单。选择"新建标量值函数"，弹出如图 6-42 所示的函数模板。在该模板中，系统已经给出了函数的框架部分。用户只需根据模板中的提示来编写自己的代码即可。

（3）编写自己的函数并运行

在图 6-42 中，依据题目要求编写函数代码，如图 6-43 所示。

此时，按〈F5〉键，完成自定义函数的创建。右击图 6-41 中的"标量值函数"结点，在弹出的快捷菜单中选择"刷新"选项，可以发现"fun_ssms_fn1"函数已被创建。

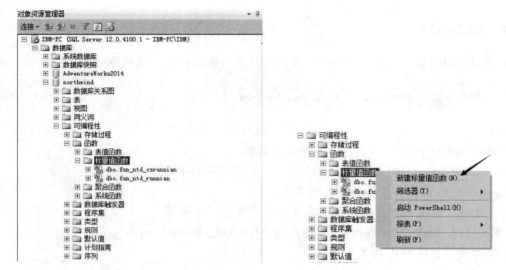

图 6-40　依次展开自定义函数节点　　　　　　　图 6-41　建标量值函数菜单

```
-- the definition of the function.
-- =============================================
SET ANSI_NULLS ON
GO
SET QUOTED_IDENTIFIER ON
GO
-- =============================================
-- Author:      <Author,,Name>                从这里开始为创建函数代码
-- Create date: <Create Date, ,>
-- Description: <Description, ,>
-- =============================================
CREATE FUNCTION <Scalar_Function_Name, sysname, FunctionName>
(
    -- Add the parameters for the function here
    <@Param1, sysname, @p1> <Data_Type_For_Param1, , int>
)
RETURNS <Function_Data_Type, ,int>
AS
BEGIN
    -- Declare the return variable here
    DECLARE <@ResultVar, sysname, @Result> <Function_Data_Type, ,int>

    -- Add the T-SQL statements to compute the return value here
    SELECT <@ResultVar, sysname, @Result> = <@Param1, sysname, @p1>

    -- Return the result of the function
    RETURN <@ResultVar, sysname, @Result>

END
GO
```

图 6-42　函数模板

```
SET ANSI_NULLS ON
GO
SET QUOTED_IDENTIFIER ON
GO
-- =============================================
-- Author:      <Author,,Name>
-- Create date: <Create Date, ,>
-- Description: <Description, ,>
-- =============================================
CREATE FUNCTION fun_ssms_fn1
(
    -- Add the parameters for the function here
)
RETURNS varchar(15)
AS
BEGIN
    RETURN Year(GetDate()) % 3;    --获取系统日期中的年份,并取余
END
GO
```

图 6-43　编写自定义函数

2. 利用企业管理器修改函数

利用企业管理器修改函数的步骤如下。

（1）找到待修改函数并打开

在企业管理器工具的"对象资源管理器"中，依次打开"数据库"→"northwind"→"可编程性"→"函数"→"标量值函数"结点，然后选中函数"fun_ssms_fn1"，单击鼠标右键，在弹出的快捷菜单中选择"修改"选项，系统将根据函数的定义自动生成 ALTER FUNCTION 语句，如图 6-44 所示。

```
USE [northwind]
GO
/****** Object:  UserDefinedFunction [dbo].[fun_ssms_fn1]    Script Dat
SET ANSI_NULLS ON
GO
SET QUOTED_IDENTIFIER ON
GO
-- =============================================
-- Author:      <Author,,Name>
-- Create date: <Create Date, ,>
-- Description: <Description, ,>
-- =============================================
ALTER FUNCTION [dbo].[fun_ssms_fn1]
(
    -- Add the parameters for the function here
)
RETURNS varchar(15)
AS
BEGIN
    RETURN Year(GetDate()) % 3;    --获取系统日期中的年份，并取余
END
```

图 6-44　待修改函数

从图 6-44 中可以发现，函数已经使用"ALTER"关键字，这表示函数已经进入待修改状态。

（2）修改函数并运行

依据新的业务，在图 6-44 中完成新的函数代码即可。最后按〈F5〉键，执行修改后的代码，完成函数修改操作。

3. 利用企业管理器删除函数

利用企业管理器删除自定义函数，需要选中自定义函数，单击鼠标右键，在弹出的快捷菜单中选择"删除"选项，并在删除对象确认窗口单击"确定"按钮。

6.5　本章小结

本章介绍了 SQL Server 中的内置函数，主要包括常用的数学函数、字符串函数、日期函数、数据类型转换函数、元数据和系统函数、安全函数等。这些函数可以帮助用户快速地解决一些大概率问题或数学问题，极大地提高了开发的效率。除此之外，还介绍了自定义函数的创建、修改和删除。自定义函数是应对多样化业务逻辑的产物，是内置函数一个非常完美的完善。本章还介绍了如何创建标量值函数和表值函数，对初学者来说，标量值函数应用相对频繁，读者应快速掌握。

6.6 本章习题

一、填空题

1. 列举 3 个常用的三角函数，分别是_____、_____、_____。
2. 可以获取日期中某个时间组成的函数是_____、_____。
3. 自定义函数第一句的关键词是_____、_____。
4. 修改函数和创建函数语法中，最大的差别是_____。

二、选择题

1. 取数字绝对值，利用下面的（　　　）。
   - A. CEILING 函数
   - B. ABS 函数
   - C. ASCII 函数
   - D. GETDATE 函数
2. 自定义函数用（　　　）关键字返回函数计算结果。
   - A. RETURNS
   - B. RETURN

三、简答题

1. 利用自定义函数，计算 $67.8 \times 23 \times 12.355$ 的结果。
2. 修改【例6-36】，修改后，可以获取的产品是价格大于指定价格的产品。

第7章　视　　图

视图是一种用来显示数据的对象。它里面的数据都是从表或其他视图中查询出来的结果。视图可以看作一张虚拟的表。视图中不保存数据，仅保存查询表或视图中的 SQL 语句。通常会将比较复杂的查询语句保存在视图中，这样就可以简化多表查询的操作，并且对查询中所使用的表也起到了保护作用。本章的主要知识点如下。

- 了解视图的概念。
- 了解视图的作用。
- 掌握视图的创建语法。
- 掌握视图的修改和删除。
- 掌握利用企业管理器管理视图。

7.1　了解视图

视图在大型数据库中使用尤为频繁，它有着普通数据表没有的优势。由于视图本身不存储任何数据，因此用户通常会把它看成一种虚拟表，一种封装查询语句的工具（和函数不同）。视图的核心只是查询语句，其数据来源一般是数据库中一张或多张持久表中的数据。视图中所使用的表通常称为源表或基表。

与真实的数据表一样，视图包含了其定义语句中列出的列和行数据，并可以通过查询语句对视图进行查询操作。有关视图和源表的关系如图 7-1 所示。

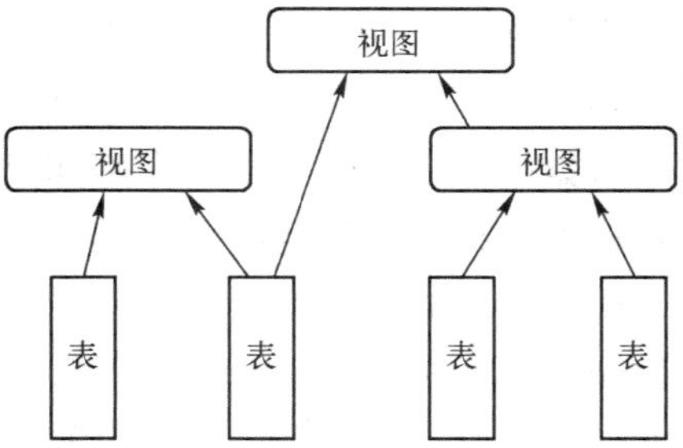

从图 7-1 中可以看出，视图的数据来源是非常灵活的，它的数据可以来自基表，也可以来自其他视图。视图所做的就是筛选数据的工作。

图 7-1　表和视图的关系

与持久表相比，视图有自己的作用，主要表现在以下 3 个方面。

（1）降低复杂度，提高工作效率

软件开发团队人员的水平参差不齐，针对复杂查询，技术水平高的人员可以把它写成视图。如图 7-2 所示，一般情况下，如果要想实现箭头右边的"产品表_S"，就需要对箭头左边的"产品表"和"供货商表"进行联合查询；把联合查询做成视图后，程序员只需要对视图进行简单的单表查询就可以得到"产品表_S"。由此可见，视图能达到明显降低操作复杂度的目的。

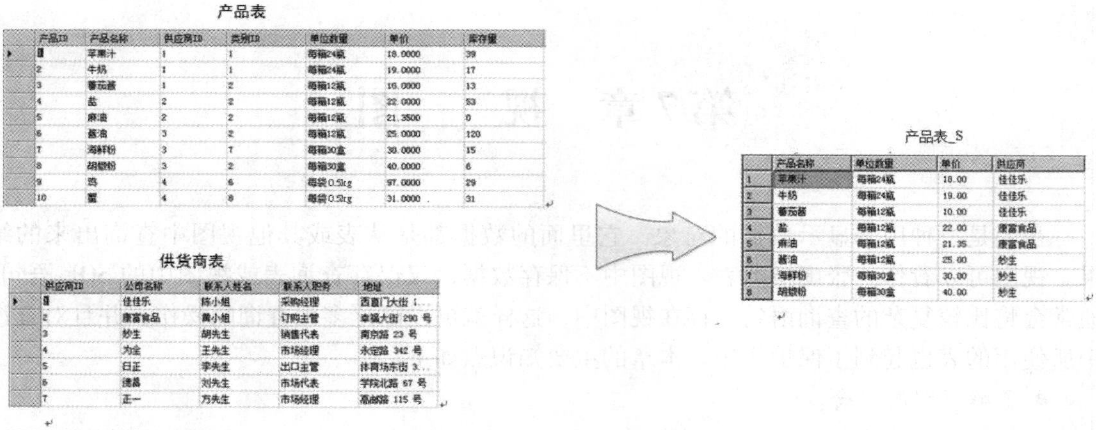

产品表

产品ID	产品名称	供应商ID	类别ID	单位数量	单价	库存量
1	苹果汁	1	1	每箱24瓶	18.0000	39
2	牛奶	1	1	每箱24瓶	19.0000	17
3	蕃茄酱	1	2	每箱12瓶	10.0000	13
4	盐	2	2	每箱12瓶	22.0000	53
5	麻油	2	2	每箱12瓶	21.3500	0
6	酱油	3	2	每箱12瓶	25.0000	120
7	海鲜粉	3	7	每箱30盒	30.0000	15
8	胡椒粉	3	2	每箱30盒	40.0000	6
9	鸡	4	6	每袋0.5kg	97.0000	29
10	蟹	4	8	每袋0.5kg	31.0000	31

供货商表

供应商ID	公司名称	联系人姓名	联系人职务	地址
1	佳佳乐	陈小姐	采购经理	西直门大街 1...
2	康富食品	黄小姐	订购主管	幸福大街 290 号
3	妙生	胡先生	销售代表	南京路 23 号
4	为全	王先生	市场经理	永定路 342 号
5	日正	李先生	出口主管	体育场东街 3...
6	德昌	刘先生	市场代表	学院北路 67 号
7	正一	方先生	市场经理	高邮路 115 号

产品表_S

	产品名称	单位数量	单价	供应商
1	苹果汁	每箱24瓶	18.00	佳佳乐
2	牛奶	每箱24瓶	19.00	佳佳乐
3	蕃茄酱	每箱12瓶	10.00	佳佳乐
4	盐	每箱12瓶	22.00	康富食品
5	麻油	每箱12瓶	21.35	康富食品
6	酱油	每箱12瓶	25.00	妙生
7	海鲜粉	每箱30盒	30.00	妙生
8	胡椒粉	每箱30盒	40.00	妙生

图 7-2　降低复杂度

（2）形成数据隔离，提高数据安全性

从图 7-1 中可以看出，视图在逻辑上是处于持久表之上的，它可以隐藏底层表的结构。如果有需要，可以让程序员只能看到视图提供的数据，而无法查看对应表中的数据。事实也是如此，视图定义语句实现了程序员原本该做的工作，程序员只需要从视图中提取筛选后的数据即可。这样，程序员接触不到表的结构，只能查询开发者允许其查询的内容。在完成了产品交付后，客户在程序中也无法直接获取视图中所操作表的结构，这样就大幅提高了数据库的安全性。

（3）增强数据逻辑独立性，可多角度分析数据

在数据库中，创建表一般要遵循三范式，完美的数据表不见得对程序开发是有益的。因为程序最终展示的数据是给用户看的，这就要求展示的数据必须符合实际的业务逻辑、必须符合客户的要求，让客户能够一目了然。那么矛盾就产生了，在一个完整的开发过程中，通常会有数据库设计和程序开发两部分。完美的数据库要想实现复杂的业务逻辑可能需要付出更多的程序编码和设计时间。为了消除或减少这种矛盾，一般会适当降低数据库设计的要求，产生少量的数据冗余；另外一种方式就是使用视图，利用视图或其他方式在数据库里完成程序中应该实现的复杂业务逻辑，从而降低程序开发者的难度。在这个过程中，视图是灵活的，它可以实现不同数据的组合展示、实现不同的业务逻辑展示，让客户可以多角度分析数据。

视图虽然有优势，但也有缺陷：有些关键字在 SQL Server 视图中不被支持，如 ORDER BY、INTO 等；视图中数据的更新是严格受限的，简单来说，只能对单基表中的直接数据形成的视图做数据更新操作。但从实际应用的角度来看，视图的优点明显大于缺点，更适合数据查询使用。读者在有需求时不妨试试，但不要滥用视图。

7.2　创建视图

SQL Server 为创建视图提供了模板，也就是创建视图的基本语法结构。利用所提供的模

板，即使是初学者，也能在很短时间创建一个视图。由于可以把视图看成对查询的封装工具，因此视图是否复杂几乎完全由它里面的查询语句决定。

7.2.1　创建视图语法

利用 CREATE 语句可以创建视图，在视图中只能有查询语句 SELECT。创建视图的基础语法结构如下所示：

```
CREATE VIEW[ schema_name . ]view_name[ ( column[ ,... n ] ) ]
[ WITH  < view_attribute >[ ,... n ] ]
AS select_statement
[ WITH CHECK OPTION ]
[ ; ]

< view_attribute >  :: =
{
    [ ENCRYPTION ]
    [ SCHEMABINDING ]
    [ VIEW_METADATA ]
}
```

其中：
- CREATE VIEW：关键字，表示创建视图。
- [schema_name]：待创建视图所属架构名称，是可选项。
- view_name：待创建视图的名称，要符合标识符的命名标准。
- [(column[,... n])]：可选项，用于指定视图中出现的列名称，它的数量要和视图中出现的列数量一致，同时顺序也是一一对应的。利用它可以为视图中的列提供别名。该选项通常会被省略，因为视图中的查询语句可以直接为某些列提供别名。
- AS：关键字。
- select_statement：用于定义视图的查询语句。该语句允许使用多个表和其他视图。
- WITH CHECK OPTION：可选项。强制要求所有对视图数据进行修改的语句都必须符合在 select_statement 中设置的条件。这样，即使通过视图修改数据后，也能保证修改后的数据在视图中可见。该选项不能限制直接对基础表的修改。
- ENCRYPTION：表示为待创建的视图加密。适用范围是 SQL Server 2008 以上版本。
- SCHEMABINDING：将视图绑定到基础表的架构。如果指定了该项，则不能按照将影响视图定义的方式修改基表或表。只有首先修改或删除视图定义本身，才能删除将要修改的表的依赖关系。使用该项时，select_statement 必须包含所引用的表、视图或用户定义函数的两部分名称（schema. object）。所有被引用对象都必须在同一个数据库内。
- VIEW_METADATA：指定为引用视图的查询请求浏览模式的元数据时，SQL Server 实例将向 DB – Library、ODBC 和 OLE DB API 返回有关视图的元数据信息，而不返回基表的元数据信息。当使用 WITH VIEW_METADATA 创建视图时，如果该视图具有 IN-

STEAD OF INSERT 或 INSTEAD OF UPDATE 触发器，则视图的所有列（timestamp 列除外）都是可更新的。

创建视图时需用户考虑以下 4 个准则：

1）视图的名称需要遵循标识符的规则，并且名称在每个数据库中要唯一。

2）视图中所使用的数据既可以来源于表，也可以来源于视图。

3）定义视图的 SELECT 子句不允许有 INTO 子句、临时表或表变量。

4）定义视图的查询中不能使用 ORDER BY 子句，除非在 SELECT 语句中使用了 TOP 子句。

7.2.2　创建视图的方法

通过语法结构可以发现，视图的创建还是很简单的。本节将利用例题演示如何创建单源表视图、多源表视图及视图的视图。

【例 7-1】在 northwind 数据库中创建视图，视图数据只显示"产品"表中价格低于 85 元的商品信息。

根据例题要求，语句如下所示：

```
-- 以下创建名为"v_price"的视图
CREATE VIEW v_price(产品ID,供应商ID,产品名称,单位数量,产品单价)
AS
SELECT 产品ID,供应商ID,产品名称,单位数量,单价 FROM dbo. 产品    -- 显示价格低于 85
元的产品
WHERE 产品 . 单价 < 85
```

执行以上脚本，如无错误，则提示"命令已成功完成。"。利用以下查询语句可对其进行验证：

```
SELECT * FROM v_price；
```

部分查询结果如图 7-3 所示。

	产品ID	供应商ID	产品名称	单位数量	产品单价
1	1	1	苹果汁	每箱24瓶	18.00
2	2	1	牛奶	每箱24瓶	19.00
3	3	1	蕃茄酱	每箱12瓶	10.00
4	4	2	盐	每箱12瓶	22.00
5	5	2	麻油	每箱12瓶	21.35
6	6	3	酱油	每箱12瓶	25.00
7	7	3	海鲜粉	每箱30盒	30.00
8	8	3	胡椒粉	每箱30盒	40.00
9	10	4	蟹	每袋500克	31.00
10	11	5	大众奶酪	每袋6包	21.00
11	12	5	德国奶酪	每箱12瓶	38.00
12	13	6	龙虾	每袋500克	6.00

图 7-3　单表视图部分数据

查询视图中的数据和查询表一样，也是在 SELECT 子句后列出查询的列名，同时在 FROM 子句后加上视图名。需要注意的是，图 7-3 所示箭头指向的列名是在声明视图时指定的。如果没有特殊要求，在声明视图时，它后面的列名通常会省略，此时由视图内部查询语句出现的列名作为视图列名。

【例 7-2】利用视图，实现图 7-2 中的"产品表_S"。

根据例题要求，编写 SQL 脚本如下：

```
CREATE VIEW v_supplier_d              --创建名为"v_supplier_d"的视图
AS
SELECT 产品名称,单位数量,单价,公司名称 AS 供应商 FROM dbo. 产品,供应商
WHERE 产品. 供应商 ID = 供应商. 供应商 ID   --该视图为了显示供货商的名称,使用了连接查询
```

执行以上脚本，创建名为"v_supplier_d"的视图。利用以下查询语句可对其进行验证：

```
SELECT * FROM v_supplier_d;
```

部分查询结果如图 7-4 所示。

在该例题中，创建的视图实际上涉及了两张表，分别是"产品"和"供应商"。当视图创建完成时，对其他用户来说，只需要执行例题中的验证查询语句就可以获取等效视图创建时的连接查询的结果。

前面已经介绍过，不仅可以把数据表作为基表，也可以把视图作为基表，也就是视图的视图。下面的例题演示了这种情况。

图 7-4　多表视图

【例 7-3】在视图"v_price"和"供应商"的基础上创建新视图，实现和"v_supplier_d"相同功能的视图。

根据例题要求，编写 SQL 脚本如下：

```
CREATE VIEW v_supplier_ds
AS
SELECT 产品名称,单位数量,单价,公司名称 AS 供应商 FROM dbo. v_price,供应商
WHERE v_price. 供应商 ID = 供应商. 供应商 ID
```

执行以上脚本，创建名为"v_supplier_ds"的视图。利用以下查询语句可对其进行验证：

```
SELECT * FROM v_supplier_ds
```

部分查询结果如图 7-5 所示。

从查询结果可以看出，"例 7-3"和"例 7-2"是等效的。由此可见，视图的视图是被 SQL Server 支持的，但不建

图 7-5　视图的视图

议读者创建过多的这种视图。由于中间隔了一个视图，它除了影响执行效率，还会增加一些不确定因素，如中间的视图被删除或修改，都可能导致依靠它的其他视图出错。

7.2.3 创建加密视图

利用"WITH ENCRYPTION"选项可以对创建的视图文本进行加密。这样，用户只能使用视图，而不能查看视图源代码。视图的加密对需要保密的项目尤其重要，同时也能增强数据库的安全。

从语法结构来看，加密关键字的位置要在视图声明之后、在关键字"AS"的前面。视图一旦被加密，就需要用户自己保存视图创建脚本，否则自己无法查看视图脚本。加密的视图可以通过 ALTER 语句对其修改，其过程就相当于创建了一个新的同名的视图。

【例 7-4】修改"v_price"视图的代码，创建名为"v_price_e"的加密视图。

根据例题要求，编写 SQL 脚本如下：

```
CREATE VIEW v_price_e(产品 ID,供应商 ID,产品名称,单位数量,产品单价)
WITH   ENCRYPTION                           -- 为视图加密
AS
SELECT 产品 ID,供应商 ID,产品名称,单位数量,单价 FROM dbo. 产品    -- 显示价格低于 85
元的产品
WHERE 产品 . 单价 <85
```

执行以上脚本，创建名为"v_price_e"的视图。利用以下查询语句可对其进行验证：

```
SELECT * FROM v_price_e;
```

部分查询结果如图 7-6 所示。

	产品ID	供应商ID	产品名称	单位数量	产品单价
1	1	1	苹果汁	每箱24瓶	18.00
2	2	1	牛奶	每箱24瓶	19.00
3	3	1	蕃茄酱	每箱12瓶	10.00
4	4	2	盐	每箱12瓶	22.00
5	5	2	麻油	每箱12瓶	21.35
6	6	3	酱油	每箱12瓶	25.00
7	7	3	海鲜粉	每箱30盒	30.00
8	8	3	胡椒粉	每箱30盒	40.00
9	10	4	置	每袋0.5kg	31.00
10	11	5	大众奶酪	每袋6包	21.00
11	12	5	德国奶酪	每箱12瓶	38.00
12	13	6	龙虾	每袋0.5kg	6.00
13	14	6	沙茶	每箱12瓶	23.25

图 7-6　加密视图

从查询结果可以看出，加密后的视图和不加密的视图在功能上是没有差别的，对使用者而言，也不会感觉出二者的区别。为了验证加密效果是否生效，可以用以下的语句查看视图创建脚本是否被加密。

```
EXEC SP_HELPTEXT v_price_e;
```

执行以上脚本，执行结果会出现如下提示：

对象'v_price_e'的文本已加密。

从查询结果可以看出，通过"WITH ENCRYPTION"已经实现了视图的加密。此外，还可以利用以下的 SQL 脚本从视图 sys. sql_modules 查看自定义视图的信息。

SELECT * FROM sys. sql_modules WHERE object_id = OBJECT_ID('v_price_e');

执行结果如图 7-7 所示。

object_id	definition	uses_ansi_nulls	uses_quoted_identifier	is_schema_bound	uses_database_collation	is_recompiled	null_or
1	802101898	NULL	1	1	0	0	0	0

图 7-7　查看自定义视图信息

从图 7-7 可以看出，被加密的视图 v_price_e 除了能看到 object_id 外，还可以看到自定义文本返回了 NULL 值。

7.2.4　创建绑定视图

在项目开发过程中，有时由于业务需要，会对表结构做修改或删除操作，这种操作有时会对基于这些表创建的视图造成影响。例如，在用户不知情的情况下，视图基表中某些列被删除或改变了名称，从而导致依赖视图的程序功能不能正常运行。为了避免这种情况的发生，用户在创建视图时可以使用 SCHEMABINDING 关键字来创建绑定视图。SCHEMABINDING 的意义在于将待创建视图所依赖的表或视图"绑定"到当前待创建的视图上。这样，待创建视图引用的表或其他视图不可以随便更改自身结构（如表名、列名或数据类型等）。如果因业务需求必须更改基表的结构，则需要先删除或修改基表上绑定的视图。

关于绑定视图需要注意以下 3 方面：

1）如果在视图上创建索引，那么该视图必须为绑定视图。

2）设置绑定视图后，也就是可以保证当视图存在时，它所引用的基表等不可随意被修改。

3）绑定模式的视图可以被绑定模式的自定义函数调用；同样地，绑定模式的自定义函数可以被绑定模式的视图调用。

一旦创建绑定视图，视图中的查询语句就不能使用"*"，而要明确到具体的列名；同时要求视图中引用的表、其他视图、函数等有明确的位置，即以"架构名. 具体的对象名"（schema. object）形式出现。

【例 7-5】创建绑定视图"v_binding"。

根据例题要求，编写 SQL 脚本如下：

```
CREATE VIEW v_binding
WITH   SCHEMABINDING              --创建绑定函数
AS
SELECT 客户 ID,公司名称,联系人姓名 FROM dbo. 客户;
```

执行以上脚本，完成绑定视图的创建。执行以下脚本进行验证：

```
DROP TABLE dbo.客户；
```

执行结果如图 7-8 所示。

图 7-8　删除绑定函数引用表

从执行结果可以看出，"客户"表无法删除，原因是该表被视图"v_binding"所引用。

7.2.5　使用企业管理器创建视图

在企业管理器中提供了可视化的方式来创建视图，这种方式更形象地描述了视图的创建过程。

【例 7-6】利用企业管理器，仿照 v_supplier_d 创建新的视图。

根据题目要求，具体操作步骤如下所示。

（1）打开创建视图界面

在企业管理器的"对象资源管理器"中，依次选择"数据库"→"northwind"→"视图"选项，如图 7-9 所示。

在图 7-9 所示的界面中，右击"视图"（见图 7-10），在弹出的快捷菜单中选择"新建视图"选项，弹出如图 7-11 所示的对话框。

图 7-9　选中"视图"结点

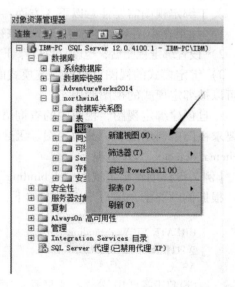

图 7-10　选择"新建视图"选项

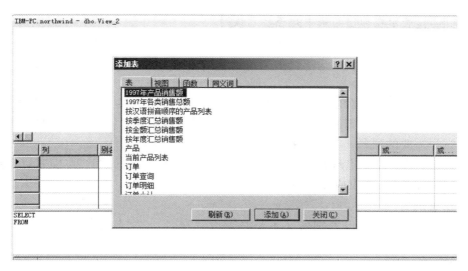

图 7-11 "添加表"对话框

（2）选择视图需要的基表

在图 7-11 所示的"添加表"对话框中的"表"选项卡中，双击需要使用的基表（也可以利用〈Ctrl〉键并配合鼠标左键进行多选），选中的表会出现在视图操作窗口中，这里使用"产品"和"供应商"。选择这两个表后，单击"关闭"按钮，关闭"添加表"对话框，如图 7-12 所示。

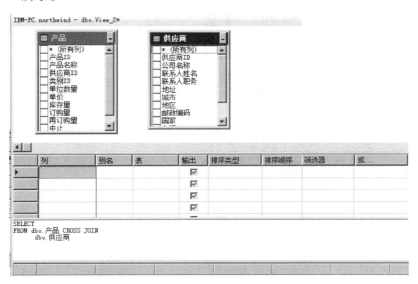

图 7-12 选择视图需要的基表

在图 7-12 所示的界面中，各选项的含义如下：

- "列"：在"产品"和"供应商"两表里选中的列会出现在"列"标题的下面。
- "别名"：指明对应列的别名。
- "表"：指明"列"中字段的所属表。

- "输出"：表示在输出结果中是否显示该列。
- "排序类型"：指明视图数据排序类型，包括升序、降序、未排序。
- "筛选器"：可以输入对应字段的相关限制条件。例如，输入"＜100"，表示对应字段值小于 100。
- "或"：表示可以为对应字段输入多个逻辑关系。例如，要求某个字段的取值范围是"10＜××＜100"，则可以在"筛选器"中输入"＜100"，在"或"中输入"＞10"。

（3）选择需要的列名

在两个表中选择需要出现在视图中的列名。在产品表中选择"产品 ID""产品名称""单位数量""单价"，在供应商表中选择"公司名称"。

（4）设置别名

为在第 3 步出现的列设置别名（不是必须设置别名），别名可以在图 7-12 中出现的"别名"列中进行修改。

（5）设置连接查询

根据实际情况，设置连接查询。这里选中产品表的"供应商 ID"并拖曳到供应商表的"供应商 ID"上。此时，在两个字段上出现一条连线，表示连接查询完成。最终效果如图 7-13 所示。

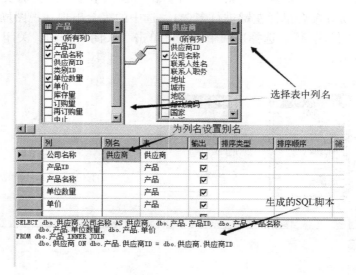

图 7-13　视图创建设置完成

（6）保存视图

创建视图的设置完成后，还需要保存视图。单击快捷工具栏中的"保存"按钮或〈Ctrl + S〉组合键，弹出如图 7-14 所示的对话框。在该对话框中输入视图名称，这里输入"v_supplier_ssms"作为视图的名称。

图 7-14　视图名称

单击"确定"按钮，完成视图的创建。此时，在企业管理器中的对象资源管理器中刷新并展开"视图"结点，会发现新建的视图已经位列其中。

📖 说明：如果利用可视化界面无法完成某些操作，则用户可以直接在下面生成的 SQL 语句中进行修改。

7.3 管理视图

视图创建后允许对其进行管理，主要包括视图的查看、修改和删除。其中修改和删除操作同样可以利用 SQL 脚本或企业管理器中的图形工具完成。

7.3.1 查看视图信息

创建视图后，可以使用相关存储过程来查看视图信息，主要包括“sp_help”“sp_helptext”及“sp_depends”。其中，“sp_help”用来查看视图的信息以及视图中所使用的列信息等属性信息，“sp_helptext”用来查看创建视图的 SQL 语句，“sp_depends”用来显示有关数据库对象相关性的信息。

【例 7-7】 查看视图“v_price”的属性信息。

根据题目要求，查询语句如下所示：

```
SP_HELP 'v_price';
```

执行以上脚本，执行效果如图 7-15 所示。

	Name	Owner	Type	Created_datetime
1	v_price	dbo	view	2016-03-15 22:01:23.380

	Column_name	Type	Computed	Length	Prec	Scale	Nullable	TrimTrailingBlanks	FixedLenNullInSource	Collation
1	产品ID	int	no	4	10	0	no	(n/a)	(n/a)	NULL
2	供应商ID	int	no	4	10	0	yes	(n/a)	(n/a)	NULL
3	产品名称	nvarchar	no	80			no	(n/a)	(n/a)	Chinese_PRC_CI_AS
4	单位数量	nvarchar	no	40			yes	(n/a)	(n/a)	Chinese_PRC_CI_AS
5	产品单价	money	no	8	19	4	yes	(n/a)	(n/a)	NULL

	Identity	Seed	Increment	Not For Replication
1	No identity column defined.	NULL	NULL	NULL

	RowGuidCol
1	No rowguidcol column defined.

图 7-15　查看视图信息

【例 7-8】 查看视图“v_price”的定义脚本。

根据题目要求，查询语句如下所示：

```
SP_HELPTEXT 'v_price';
```

执行以上脚本，执行效果如图 7-16 所示。

	Text
1	CREATE VIEW [dbo].[v_price](产品ID, 供应商ID,产品名称,单位数量,产...
2	AS
3	SELECT 产品ID, 供应商ID,产品名称,单位数量,单价 FROM dbo.产品 一...
4	WHERE 产品.单价 < 85

图 7-16   查看视图定义脚本

📖 说明："sp_helptext" 只能查看未加密的视图定义脚本。

【例7-9】查看视图"v_price"引用同一个数据库下其他的数据库对象。

根据题目要求，查询语句如下所示：

SP_DEPENDS 'v_price';

执行以上脚本，执行效果如图 7-17 所示。

	name	type	updated	selected	column
1	dbo.产品	user table	no	yes	产品ID
2	dbo.产品	user table	no	yes	产品名称
3	dbo.产品	user table	no	yes	供应商ID
4	dbo.产品	user table	no	yes	单位数量
5	dbo.产品	user table	no	yes	单价

图 7-17   查看视图相关性信息

📖 说明："sp_depends" 的作用范围是当前数据库。也就是利用该存储过程，只能查看"v_price"引用了本数据库中的哪些对象。

7.3.2   重命名视图

要更改视图的名称，可以利用系统存储过程"sp_rename"来实现。重命名视图不会改变视图内部代码，只是在调用视图的地方需要同步更改视图名称才不会影响使用。

【例7-10】将视图"v_binding"重新命名为"v_binding_r"。

根据题目要求，语句如下所示：

SP_RENAME 'v_binding','v_binding_r'

执行以上 SQL 脚本，数据库会出现警告信息。

📖 注意：更改对象名的任一部分都可能会破坏脚本和存储过程。

此时，在企业管理器的对象资源管理器中刷新视图所在结点，会发现视图名称已经变更。变更名称有可能引发一些不可预料的错误，因此不建议用户随意对自定义对象进行更名操作。

7.3.3 修改视图

修改视图可以利用 "ALTER" 语句实现（需要用户具有修改权限），相关语法结构如下所示：

```
ALTER VIEW[schema_name.]view_name[(column[,...n])]
[WITH <view_attribute>[,...n]]
AS select_statement
[WITH CHECK OPTION][;]

<view_attribute> ::=
{
    [ENCRYPTION]
    [SCHEMABINDING]
    [VIEW_METADATA]
}
```

从语法结构可以发现，修改视图其实就是把创建视图中的 "CREATE" 关键字变成了 "ALTER"，其他都不变。有关各项介绍，读者可参考 7.2.1 节，这里不再赘述。

【例 7-11】修改视图 "v_price"，只查询产品单价低于 25 元的商品，同时为该视图加密。根据例题要求，编写 SQL 脚本如下：

```
ALTER VIEW v_price(产品 ID,供应商 ID,产品名称,单位数量,产品单价)
WITH ENCRYPTION                           --为视图加密
AS
SELECT 产品 ID,供应商 ID,产品名称,单位数量,单价 FROM dbo.产品
WHERE 产品.单价 < 25                        --显示价格低于 25 元的产品
GO
```

执行以上脚本，如果没有错误，则提示 "命令已成功完成"，此时视图已经符合题目要求。可以利用以下脚本对该视图进行加密。

```
SP_HELPTEXT v_price;
```

此时执行结果会提示 "对象 'v_price' 的文本已加密。"。

7.3.4 删除视图

对没有保留价值的视图可以做删除操作，删除前应确认没有其他数据库对象对其存在引用，否则引用该视图的对象在视图被删除后，将出现执行错误。有关删除视图的语法结构如下：

```
DROP VIEW[schema_name.]view_name[...,n][;]
```

其中：

● DROP VIEW：关键字，表示删除视图。

● ［schema_name．］：可选项。表示视图所属架构名。

● view_name：待删除的视图名称。

● ［schema_name．］view_name［…，n］：被删除的视图允许有多个，每个架构和视图都可以看成一个整体，多个需用逗号隔开。

【例7-12】 删除视图"View_1"。

根据例题要求，编写SQL脚本如下：

```
DROP VIEW View_1
```

执行以上脚本，如果没有错误，则提示"命令已成功完成。"，此时视图"View_1"已经被删除。

7.3.5 使用企业管理器工具管理视图

除了利用SQL脚本管理视图外，还可以使用企业管理器（SSMS）可视化工具来对已有自定义视图进行管理。下面分别介绍视图的修改、视图的删除及重命名的操作。

1. 利用SSMS修改视图

下面以在"northwind"数据库中的操作为例修改视图，操作分为以下4个步骤。

1）在对象资源管理器中依次展开"数据库"→"northwind"→"视图"结点。

2）在"视图"结点下列出的已有视图中选中需要修改的视图。右击鼠标，在弹出的快捷菜单中选择"设计"选项，进入视图修改窗口，如图7-18所示。

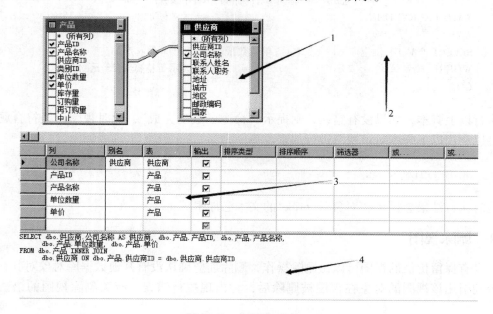

图7-18　视图修改窗口

3）在设计窗口中有以下4种操作方式。

● 在图7-18中标记"1"的地方可以对需要出现在视图查询语句中的字段进行重新选

取，前面有对号的字段表示选中状态。

- 在图 7-18 中标记 "2" 的地方右击鼠标，在弹出的快捷菜单中选择 "添加表" 选项，会出现 "添加表" 对话框，此时可以添加新的表到 "2" 处。同时选中已经出现在 "2" 处的表，右击鼠标，在弹出的快捷菜单中选择 "删除" 选项，可以删除选中的表。
- 在图 7-18 中标记 "3" 的地方可以重新定义别名、输出字段及筛选条件等。
- 在图 7-18 中标记 "4" 的地方，也可以直接编辑视图中的查询语句。

4）当以上修改确认后，直接按〈Ctrl + S〉组合键保存视图，即可完成修改。

2. 利用企业管理器删除视图

下面以在 northwind 数据库下操作为例删除视图，分为以下 3 个步骤。

1）在对象资源管理器中依次展开 "数据库" → "northwind" → "视图" 结点。

2）在 "视图" 结点下列出的已有视图中选中需要删除的视图。右击鼠标，在弹出的快捷菜单中选择 "删除" 选项，弹出删除确认对话框。

3）单击确认对话框中的 "确定" 按钮，完成视图删除。

3. 利用企业管理器重命名视图

下面以在 northwind 数据库下操作为例重命名视图，分为以下两个步骤。

1）在对象资源管理器中依次展开 "数据库" → "northwind" → "视图" 结点。

2）在 "视图" 结点下列出的已有视图中选中需要重命名的视图。右击鼠标，在弹出的快捷菜单中选择 "重命名" 选项。此时视图名称变成可编辑状态，输入新的名称，然后用鼠标单击任何其他地方，即可完成视图的重命名。

7.4　可更新视图

视图除了可以查看数据外，还可以对数据做更新操作。例如，修改视图中的数据，向视图中插入数据等。只不过这些操作在视图中有着严格的要求，只有符合规则的视图才允许对其数据进行更新操作。

7.4.1　可更新视图的条件

视图数据更新的本质就是通过视图来修改它所引用的基表的数据，这需要满足以下 4 个条件。

1）任何修改（包括 UPDATE、INSERT 和 DELETE 语句）都只能引用一个基表的列。

2）视图中被修改的列必须直接引用表中列的基础数据，不能通过任何其他方式对这些列进行派生，这些方式包括以下内容

- 聚合函数：包括 AVG、COUNT、SUM、MIN、MAX、GROUPING、STDEV、STDEVP、VAR 和 VARP 等函数。
- 计算操作：不能从使用其他列的表达式中计算该列。例如，使用集合运算符（UNION、UNION ALL、CROSSJOIN、EXCEPT 和 INTERSECT）形成的列将计入计算结果，并且不允许被更新。

3）被修改的列不受 GROUP BY、HAVING 或 DISTINCT 子句的影响。

4）TOP 在视图 select_statement 中的任何位置都不会与 WITH CHECK OPTION 子句一起

使用。

如果不满足以上几个条件，则可以考虑使用"INSTEAD OF"触发器来更新视图。有关触发器的概念，读者可参考第9章的内容。

7.4.2 通过视图增加记录

如果视图中所使用的基表仅有一个，那么可以通过DML语句操作视图向基表中添加、修改及删除数据。此外，在通过视图向表添加数据时，还要满足基表中设置的约束，如非空约束、唯一值约束等。

【例7-13】以"十种最贵的产品"为基表，创建单表视图"v_view_p"。要求查询单价低于50元的数据，同时要求该视图具有"WITH CHECK OPTION"约束。

根据例题要求，编写SQL脚本如下：

```
CREATE VIEW v_view_p
AS
SELECT 十种最昂贵的产品,单价 FROM 十种最贵的产品
WHERE 单价 < 50
WITH CHECK OPTION;
```

执行以上脚本，创建视图v_view_p。利用以下查询语句可对其进行验证：

```
SELECT * FROM v_view_p;
```

	十种最昂贵的产品	单价
1	山楂片	49.30
2	椰橙汁	46.00
3	烤肉酱	45.60

图7-19　单表视图

执行上面的语句，查询结果如图7-19所示。

【例7-14】向视图"v_view_p"增加数据，分别演示向视图添加单价高于50元的商品和单价低于50元的商品。

1）根据例题要求，向视图增加单价高于50元的记录，编写SQL脚本如下：

```
INSERT INTO v_view_p VALUES('测试数据1',80);
```

执行该脚本，执行结果如图7-20所示。

消息 550，级别 16，状态 1，第 8 行
试图进行的插入或更新已失败，原因是目标视图或者目标视图所跨越的某一视图指定了 WITH CHECK OPTION，而该操作的一个或多个结果行又不符合 CHECK OPTION 约束。
语句已终止。

图7-20　通过视图增加数据

该记录增加的价格是80，高于创建视图时查询语句中的50。由于创建视图时使用了"WITH CHECK OPTION"约束，因此该记录无法通过视图插入"十种最贵的产品"表，并提示图7-20中的错误。

2）向视图增加单价低于50的记录，编写SQL脚本如下：

```
INSERT INTO v_view_p VALUES('测试数据2',20);
```

执行以上 SQL 脚本，会发现该记录正常添加，并没有提示错误。利用以下查询语句查看添加数据后的视图：

```
SELECT * FROM v_view_p;
```

查询结果如图 7-21 所示。箭头所指就是新增数据。

如果视图"v_view_p"不具有"WITH CHECK OPTION"约束，那么增加"测试数据 1"时，会添加成功。但由于添加的记录不在视图可查数据范围内（视图要求显示单价低于 50 元的数据），因此添加的数据也不会显示在视图内，只是添加到了基表中。

	十种最昂贵的产品	单价
1	测试数据2	20.00
2	山渣片	49.30
3	柳橙汁	46.00
4	烤肉酱	45.60

图 7-21 通过视图增加数据成功

7.4.3 通过视图修改和删除记录

通过视图除了可以向基表中增加数据，还可以通过视图修改或删除基表中的数据。修改和删除操作同样要遵守"WITH CHECK OPTION"约束的要求。

【例 7-15】 修改视图"v_view_p"，要求视图不具有"WITH CHECK OPTION"约束。

根据例题要求，编写 SQL 脚本如下：

```
ALTER VIEW v_view_p
AS
SELECT 十种最昂贵的产品,单价 FROM 十种最贵的产品
WHERE 单价 < 50
```

执行以上脚本，完成视图的修改。修改后，视图不具有 CHECK OPTION 约束。

【例 7-16】 修改视图"v_view_p"中的数据，把"测试数据 2"的价格改成 80 元。

根据例题要求，编写 SQL 脚本如下：

```
UPDATE v_view_p SET 单价 = 80
WHERE 十种最昂贵的产品 ='测试数据2';
```

执行修改语句，完成后，利用以下查询进行验证。

```
SELECT * FROM v_view_p;
SELECT * FROM 十种最贵的产品;
```

查询结果如图 7-22 所示。

在图 7-22 中可知，记录被修改后，已不符合视图显示数据的要求，因此修改后的数据不出现在视图中。

对于通过视图删除记录操作，删除的数据实际上是基表中的数据。一旦数据被删除，就再也不会出现在视图当中。

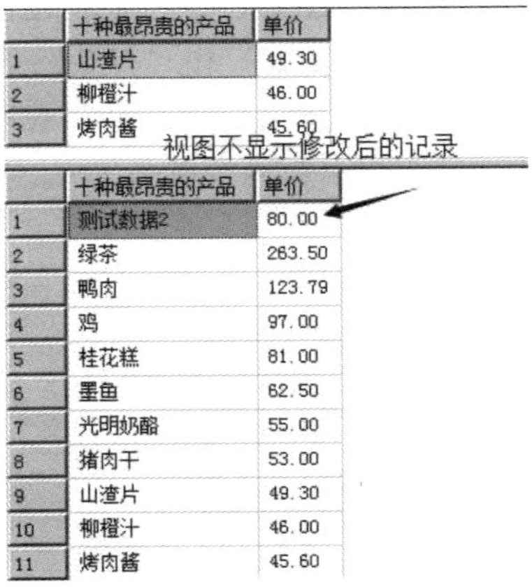

	十种最昂贵的产品	单价
1	山渣片	49.30
2	柳橙汁	46.00
3	烤肉酱	45.60

视图不显示修改后的记录

	十种最昂贵的产品	单价
1	测试数据2	80.00
2	绿茶	263.50
3	鸭肉	123.79
4	鸡	97.00
5	桂花糕	81.00
6	墨鱼	62.50
7	光明奶酪	55.00
8	猪肉干	53.00
9	山渣片	49.30
10	柳橙汁	46.00
11	烤肉酱	45.60

图 7-22 数据修改后的记录

7.5　本章小结

本章介绍了 SQL Server 中的视图。视图是开发过程中应用比较频繁的对象，可以有效提升项目的开发效率。视图可以隔离数据，让数据更加安全，让软件开发更容易。相关知识点主要包括利用 SQL 脚本创建普通视图、加密视图、绑定视图。读者应了解在表上有绑定视图的情况下，不可以随意删除视图的基础数据表。此外，本章还介绍了如何利用 SQL 脚本以及 SSMS 工具查看、修改、删除、重命名已经存在的视图。视图除了用来查询数据，还允许做数据更新操作，但对视图本身有一定的条件限制。

7.6　本章习题

一、填空题

1. 视图的作用有＿＿＿＿、＿＿＿＿、＿＿＿＿。
2. 创建加密视图需要使用关键字＿＿＿＿。
3. 创建绑定视图需要使用关键字＿＿＿＿。
4. 重命名视图需要用到系统存储过程＿＿＿＿。

二、选择题

1. 下列（　　）是用来修改视图内容的。

    A. CREATE VIEW　　　　　　　B. SP_HELP VIEW

    C. ALTER VIEW　　　　　　　　D. SP_RENAME VIEW

2. 下列（　　）肯定不可以利用视图来更新基表的数据。

    A. 视图中某列是由 AVG 计算得到

    B. 视图中所有的列均来自同一个基表

    C. 被加密的视图

    D. 绑定视图

三、简答题

1. 针对"各类产品"表创建视图，视图展示库存量高于 25 的产品。
2. 针对"雇员"和"订单"表创建视图，视图展示每个订单对应的雇员名（包括姓氏）。

第8章　T-SQL 基础

许多数据库软件都有自定义的 SQL 语句，用于编写语句块、存储过程、触发器等数据库对象。在 SQL Server 中，将其自定义的 SQL 语句称为 T-SQL（Transact Structured Query Language）；在 Oracle 中，将其自定义的 SQL 语句称为 PL/SQL（Procedural Language Structured Query Language）语句。实际上，T-SQL 也是 ANSI（American National Standards Institute，美国国家标准学会）和 ISO SQL 标准的 Microsoft SQL Server 扩展。本章的学习目标如下。

- 了解 T-SQL 中的语法规则。
- 掌握常量和变量的声明和使用。
- 掌握流程控制的使用。
- 掌握异常处理语句的使用。
- 掌握游标的声明和应用。
- 掌握事务控制语句的使用。

8.1　T-SQL 中的书写约定

T-SQL 语言与其他的编程语言一样，也有常量、变量、流程控制语句、异常处理等操作。在讲解每种操作的具体用法前，先将这些语句的定义和使用做一个书写约定，以方便读者能够更好地学习后面的内容。具体约定如下所示。

（1）语句以分号结束

在使用 T-SQL 语句时，每一条语句都要以分号结束。

（2）关键字大写

在 T-SQL 语句中，所有的关键字要大写，如 DECLARE、SET、SELECT 等。

（3）变量小写

声明变量时，变量要小写，以"@"开头，并且要有实际意义。如果变量名称是由多个英文单词构成的，则变量中的第一个单词首字母小写，其后的每一个单词首字母大写。

（4）注释用法

在 T-SQL 语句中，对变量或游标的声明使用单行注释（即"--"）的形式，对于条件语句或者循环语句，要在语句前面使用多行注释（即"/*…*/"）。

（5）流程控制语句

在流程控制语句中，每一个选择语句或循环语句中都要使用 BEGIN…END 语句。BEGIN…END 语句实际上起着其他编程语言中括号的作用。

8.2　常量和变量

在 T-SQL 语句中，常量是指一个固定不变的值，也可以说是一个具体的值。常量的具体格式取决于它所表示值的数据类型。例如，对于一个整数来说，10 就是一个常量；对于一个字符型的值来说，"你好"就是一个常量。变量的值是可以改变的，因此要使用一个名称来存放变量的值。

8.2.1 常量

在 SQL Server 中，所有基本的数据类型表示的值都可以作为常量来使用。常量的类型主要包括字符串常量、整型常量、数值型常量、日期时间常量等。

1. 字符串常量

字符串常量就是数据库中的字符型数据类型定义的范围，由字母、数字字符及特殊字符（如感叹号（!）、at 符（@）和数字号（#））构成。此外，与 DML 语句一样，字符型的值都要用单引号括起来。例如：

```
'a123'
'北京'
'study！'
```

2. 整型常量

整型常量包括十进制常量和二进制常量。十进制常量是一般的整数，没有特殊的定义方法，是指数据库中的 int 类型；二进制常量是指数据库中的 binary、varbinary 等类型的值。例如：

```
0xbeijing
0x123
0x                ——表示空二进制字符
9999              ——表示十进制常量
```

这里，0x 实际上就代表了后面的数据是十六进制数。因此，0x 后面可以直接写十六进制数来表示。

3. 数值型常量

数值型常量与整型常量类似，只不过只能表示小数。小数在表示时，既可以使用一般的小数形式，也可以使用科学计数法的形式。使用一般的小数形式常量实际上就是数据库中的 decimal 类型，如果是科学计数法的形式，则使用的是数据库中的 real 或 float 类型。例如：

```
123.456
1.25e5
```

4. 日期时间常量

日期时间常量是数据库中的 datetime 类型。该常量与字符型常量一样都需要使用单引号将其括起来。另外，日期时间类型是一种比较特殊的类型，需要用特定的格式来定义日期时间类型。对于日期时间类型的格式读者可以参考本书第 3 章数据类型部分的内容。例如：

```
'2016/2/25 21:20:00'
'20160101'
```

```
'16/1/2016'
'12:05:22'
```

在上面的例子中，第 1 行表示了日期和时间，第 2 行、第 3 行都是仅包含日期，最后一行包含时间。

此外，还有位常量、货币常量等。位常量是用 0 和 1 表示的，是指数据库中的 bit 类型。货币常量是数据库中的 money 类型，如 ￥100。

8.2.2　变量

变量与常量是对应的，变量的数据类型与常量的数据类型一样，只不过变量要存放在一个变量名中，这样就能够方便读/写这个变量值。变量是存放到内存中的，而不是存放到数据库中的，因此当语句执行结束后，变量名中存放的值就被清空了。变量包括局部变量和全局变量。局部变量是指用户自定义的变量，而全局变量是指 SQL Server 数据库中系统自带的变量。

1. 局部变量

T－SQL 局部变量是用户自定义的，在声明变量时要指定变量的数据类型，并且变量名是以@为前缀的。在本书中，如果没有特殊说明，使用的变量都是局部变量。在为变量指定了类型和长度后，一定要向该变量中存入兼容类型的值。

（1）声明局部变量

在 T－SQL 中，声明局部变量使用 DECLARE 关键字，并且一次可以声明多个不同类型的变量，多个变量定义之间用逗号隔开，具体的语法形式如下：

```
DECLARE @ var_name datatype,@ var_name datatype,…;
```

其中：
- @ var_name：var_name：变量名，@ 是局部变量的前缀。
- datatype：数据类型。数据类型是系统内置的数据类型，也可以是用户自定义的数据类型。

下面分别定义两个局部变量，用来存放用户名和密码：

```
DECLARE @ namevarchar(20),@ pwd varchar(10);
```

上面的定义方式是在 DECLARE 后面一次定义多个变量，也可以分别使用 DECLARE 关键字来定义变量，如下所示：

```
DECLARE @ namevarchar(20);
DECLARE @ pwd varchar(10);
```

需要注意的是，在定义局部变量时，如果是字符型的类型，则一定要为其指定长度；如果是数值类型，则要为其指定精度。

（2）变量赋值

在定义变量时，变量还没有被赋值。为变量赋值通常有以下两种方法：一种是使用 SET 关键字赋值，另一种是使用 SELECT 关键字赋值。使用 SET 方法给变量赋值时，每次只能给一个变量赋值，具体的用法如下所示：

```
SET @ var_name = value;
```

其中：
- @ var_name：变量名，必须是在前面已经声明过的变量名。
- value：给变量赋的值。该值一定要与变量的数据类型匹配。

如果需要一次给多个变量赋值，则可以使用 SELECT 关键字对变量赋值，具体的用法如下所示：

```
SELECT @ var_name = value, @ var_name = value, …;
```

下面通过【例 8-1】来演示如何在 T - SQL 语句中声明局部变量并赋值。
【例 8-1】 分别定义用户名和密码的变量，并给其赋值。
根据题目要求，语句如下所示：

```
DECLARE @ namevarchar(30), @ pwd varchar(10);
SET @ name = '张三';
SET @ pwd = 123456;
```

执行上面的语句，即可完成声明变量并赋值的操作。如果换成使用 SELECT 关键字赋值，语句如下所示：

```
DECLARE @ namevarchar(30), @ pwd varchar(10);
SELECT @ name = '张三', @ pwd = 123456;
```

执行上面的语句，与使用 SET 关键字的效果是一样的。如果执行成功，则会在消息界面中显示"命令已成功完成"的消息提示。

如果在 T - SQL 语句中要输出给变量的赋值，则可以通过 PRINT 关键字来完成。将需要输出的变量名直接写到 PRINT 关键字后面即可，例如，输出在实例中赋值后的用户名和密码，语句如下所示：

```
PRINT '用户名:' + @ name + '密码:' + @ pwd;
```

将上面的语句与前面的赋值语句一起执行，效果如图 8-1 所示。
需要注意的是，PRINT 不能一次放置多个变量输出，如果需要输出多个变量，则需要使用 " + " 符号来连接多个变量。除了 PRINT 关键字，还可以利用 SELECT 关键字来输出变量值。使用 SELECT 关键字输出用户名和密码的语句如下所示：

```
SELECT @ name, @ pwd;
```

将上面的语句与所给变量赋值的语句一起执行，效果如图 8-2 所示。

用户名:张三 密码:123456

	(无列名)	(无列名)
1	张三	123456

图 8-1 使用 PRINT 输出变量值   图 8-2 使用 SELECT 输出变量值

从执行效果可以看出，使用 SELECT 关键字输出变量值时，是以表格的形式输出内容的。但是，只要在多个变量之间用逗号隔开，即可输出多个变量的值，每个变量值都作为一列输出。

2. 全局变量

全局变量是系统自带的变量。在 SQL Server 数据库中，全局变量是以"@@"为前缀的。常用的全局变量见表 8-1。

表 8-1　常用的全局变量

序　号	变　量　名	说　明
1	@@ERROR	存储上一次执行语句的错误代码
2	@@IDENTITY	存储最后插入到表中标识列的值
3	@@VERSION	存储数据库的版本信息
4	@@ROWCOUNT	存储上一次执行语句影响的行数
5	@@FETCH_ STATUS	存储上一次 FETCH 语句的状态值

在上表中列出的全局变量，在 T-SQL 语句中都可以直接使用。如果需要输出全局变量的值，则使用 SELECT 或者 PRINT 都可以将其值输出。

【例 8-2】查看当前数据库的版本信息以及标识列的值。

根据题目要求，先输出数据库的版本信息，语句如下所示：

```
PRINT @@VERSION;
```

执行上面的语句，效果如图 8-3 所示。

```
Microsoft SQL Server 2014 - 12.0.4100.1 (X64)
    Apr 20 2015 17:29:27
    Copyright (c) Microsoft Corporation
    Enterprise Evaluation Edition (64-bit) on Windows NT 6.1 <X64> (Build 7601: Service Pack 1)
```

图 8-3　输出数据库的版本信息

为了查看标识列的值，先创建一张 test 表，在表中有 id 和 name 两列，并将 id 列设置成标识列，然后向该表中输入一行记录，并查询@@IDENTITY 的值，实现的语句如下所示：

```
CREATE TABLE test
(idint IDENTITY(1,1),
name    varchar(10)
);
INSERT INTO test VALUES('张三');
PRINT@@IDENTITY;
```

执行上面的语句，效果如图 8-4 所示。

从执行效果可以看出，"（1 行受影响）"是 INSERT 语句执行的结果，1 就是标识列的值。

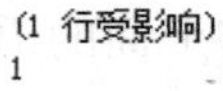

(1 行受影响)
1
图 8-4　输出标识列
的值

8.3　常用语句

在 T－SQL 中，也有与编程语言一样的流程控制语句，如条件语句、循环语句、异常处理语句。这些语句常被用到下一章中要学习的存储过程和触发器中。本节将介绍 T－SQL 中的条件语句和循环语句以及异常处理的相关语句。

8.3.1　条件语句

在 T－SQL 中，条件语句是 IF 语句。此外，在 T－SQL 中还提供了 CASE 表达式，用于根据条件的判断来执行不同的 SQL 语句操作。

1. IF 语句

IF 语句是最常用的条件判断语句，它的具体语法如下所示：

```
IF( boolean_expression )
BEGIN
{ sql_statement | statement_block }
END
[ ELSE
BEGIN
{ sql_statement | statement_block }
END ]
```

其中：

- boolean_expression：布尔表达式，即必须是能够返回 True 或 False 值的表达式。
- { sql_statement | statement_block }：任何 T－SQL 语句或语句块。语句块是由多条语句构成的。每条语句结束要加上分号。
- BEGIN…END：相当于括号的作用，把语句块括在一起。

IF 语句的执行流程就是先判断 IF 后面的布尔表达式的值，如果为 True，就继续执行 IF 下面的语句块，否则执行 ELSE 中的语句块。如果在 IF 语句中省略了 ELSE 语句，则当 IF 后面的布尔表达式的值为 False 时，不执行任何语句。

【例 8-3】使用 IF 判断，如果前面创建的 test 表中的@@ identity 的值小于 5，则输出"标识列的值小于 5"，并向表中添加一条记录。

根据题目要求，语句如下所示：

```
IF( @@ identity < 5 )
BEGIN
PRINT'标识列的值小于 5';
INSERT INTO test VALUES('李四');
END;
```

执行上面的语句，效果如图 8-5 所示。

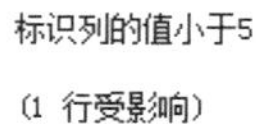

从执行结果可以看出，第 1 行是 PRINT 输出的内容，第 2 行是 INSERT 语句执行的结果。

标识列的值小于5

(1 行受影响)

图 8-5　IF 语句的应用

【例 8-4】定义两个变量存放用户名和密码，然后将用户名和密码分别与"张三"和"123456"进行比较，如果相同，则输出"登录成功"，否则输出"登录失败"。

根据题目要求，语句如下所示：

```
DECLARE@ name varchar(20) ,@ pwd varchar(20) ;
SELECT @ name ='张三',@ pwd ='123';
IF( @ name ='张三'AND @ pwd ='123456')
BEGIN
PRINT'登录成功！';
END
ELSE
BEGIN
PRINT'登录失败！';
END;
```

执行上面的语句，由于变量中存放的值是"123"，而要进行比较的值为"123456"，因此执行结果是"登录失败！"另外，需要说明的是，前面学过的运算符都能够在 T – SQL 语句中使用。

2. CASE 表达式

CASE 表达式与 IF 语句类似，都是根据条件来判断执行相应的语句。但是它不能单独使用，只能与其他的语句连用，如 SELECT、UPDATE、DELETE、及 WHERE、ORDER BY 等。

CASE 表达式共有两种形式，一种是简单的 CASE 表达式，另一种是搜索模式的 CASE 表达式。

（1）简单的 CASE 表达式

简单的 CASE 表达式用于与任意表达式比较得到不同的结果，具体的语句如下所示。这里以在 SELECT 中的应用举例，在其他的语句中的用法类似。

```
SELECT [columnname] =
CASE expressions
WHEN when_expression THEN result_expression
    [,...n]
    [
    ELSE else_result_expression
    ]
END
[FROM table_name]
```

其中：

● [columnname]：可以省略，也可以设置为某张表中的列名。

● expression：条件，该条件可以是任意表达式。

- when_expression：条件，任意表达式，但是该表达式的结果必须与 input_expression 表达式结果的数据类型一致。
- result_expression：当 input_expression = when_expression 的结果为 True 时，返回的表达式。
- else_result_expression：前面的 when_expression 条件全都不满足时返回的表达式。
- ［FROM table_name］：可以省略。但是，如果从表中的某列查询值，则需要使用该子句。

简单 CASE 语句的执行过程是，将 CASE 后面的表达式与 WHEN 后面的表达式进行比较，即 "expressions = when_expression" 时，执行相应的 THEN 后面的表达式。

下面通过【例 8-5】演示如何在 SELECT 语句中使用简单 CASE 表达式。

【例 8-5】查询产品表，如果类别编号是 1，则显示 "饮料"；如果类别编号是 2，则显示 "调味品"，其他则显示 "其他"。

根据题目要求，语句如下所示：

```
SELECT 产品名称,类别名称 = CASE 类别 ID
            WHEN 1 THEN '饮料'
            WHEN 2 THEN '调味品'
            ELSE '其他' END
    FROM 产品;
```

执行上面的语句，部分结果如图 8-5 所示。

通过查询结果可以看出，"类别名称" 成为 CASE 表达式运算结果列的别名。在 CASE 后面的表达式是一个列名，根据 WHEN 后面的值进行匹配，如果没有匹配的结果，则会显示 ELSE 后面的结果。在与 SELECT 语句联合使用 CASE 表达式查询表中数据时，每一行记录都会执行一次 CASE 表达式。

	产品名称	类别名称
1	苹果汁	饮料
2	牛奶	饮料
3	蕃茄酱	调味品
4	盐	调味品
5	麻油	调味品
6	酱油	调味品
7	海鲜粉	其他
8	胡椒粉	调味品
9	鸡	其他
10	蟹	其他
11	大众奶酪	其他
12	德国奶酪	其他
13	龙虾	其他
14	沙荼	其他
15	味精	调味品

图 8-5 简单 CASE 表达式的应用

（2）CASE 搜索表达式

CASE 搜索表达式的判断形式比简单 CASE 表达式更加灵活，能够在 WHEN 后面使用布尔表达式判断，与 IF 语句的用法更加类似。CASE 搜索表达式在 SELECT 语句中使用时的语法形式如下所示：

```
SELECT ［columnname］= CASE
WHEN Boolean_expression THEN result_expression［,…,n］
［ELSE else_result_expression］
END
［FROM table_name］
```

与 CASE 简单表达式不同的是，该 CASE 表达式的 CASE 后面没有表达式，WHEN 后面的表达式必须是布尔表达式。

【例 8-6】将【例 8-5】中的题目使用 CASE 搜索表达式完成。

根据题目要求，语句如下所示：

```
SELECT 产品名称,类别名称 = CASE
          WHEN 类别 ID = 1 THEN '饮料'
          WHEN 类别 ID = 2 THEN '调味品'
          ELSE '其他' END
FROM 产品;
```

执行上面的语句，结果与图 8-5 一样。这里，只是将 CASE 后面的表达式去掉，在 WHEN 后面直接用布尔表达式进行比较。

前面的两个实例都是针对表中数据进行操作的，实际上，在使用 SELECT 语句时不查询表也是可以的。

【例 8-7】使用 CASE 表达式，完成对变量值的判断，如果变量的值为 1 ~ 5，则显示"上班"；如果变量的值为 6 和 7，则显示"休息"；如果是其他变量值，则显示"未知"。

根据题目要求，语句如下所示：

```
DECLARE @ day int;
SET @ day = 3;
SELECT @ day AS '星期', CASE
          WHEN @ day > = 1 AND @ day < = 5 THEN '上班'
          WHEN @ day = 6 OR @ day = 7 THEN '休息'
          ELSE '未知'
          END AS '安排'
```

执行上面的语句，结果如图 8-6 所示。

从执行结果可以看出，使用 SELECT 语句的作用就是用于显示执行结果，并且也可以设置每列显示时的别名，这里的"星期"和"安排"就是对应列的别名。

图 8-6　不查询表时的
使用 CASE 表达式

CASE 表达式除了可以用在 SELECT 语句外，还可以用在其他的子句中，如 UPDATE、DELETE 等语句。

【例 8-8】更新产品表，将价格高于 100 元的产品打 8 折、低于 100 元的打 9 折，使用 CASE 表达式实现。

根据题目要求，需要在 SET 语句中使用 CASE 表达式，语句如下所示：

```
UPDATE 产品
SET 单价 = CASE
          WHEN 单价 > = 100 THEN 单价 * 0.8
          WHEN 单价 < 100 THEN  单价 * 0.9
END;
```

执行上面的语句，即可更新表中所有产品的单价。

除了上面的应用，读者也可以尝试 CASE 表达式在其他语句中的应用。

8.3.2 循环语句

如果需要向表中添加 10 条记录，则要写 10 条 INSERT 语句才能完成；如果添加 100 条记录，则要写 100 条 INSERT 语句，这样做就略显烦琐了。使用循环语句，可以通过指定操作的次数来完成重复的操作。在 SQL Server 中，使用 WHILE 语句来实现循环操作。具体的语法形式如下所示：

```
WHILE(boolean_expression)
BEGIN
{sql_statement | statement_block}
END
```

其中：

- boolean_expression：布尔表达式，即必须是能够返回 True 或 False 的表达式。
- {sql_statement | statement_block}：T – SQL 语句或语句块。

【例 8-9】使用 WHILE 循环，输出 10 次"您好 T – SQL"。

根据题目要求，语句如下所示：

```
DECLARE @ count int;
SET @ count = 1;
WHILE(@ count <= 10)
BEGIN
PRINT  '您好 T – SQL';
SET @ count = @ count + 1;
END
```

```
您好T-SQL
您好T-SQL
您好T-SQL
您好T-SQL
您好T-SQL
您好T-SQL
您好T-SQL
您好T-SQL
您好T-SQL
您好T-SQL
```

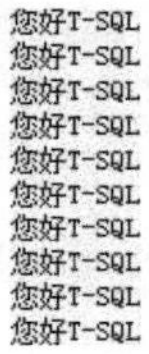

图 8-7　使用 WHILE 循环
输出 10 次"您好 T – SQL"

执行上面的语句，结果如图 8-7 所示。

【例 8-10】使用 WHILE 循环，计算 1 ~ 10 的和。

根据题目要求，语句如下所示：

```
DECLARE @ count int,@ sum int;
SET @ count = 1;
SET @ sum = 0;
WHILE(@ count <= 10)
BEGIN
SET @ sum = @ sum + @ count;
SET @ count = @ count + 1;
END
PRINT   @ sum;
```

执行上面的语句，即可得到 1 ~ 10 的和是 55。这里，由于 SET 语句每次只能对一个变量赋值，因此分别使用了两个 SET 语句。也可以使用 SELECT 语句来替换 SET 语句，实现一次为多个变量赋值。

如果将该实例中的"SET @ count = @ count + 1"语句删除，则程序会一直执行，因为 @ count 的值始终都是 1，没有改变。这种一直执行的循环称为死循环。死循环要在程序中避免，否则就会出现程序一直执行的状态，直至 CPU 占满为止。在 SQL Server 中，为了避免死循环的出现，提供了 BREAK 和 CONTINUE 语句来控制循环的执行。

1. BREAK 语句

BREAK 语句用于跳出 WHILE 循环，使循环结束。在 WHILE 循环中，遇到 BREAK 语句后，循环立即结束，不再执行 BREAK 语句后的任何语句。

【例 8-11】使用 WHILE 循环，输出 1 ~ 10，但是，当输出 4 以后循环结束。

根据题目要求，语句如下所示：

```
DECLARE @ count int
SET @ count = 1;
WHILE( @ count <= 10)
BEGIN
IF( @ count = 5)
BEGIN
BREAK;
END
PRINT @ count;
SET @ count = @ count + 1;
END
```

执行上面的语句，结果如图 8-8 所示。

从执行效果可以看出，当 @ count 的值为 5 时循环结束，不再输出 4 之后的数字。

```
1
2
3
4
```

图 8-8 使用 BREAK 终止循环

2. CONTINUE 语句

CONTINUE 语句与 BREAK 语句有些不同，它只能用于结束当前的 WHILE 循环，而继续下一次循环。也就是说，在 WHILE 循环中，执行到 CONTINUE 语句后，不会执行后面的语句，然后再次回到 WHILE 循环后面的布尔表达式中继续判断。

【例 8-12】使用 WHILE 循环，输出 1 ~ 10 中除了 5 之外的数。

根据题目要求，语句如下所示：

```
DECLARE @ count int
SET @ count = 0;
WHILE( @ count < 10)
BEGIN
SET @ count = @ count + 1;
IF( @ count = 5)
BEGIN
CONTINUE;
END
PRINT @ count;
END
```

执行上面的语句，结果如图 8-9 所示。

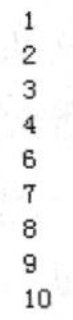

可以看出，当 @count 的值为 5 时，本次循环结束，继续执行下一次循环输出 6 之后的数。需要注意的是，在 CONTINUE 语句前面要改变 @count 的值，否则遇到 CONTINUE 后，@count 的值始终为 5，WHILE 循环就变成了死循环。

```
1
2
3
4
6
7
8
9
10
```

图 8-9　使用 CONTINUE
语句结束本次循环

除了上述两个在循环中应用的语句外，还可以使用 RETURN 语句结束循环。在 T - SQL 语句中，遇到 RETURN 语句后，程序结束，不再执行。在 WHILE 循环中，使用 RETURN 语句与 BREAK 语句的作用一样，遇到 RETURN 语句循环结束。将【例 8-11】中的 BREAK 语句换成 RETURN 语句，改写后的语句如下所示：

```
DECLARE @count int
SET @count = 1;
WHILE( @count <= 10 )
BEGIN
IF( @count = 5 )
BEGIN
RETURN;
END
PRINT @count;
SET @count = @count + 1;
END
```

执行上面的语句，结果与图 8-8 一致。实际上，读者对于 RETURN 语句并不陌生，在定义函数时已经涉及，能够使用 RETURN 语句返回指定类型的值。但是，在循环语句中，不必在 RETURN 语句后面加上参数。

通常情况下，T - SQL 语句都是按照顺序执行的，如果要改变语句的执行顺序，在 T - SQL 中提供了 GOTO 语句来实现。GOTO 语句的作用是跳转到指定的位置来执行语句，具体的用法如下所示：

```
Label: { sql_statement | statement_block }
GOTO Label;
…
```

这里，Lable 是跳转的标签名，相当于书签的作用。GOTO 后面加上标签名，即可跳到标签所对应的 T - SQL 语句的位置。由于 GOTO 可以随意改变 T - SQL 语句的执行顺序，影响语句的可读性，因此不建议在语句中使用 GOTO。

【例 8-13】 使用 GOTO 语句来输出 1 ~ 10。

在前面的实例中，使用循环可以实现输出 1 ~ 10。如果使用 GOTO 语句，可以与 IF 连用实现相同的功能，语句如下所示：

```
DECLARE @count int;
SET @count = 1;
```

```
Label1:IF(@count<=10)
BEGIN
PRINT @count;
SET @count=@count+1;
GOTO Label1;
END
```

执行上面的语句，即可输出 1～10。

8.3.3 控制语句执行时间

在 SQL Server 中，有时写好的 SQL 语句不一定即时执行，而是设置在指定的时间执行。例如，设置在当天的 12 点执行数据更新，设置在早上 8：00 更新数据等。这时，可以使用 WAITFOR 语句来控制语句执行的时间。需要注意的是，WAITFOR 语句只能够控制 24 h 内的时间范围。具体的语法形式如下所示：

```
WAITFOR
{     DELAY 'time_to_pass'
   | TIME 'time_to_execute'
}
```

其中：

- DELAY 'time_to_pass'：设置在指定的时间后执行 SQL 语句。
- TIME 'time_to_execute'：设置执行 SQL 语句的时间。

【例 8-14】 在 5 s 后，查询产品表中价格大于 100 的产品名称和单价。

根据题目要求，需要使用 DELAY 的形式来控制 SQL 语句的执行时间，语句如下所示：

```
WAITFOR DELAY'00:00:05';
SELECT 产品名称,单价 FROM 产品;
```

执行上面的语句，效果如图 8-10 所示。

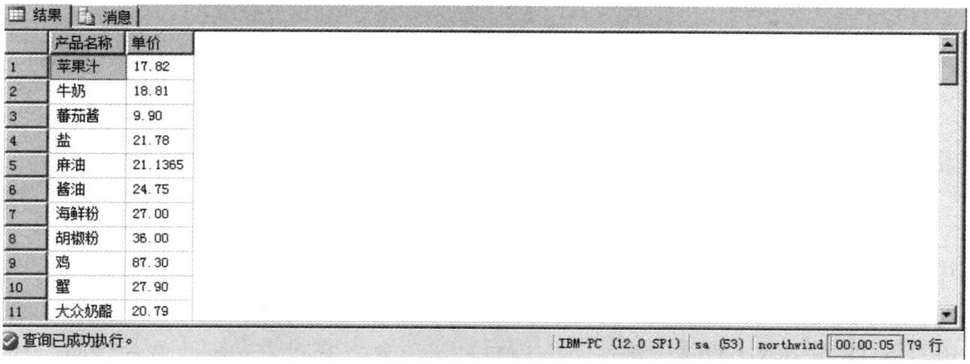

	产品名称	单价
1	苹果汁	17.82
2	牛奶	18.81
3	蕃茄酱	9.90
4	盐	21.78
5	麻油	21.1365
6	酱油	24.75
7	海鲜粉	27.00
8	胡椒粉	36.00
9	鸡	87.30
10	蟹	27.90
11	大众奶酪	20.79

图 8-10　5 s 后查询产品表显示产品名称和单价

从上面的执行结果可以看出，在图 8-10 中右下角显示的“00:00:05”就是执行 SQL 语句的时间。实际上，直接执行上述查询语句的时间不足 1 s。因此，这里就表示了是在 5 s 后执行的 SQL 语句。

【例 8-15】 在 19:25，查询产品表中的产品名称、单价及订购量。

根据题目要求，语句如下所示：

```
WAITFOR TIME'19:25:00';
SELECT 产品名称,单价,订购量   FROM 产品;
```

执行上面的语句，结果如图 8-11 所示。

	产品名称	单价	订购量
1	苹果汁	17.82	0
2	牛奶	18.81	40
3	蕃茄酱	9.90	70
4	盐	21.78	0
5	麻油	21.1365	0
6	酱油	24.75	0
7	海鲜粉	27.00	0
8	胡椒粉	36.00	0
9	鸡	87.30	0
10	蟹	27.90	0
11	大众奶酪	20.79	30

图 8-11　19:25 时查询产品表显示产品名称、单价以及订购量

从上面的执行结果可以看出，该查询语句是在距 19:25 还有 15 s 时运行的，到 19: 25 时开始执行。

8.3.4　异常处理

在 SQL Server 中，异常处理的语句是 TRY…CATCH 语句，具体的语法形式如下所示：

```
BEGIN TRY
   {sql_statement | statement_block}
END TRY
BEGIN CATCH
   {sql_statement | statement_block}
END CATCH
[;]
```

其中：

- sql_statement | statement_block：任何 T-SQL 语句或语句块。
- BEGIN TRY…END TRY：在这两个语句之间，通常写可能发生异常的语句，如向表中添加数据的语句。
- BEGIN CATCH…END CATCH：在这两个语句之间，是在 TRY 之间的语句出现异常时

执行的语句。在 CATCH 语句中，可以获取相应的错误号以及错误信息。要获取错误信息，可以使用的函数见表 8-2。

表 8-2　获取错误信息的常用函数

序　号	函　数　名	说　明
1	ERROR_NUMBER( )	返回错误号
2	ERROR_STATE( )	返回错误状态号
3	ERROR_PROCEDURE( )	返回出现错误的存储过程或触发器名称
4	ERROR_LINE( )	返回导致错误的例程中的行号
5	ERROR_MESSAGE( )	返回错误消息的内容
6	ERROR_SEVERITY( )	返回错误的严重级别

【例 8-16】 使用 TRY…CATCH 语句捕获异常，将产品表中单价高于 200 的产品单价改成 "a"，显示错误号和错误信息。

根据题目要求，语句如下所示：

```
BEGIN TRY
UPDATE 产品 SET 单价='a'WHERE 单价>=200
END TRY
BEGIN CATCH
SELECT
ERROR_NUMBER( )AS '错误号',          --设置列别名为"错误号"
ERROR_MESSAGE( )AS'错误信息';        --设置列别名为"错误信息"
END CATCH;
```

执行上面的语句，结果如图 8-12 所示。

	错误号	错误信息
1	235	无法将 char 值转换为 money。该 char 值的语法有误。

图 8-12　捕获异常的效果

从执行结果可以看出，在更新表数据时，无法向单价列中输入字符型数据，因此会出现此异常。

在 SQL Server 中，除了使用 TRY…CATCH 语句处理异常，还提供了 THROW 语句用于抛出异常，并能够标识出具体的行号，同时也能自定义异常。该语句通常应用在 CATCH 语句中，具体的语法形式如下所示：

```
THROW[{error_number|@local_variable},
{message|@local_variable},
state|@local_variable}]
[;]
```

其中：

● error_number：它的数据类型是 int，并且必须大于或等于 50 000 且小于或等于

2 147 483 647。用于表示异常的常量或变量。

- message：它的数据类型是 nvarchar（2048），用于描述异常的字符串或变量。
- state：它的数据类型是 tinyint，存放在 0～255 之间的常量或变量，表示与消息关联的状态。

【例 8-17】在【例 8-16】中的异常处理语句中，将 CATCH 中的调用函数部分改写成 THROW 的形式。

根据题目要求，语句如下所示：

```
BEGIN TRY
UPDATE 产品 SET 单价 ='a'WHERE 单价 >=200
END TRY
BEGIN CATCH
THROW
END CATCH;
```

执行上面的语句，效果如图 8-13 所示。

从执行效果可以看出，使用 THROW 抛出的异常内容与【例 8-15】中调用函数时抛出的异常类似。这里面相当于依次调用了 ERROR_NUMBER( ) 函数、ERROR_SEVERITY( ) 函数、ERROR_STATE( ) 函数、ERROR_LINE( ) 函数、ERROR_MESSAGE( ) 函数。因此，使用 THROW 抛出异常信息比较简洁。此外，还能够使用 THROW 抛出自定义异常信息，将上面的语句改写成如下语句：

```
BEGIN TRY
UPDATE 产品 SET 单价 ='a'WHERE 单价 >=200
END TRY
BEGIN CATCH
THROW  60000,'不能为单价列输入字符型的值',1
END CATCH;
```

执行上面的语句，结果如图 8-14 所示。

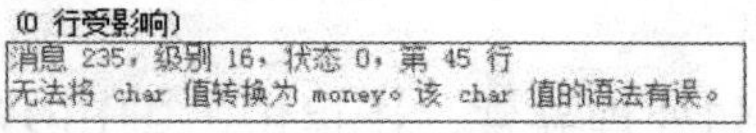
(0 行受影响)
消息 235，级别 16，状态 0，第 45 行
无法将 char 值转换为 money。该 char 值的语法有误。

图 8-13　使用 THROW 抛出异常

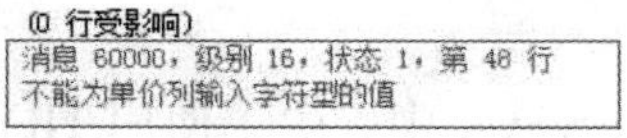
(0 行受影响)
消息 60000，级别 16，状态 1，第 48 行
不能为单价列输入字符型的值

图 8-14　抛出自定义异常内容

从执行结果可以看出，消息号、消息内容及状态都是通过 THROW 自定义的。但是，返回的异常行号是 THROW 语句所在的行号。这样，可以自定义抛出内容，增强异常消息的可读性。

📖 说明：在 SQL Server 2012 以前的版本中，还提供了 RAISERROR 语句来抛出异常，但是由于其用法比较烦琐，并且不能直接返回错误所在的行号，因此在 SQL Server 2012 以后的版本的中不再使用 RAISERROR 语句，而是使用 THROW 语句。

8.4　游标

游标实际上是一种数据结构，用于存储查询语句中查询的结果。通过游标可以遍历查询结果中的每条记录，并对记录进行相关的操作。游标与变量类似，都是保存在内存中的，因此在游标中对查询结果进行操作速度比较快。

8.4.1　游标的作用

游标中存放的内容都来源于 SELECT 语句的查询结果。在前面的章节中已经介绍过 SELECT 语句，它每次都能根据查询的条件返回一个结果，并且这个结果是作为一个整体返回的。因此，要想操作查询结果中的一部分结果是非常困难的，但是通过游标就可以解决这一问题。

读者可以将游标想象成是一张表，这张表保存了从其他表中查询的结果。游标中查询结果的顺序与表中查询结果的顺序是一致的，因此读取游标中的内容也是按照查询结果顺序读取的。

游标使用的具体步骤如下所示。

1）声明游标。

2）打开游标。

3）读取游标。

4）关闭游标。

5）释放游标。

通过上面的 5 个步骤即可完成对游标的操作，下面分别讲解每个步骤的具体实现过程。

8.4.2　声明游标

由于游标也是一种特殊的变量，因此也要先声明再使用。声明游标使用 DECLARE 关键字即可，具体的语法如下所示：

```
DECLARE cursor_name　[SCROLL]CURSOR FOR select_statement
[FOR｛READ ONLY | UPDATE[OF column_name[,...,n]]｝]
[;]
```

其中：

● cursor_name：游标名称。

● SCROLL：滚动游标，即指定所有游标的提取方式，包括 FIRST、LAST、PRIOR、NEXT、RELATIVE、ABSOLUTE。

● select_statement 项：SELECT 语句。需要注意的是，该 SELECT 语句中不允许出现 COMPUTE、COMPUTE BY、INTO 等语句。

● FOR READ ONLY：游标是只读的，不允许更新。

● FOR UPDATE[OF column_name[,...,n]]：定义游标中可更新的列。[OF column_

name[,…,n]]用于指定用于更新的列。如果没有指定[OF column_name[,…,n]]，则意味着可以更新所有列。

【例8-18】定义游标，存放查询产品表中的产品名称和单价。

根据题目要求，这里将游标中的内容设置成只读形式，语句如下所示：

```
DECLARE cur_pro SCROLL CURSOR FOR SELECT 产品名称,单价 FROM 产品
FOR READ ONLY;
```

执行上面的语句，即可完成游标 cur_pro 的创建。

在创建游标时，指定产品的单价是允许修改的，更改后的语句如下所示：

```
DECLARE cur_pro CURSOR FOR SELECT 产品名称,单价 FROM 产品
FOR UPDATE OF 产品名称;
```

执行上面的语句，即可创建能够更新产品名称列的游标。需要注意的是，虽然游标也是在内存中存放的，但是游标必须释放后才能重新定义同名游标。

8.4.3 打开和读取游标

游标在创建完成后，还不能直接使用，需要先将游标打开才行。打开游标的关键字是 OPEN 关键字，具体的语法如下所示：

```
OPEN{{[GLOBAL]cursor_name} | cursor_variable_name}
```

其中：

- GLOBAL：表示该游标是全局游标。
- cursor_name：游标名称。
- cursor_variable_name：游标类型的变量名称。

读取游标中的内容是操作游标的重要步骤。读取游标使用 FETCH 关键字组成的语句来完成，具体的语法形式如下所示：

```
FETCH
    [[NEXT | PRIOR | FIRST | LAST
        | ABSOLUTE n
        | RELATIVE n
    ]
        FROM
    ]
{{[GLOBAL]cursor_name} | @ cursor_variable_name}
[INTO @ variable_name[,…,n]]
```

其中：

- NEXT：表示返回结果集中当前记录的下一条记录。如果是第一次读取记录，则返回的是第 1 条记录。

- PRIOR：表示返回结果集中当前记录的上一条记录。如果是第一次读取记录则不返回任何记录。
- FIRST：返回结果集中的第一条记录。
- LAST：返回结果集中的最后一条记录。
- ABSOLUTE n：如果 n 为正数，则返回从游标中读取第 n 行记录；如果 n 为负数，则返回游标中从最后一行算起的第 n 行记录。
- RELATIVE n：如果 n 为正数，则返回从当前行开始的第 n 行记录；如果 n 为负数，则返回从当前行开始的向前的第 n 行记录。
- GLOBAL：全局游标。
- cursor_name：游标名称。
- @ cursor_variable_name：游标类型的变量名。
- INTO @ variable_name[,..., n]：将提取出来的数据存放到局部变量中。

【例 8-19】将【例 8-17】中的游标打开并读取其中的第一条记录。

为了保证 SQL 语句的完整性，这里也将定义游标的部分写上，语句如下所示：

```
DECLARE cur_pro SCROLL CURSOR FOR SELECT 产品名称,单价 FROM 产品
FOR READ ONLY;
OPEN cur_pro;
FETCH NEXT FROM cur_pro
```

执行上面的语句，结果如图 8-15 所示。

同理，如果要读取游标中的最后一条记录，则将上述语句中的 FETCH NEXT 更改成 FETCH LAST 即可，执行结果如图 8-16 所示。

图 8-15　读取游标中的第一条记录　　图 8-16　读取游标中的最后一条记录

【例 8-20】遍历【例 8-19】中游标里的前 5 条记录。

根据题目要求，遍历游标中的前 5 条记录需要使用循环语句来完成，具体实现的语句如下所示：

```
DECLARE cur_pro SCROLL CURSOR FOR SELECT 产品名称,单价 FROM 产品
FOR READ ONLY;
OPEN cur_pro;
DECLARE @ count int;
SET @ count = 1;
WHILE( @ count <= 5)
BEGIN
FETCH NEXT FROM cur_pro
SET @ count = @ count + 1;
END
```

执行上面的语句，效果如图 8-17 所示。

除了在游标中查询出前 5 条记录外，还可以直接在查询语句中使用 TOP 关键字返回查询结果的前 5 条记录并存放到游标中，然后从游标中取出所有的记录。判断游标中是否有记录可以借助全局变量@@FETCH_STATUS，每次使用 FETCH 语句从游标中取值成功后该值为 0；FETCH 语句执行失败后，该值为 -1；被提取的行不存在时，该值为 -2。因此，当@@FETCH_STATUS 的值为 0 时，可以继续从游标中取值，否则不再继续取值。上面的语句可以更改成如下语句：

图 8-17 使用循环输出游标中前 5 条记录

```
DECLARE cur_pro SCROLL CURSOR FOR SELECT TOP 5 产品名称,单价 FROM 产品
FOR READ ONLY;
OPEN cur_pro;
FETCH NEXT FROM cur_pro;
WHILE(@@FETCH_STATUS = 0)
BEGIN
FETCH NEXT FROM cur_pro;
END
```

执行上面的语句，结果与图 8-17 是一样的。需要注意的是，@@FETCH_STATUS 的值要在执行 FETCH 语句后才会改变，因此需要先执行 FETCH 语句，再对@@FETCH_STATUS 值进行判断。

【例 8-21】创建一个游标 cur_pro1，用来保存产品表中价格高于 70 元的产品名称、单价及产品类型，然后将游标中的数据保存到表 products 中。

根据题目要求，先创建 products 表，表中共有 3 列，创建表的语句如下所示：

```
CREATE TABLE products
(
namenvarchar(40),
price    money,
typenvarchar(15)
);
```

在 northwind 数据库中，执行上面的语句，即可在该数据库中完成 products 表的创建。

创建游标并将其数据保存到表 products 中，语句如下所示：

```
DECLARE cur_pro1 SCROLL CURSOR FOR SELECT 产品名称,单价,类别名称 FROM 产品,类别
WHERE 产品.类别 ID = 类别.类别 ID   AND 单价 >70
FOR READ ONLY;
DECLARE @pro_namenvarchar(40),@pro_price money,@pro_type nvarchar(15);
OPEN cur_pro1;
FETCH NEXT FROM cur_pro1 INTO @pro_name,@pro_price,@pro_type;
WHILE(@@FETCH_STATUS = 0)
```

```
BEGIN
INSERT INTO products VALUES(@ pro_name,@ pro_price,@ pro_type);
FETCH NEXT FROM cur_pro1 INTO @ pro_name,@ pro_price,@ pro_type;
END
```

执行上面的语句，即可将游标中的记录添加到 products 表中。查询 products 表，结果如图 8-18 所示。

从查询结果可以看出，在产品表中价格高于 70 元的产品只有 4 个。

除了查询游标中的记录外，还可以使用游标对表中的值进行修改。在声明游标时，不能将游标设置为只读的，并需要设置可以更新的列或全部列都可以更新。

	name	price	type
1	绿茶	210.80	饮料
2	桂花糕	72.90	点心
3	鸡	87.30	肉/家禽
4	鸭肉	99.032	肉/家禽

图 8-18　将游标中的值填充到 products 表中

【例 8-22】创建游标 cur_pro2，并将类别表中的类别编号和类别名称存放到游标中。在游标中指定类别名称可以更改，然后将类别编号是 1 的产品名称更改为"食品"类。根据题目要求，语句如下所示：

```
DECLARE cur_pro2  CURSOR FOR SELECT 类别 ID,类别名称 FROM 类别
FOR UPDATE OF 类别名称;
OPEN cur_pro2;
DECLARE @ typeid int,@ typename nvarchar(20);
FETCH NEXT FROM cur_pro2 INTO @ typeid,@ typename;
WHILE(@ @ FETCH_STATUS = 0)
BEGIN
IF(@ typeid = 1)
BEGIN
UPDATE 类别 SET 类别名称 ='食品'WHERE CURRENT OF cur_pro2
BREAK;
END
FETCH NEXT FROM cur_pro2 INTO @ typeid,@ typename;
END
```

执行上面的语句，即可修改类别中编号为 1 的记录。查询类别表，效果如图 8-19 所示。

	类别ID	类别名称	说明	图片
1	9	图书	NULL	NULL
2	1	食品	软饮料、咖啡、茶、啤酒和淡啤酒	0x151C2F0002000000000D000E0014002100FFFFFFFF42697...
3	2	调味品	香甜可口的果酱、调料、酱汁和调味品	0x151C2F0002000000000D000E0014002100FFFFFFFF42697...
4	3	点心	甜点、糖和甜面包	0x151C2F0002000000000D000E0014002100FFFFFFFF42697...
5	4	日用品	乳酪	0x151C2F0002000000000D000E0014002100FFFFFFFF42697...
6	5	谷类/麦片	面包、饼干、生面团和谷物	0x151C2F0002000000000D000E0014002100FFFFFFFF42697...
7	6	肉/家禽	精制肉	0x151C2F0002000000000D000E0014002100FFFFFFFF42697...
8	7	特制品	干果和豆乳	0x151C2F0002000000000D000E0014002100FFFFFFFF42697...
9	8	海鲜	海菜和鱼	0x151C2F0002000000000D000E0014002100FFFFFFFF42697...

图 8-19　使用游标更新类别中的记录

从查询效果可以看出，可在 UPDATE 语句中使用 WHERE CURRENT OF cur_ pro2 语句来更新游标所在的当前行的信息。同样，也可以利用游标来删除游标所在的当前行的信息。

8.4.4 关闭和释放游标

前面已经学习了如何声明、打开及读取游标中的信息。使用游标之后，如果需要再次查看游标中的信息，都会提示该游标已经被创建了。因此，需要在游标使用之后将其关闭，并释放游标所占用的内存资源。

1. 关闭游标

游标在使用完成后，可以将游标关闭。如果需要再次使用，还可以将其打开。因此，关闭游标并没有真正释放游标所占用的内存资源。也就是说，此时仍不能创建同名的游标。关闭游标的语句形式如下所示：

```
CLOSE cursor_name
```

这里，cursor_name 是游标名称。如果当前游标已经被关闭了，则执行关闭语句，就会出现错误提示，如图 8-20 所示。

2. 释放游标

关闭游标仅是暂时关闭游标，并没有真正释放游标的资源。如果要重新声明同名游标，则必须先释放游标才可以。如果游标被释放了，则不能再打开游标，必须重新声明才可以。释放游标使用的是 DEALLOCATE 关键字，具体语法形式如下所示：

```
DEALLOCATE cursor_name
```

这里，cursor_name 是游标名称。

【例 8-23】创建游标 cur_pro3，用来存放类别表中的类别编号和类别名称，读取游标中的第一条记录，然后将游标关闭，重新打开游标后，读取游标中的最后一条记录，最后释放游标。

根据题目要求，为了能够显示出游标中记录的顺序，先将从类别表中查询出来的数据按照类别编号升序排列，语句如下所示：

```
DECLARE cur_pro3 SCROLL CURSOR FOR
SELECT 类别 ID,类别名称 FROM 类别 ORDER BY 类别 ID
OPEN cur_pro3 ;
FETCH NEXT FROM cur_pro3
CLOSE cur_pro3 ;                  -- 关闭游标
OPEN cur_pro3 ;                   -- 打开游标
FETCH LAST FROM cur_pro3 ;
DEALLOCATE cur_pro3 ;            -- 释放游标
```

执行上面的语句，效果如图 8-21 所示。

消息 16917，级别 16，状态 1，第 43 行
游标未打开。

图 8-20　关闭未打开游标时的错误提示　　　图 8-21　游标的关闭与释放

206

8.4.5 实例演练：使用游标完成表数据的读取和操作

在本实例中，要求完成如下操作：

1）在 northwind 数据库中，创建一个 users 用户表，并在表中存放两条记录。

2）创建游标 cur_users，存放用户表的所有记录。

3）在 northwind 数据库中，创建 test 表，该表与 users 用户表结构相同，将 cur_users 游标中用户名"张三"的记录复制到 test 表中。

4）通过 cur_users 游标将 users 表中名为"张三"的记录删除。

5）通过 cur_users 游标将 users 表中名为"李四"的密码修改成"123456"。

6）关闭并释放游标 cur_users。

创建 users 表并添加记录的语句如下所示：

```
USE northwind
CREATE TABLE users
(
   userid   int PRIMARY KEY,
   username nvarchar(20),
   userpwd   varchar(15)
);
INSERT INTO users   VALUES(1,'张三','123');
INSERT INTO users   VALUES(2,'李四','456');
```

执行上面的语句，即可完成 users 表的创建以及记录的添加。

创建游标以及对游标的操作，语句如下所示：

```
DECLARE cur_users   CURSOR FOR
SELECT userid,username,userpwd FROM users;
OPEN cur_users;
DECLARE @userid int,@usernamenvarchar(20),@userpwd varchar(15);
FETCH NEXT FROM cur_users INTO @userid,@username,@userpwd;
WHILE(@@FETCH_STATUS=0)
BEGIN
IF(@username='张三')
BEGIN
INSERT INTO test VALUES(@userid,@username,@userpwd);      --向 test 表中添加记录
DELETE FROM users WHERE CURRENT OF cur_users;             --删除 users 表记录
END
ELSE IF(@username='李四')
BEGIN
UPDATE users SET userpwd='123456'WHERE CURRENT OF cur_users;   --更新 users 表
END
FETCH NEXT FROM cur_users INTO @userid,@username,@userpwd;
END
CLOSE cur_users;                --关闭游标
DEALLOCATE cur_users;           --释放游标
```

执行上面的语句，users 表的查询结果如图 8-22 所示。

从查询结果可以看出，在 users 表中只剩下"李四"这条记录，并将其密码更改成了"123456"。test 表的查询结果如图 8-23 所示。

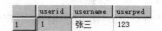

图 8-22　users 表操作后的结果　　　　图 8-23　test 表操作后的结果

从查询结果可以看出，在 test 表中复制了"张三"这条记录。

8.5　使用事务控制语句

在数据库中，事务可以看作对数据库一系列操作的集合。也就是说，一个事务由多个数据库操作构成。在数据库中合理地使用事务，既能够保证数据的统一，也能够提高数据库的安全性。

8.5.1　事务的作用

在 SQL Server 中，事务主要分为隐式事务和显式事务。隐式事务是指数据库中执行的每一条 SQL 语句，如创建数据库、创建表等操作。显式事务则是由用户自定义的事务，在事务中可以放置多条 SQL 语句作为一个整体，并标记事务的开始和结束。无论是哪种事务，都具备 4 个特性，即原子性（Atomicity）、一致性（Consistency）、隔离性（Isolation）、持久性（Durability），通常将这 4 个特性简称为 ACID 特性。

1. 原子性

原子性就是不可分割性。在数据库中，每个事务都是一个不可分割的整体。例如，图书借阅的功能，每个读者在图书馆借出一本图书后，系统既会在读者的借书信息中添加一条借书信息，也会将对应的图书信息更改为"已借出"的状态。其中的任意一个状态出现问题，图书都无法借阅。因此，在一个事务中的所有 SQL 语句都是一个整体，在这个整体中所有语句必须都执行成功才可以，否则一个语句都不能执行。

2. 一致性

一致性是指事务要确保数据的一致性。通常是指不论数据如何更改都要满足数据库中之前设置好的约束。例如，在产品表中，设置了单价的约束是在 50～200 之间，但是在录入数据后，又将约束更改为其他的值，这样就无法保证数据的一致性。为了保证数据的一致性，必须在数据录入之前设置好约束并在整个录入的过程中不能发生变化。另外，需要注意的是，对于浮点类型的值也要保证前后的小数位数一致。

3. 隔离性

隔离性是指每个事务之间，在执行时不能查看其中间状态，只能在事务执行完成后才能看到最终的结果。例如，在图书馆借阅图书的系统中，需要同时处理借阅和还书的操作，只有每一个事务结束后，才能看到图书最终的状态，即借阅还是归还。

4. 持久性

持久性是指当一个事务提交完成后，无论结果是否正确，都会将结果永久保存在数据库中。例如，在图书馆借阅图书的系统中，完成了图书借阅操作后，所借阅的图书信息就被添加到读者信息中。如果读者不将图书归还，则读者借阅该图书的信息就不会被更改。

8.5.2 启动和保存事务

显式事务的使用需要先启动事务，然后在整个事务操作完成后，提交或者回滚事务即可。此外，在事务执行的过程中，也可以设置保存点，类似于在玩游戏的过程中存储进度一样，如果在后续的游戏中过关失败，则可以选择回退到存储进度的位置。

1. 启动事务

在 SQL Server 中，启动事务使用 BEGIN TRANSACTION 语句，具体的语法形式如下所示：

```
BEGIN{TRAN | TRANSACTION} transaction_name
```

这里，transaction_name 是事务名称。TRAN 是 TRANSACTION 的缩写，通常为了简单都会使用 TRAN 代表事务。

2. 设置保存点

设置保存点在事务中也是非常重要的，它相当于在一本书中设置书签。在一个事务中，可以设置多个保存点。在执行 SQL 语句时，可以跳转到任意保存点重新执行。在事务中设置保存点的语法形式如下所示：

```
SAVE{TRAN | TRANSACTION} savepoint_name
```

这里，savepoint_name 是保存点的名称。在一个事务中，虽然保存点的名字是可以重复的，但是建议读者最好保证保存点的名称唯一，这样可以提高语句的可读性。另外，如果设置了重复的保存点，当事务需要回滚时，只能回滚到离当前语句最近的保存点处。

【例 8-24】 使用事务完成向类别表中添加一个类别编号和类别名称，然后将新添加的类别编号对应的类别名称更改成"新类别"。

根据题目要求，在没有添加数据前启动事务，在添加类别编号和类别名称后设置保存点save1，语句如下所示：

```
BEGIN TRAN trun1;
INSERT INTO 类别(类别 ID,类别名称)VALUES(10,'电子产品');
SAVE TRAN save1
UPDATE 类别 SET 类别名称 ='新类别'WHERE 类别 ID =10;
```

执行上面的语句，实际上还没有将表中的数据真正保存到数据表中，此时在企业管理器中查看表中的数据，会出现如图 8-24 所示的结果。

从上面的结果可以看出，在事务没有结束时查询表信息会出现等待状态。在 SQL Server中，如果显式设置了事务的开始，那么也要定义事务的结束，否则所操作的表会一直处于这种等待的状态。

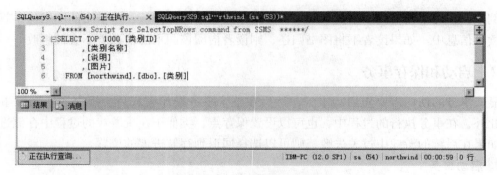

图 8-24　事务未结束时查询表信息时的结果

8.5.3　提交和回滚事务

在数据库中，使用了 DML 语句后，如果需要将数据提交到数据库中，则要选择提交事务，否则选择回滚事务。

1. 提交事务

提交事务是指事务中所有内容都执行完成。这就好像是考试交卷一样，如果提交了，就不能更改。这也体现了事务的持久性的特点。提交事务的语法形式如下：

```
COMMIT|TRAN | TRANSACTION|transaction_name；
```

这里，transaction_name 是指事务的名称。

【例 8-25】使用事务在"类别"表中添加一条数据，并更新其中一条数据，最后提交事务。

根据题目要求，语句如下所示：

```
BEGIN TRAN trun1；
INSERT INTO 类别(类别ID,类别名称)VALUES(10,'电子产品')；
UPDATE 类别 SET 类别名称='新类别'WHERE 类别ID=10；
COMMIT TRAN trun1；
```

执行上面的语句，对"类别"表的添加和更新操作已经全部更新到数据库中。

2. 回滚事务

回滚事务就是可以将事务全部撤销或者回滚到事务中已经设置的保存点中。提交后的事务是无法再进行回滚的。

使用 ROLLBACK TRANSACTION 回滚事务的语法结构如下：

```
ROLLBACK|TRAN | TRANSACTION|
    [transaction_name | savepoint_name]
[；]
```

其中：

● transaction_name：事务名称。

● savepoint_name：保存点的名称，必须是在事务中已经设置过的保存点。

【例8-26】创建事务，在事务中完成向类别信息表中添加数据、更改数据的操作，并回滚该事务。

根据题目要求，语句如下所示：

```
BEGIN TRAN trun1;
INSERT INTO 类别(类别 ID,类别名称)VALUES(10,'电子产品');
UPDATE 类别 SET 类别名称='新类别'WHERE 类别 ID=10;
ROLLBACK TRAN trun1;
```

执行上面的语句，并没有对"类型"中的数据做任何改变。

【例8-27】创建事务并设置保存点，将【例8-26】中的事务回滚到保存点。

根据题目要求，语句如下所示：

```
BEGIN TRAN trun1;
INSERT INTO 类别(类别 ID,类别名称)VALUES(10,'电子产品');
SAVE TRAN save1 UPDATE 类别 SET 类别名称='新类别'WHERE 类别 ID=10;
ROLLBACK TRAN save1;
COMMIT;
```

执行上面的语句，向"类别表"中添加了一条数据，但是由于事务回滚到保存点，因此并没有执行修改"类别"的操作。

8.6　本章小结

学完本章，读者能够掌握在 T-SQL 语句中常量、变量的声明和使用；掌握 T-SQL 语句中流程控制语句的使用，并了解异常处理的语句；掌握游标的声明和使用，重点掌握使用游标存放查询结果；掌握在 T-SQL 语句中使用事务来控制语句执行顺序的操作。

8.7　本章习题

一、填空题

1. 在 T-SQL 语句中定义变量的方法有_____。

2. 游标使用的具体步骤包括_____。

3. 提交事务和回滚事务的关键字分别是_____。

二、操作题

1. 使用 T-SQL 语句中的循环语句，输出 1~100 中所有的偶数。

2. 查询"类别"表，使用游标读取类别表中所有的类别名称。

第 9 章　存储过程与触发器

存储过程是将完成同一功能的 SQL 语句放置到一起，构成一个整体，并且存储过程创建完成后，能一次编译多次使用，显著提高 SQL 语句的执行效率。触发器则是由特定的事件触发的，如添加数据、修改数据等操作。触发器还能提高数据库的安全性。例如，数据库的日志信息收集是可以通过触发器来完成的，当更新某个表的数据时，向日志信息表中也写入该条数据，并为其添加更新时间。本章的学习目标如下。

- 了解存储过程的分类。
- 掌握存储过程的创建和管理。
- 了解触发器的作用及分类。
- 掌握触发器的创建和管理。

9.1　存储过程

在实际的应用中，有很多对数据库操作的功能都是可以通过存储过程来完成的，由于存储过程自身的一次编译多次使用的特点，常将其用于表中数据的分页、用户登录注册的判断等操作。在 SQL Server 中，存储过程既能用 SQL 语句来创建和管理，也能通过企业管理器对其做相应的操作。

9.1.1　存储过程的分类

虽然存储过程在脚本书写过程中耗费的时间比较长，但使用时只需直接调用存储过程名称即可。在 SQL Server 中，存储过程分为系统存储过程和用户定义的存储过程。

1. 系统存储过程

系统存储过程是系统已经定义好的，直接使用即可。在 SQL Server 中，将系统存储过程划分成了近 20 类，主要分为目录存储过程、数据库引擎存储过程、游标存储过程、安全性存储过程、XML 存储过程等。其中，目录存储过程和数据库引擎存储过程在数据库操作中是比较常用的。目录存储过程是实现 ODBC 数据字典功能的，换言之，是对 SQL Server 中，数据库和表中的一些基本信息提供操作的。常用的目录存储过程见表 9–1。数据库引擎存储过程是对 SQL Server 的实例做一些常用的维护操作。常用的数据库引擎存过程见表 9–2。

表 9–1　常用的目录存储过程

存储过程名	说　　明
SP_DATABASES	得到数据库的名称和大小等信息
SP_TABLES	得到数据表的名称、类型以及表的所有者等信息
SP_COLUMNS	得到指定表中列的信息

存储过程名	说　　明
SP_STORED_PROCEDURES	得到指定数据库中存储过程的信息，以及指定存储过程的信息
SP_FKEYS	得到指定表中关联的外键约束
SP_PKEYS	得到指定表中的主键约束

表 9-2　常用的数据库引擎存储过程

存储过程名	说　　明
SP_HELP	得到有关数据库对象（数据库、表等）、用户定义数据类型或某种数据类型的信息
SP_HELPDB	得到指定数据库或者全部数据库的信息
SP_HELPCONSTRAINT	得到指定表中的约束信息
SP_RENAME	重命名指定数据库对象的名称，如表、索引、视图等
SP_HELPFILE	得到指定数据库中的文件信息
SP_HELPFILEGROUP	得到指定数据库中文件组的信息以及指定文件组中的文件信息
SP_HELPINDEX	得到指定表或视图中的索引信息
SP_HELPTRIGGER	得到指定表中的 DML 触发器
SP_HELPTEXT	得到指定数据库对象定义的语句
SP_HELPDEPENDS	得到指定存储过程中的依赖信息，包括所使用的对象以及其他对象调用该存储过程的信息

如果需要查看具体的系统存储过程，则可以在企业管理器中，依次展开"dbtest1"→"可编程性"→"存储过程"→"系统存储过程"结点，如图 9-1 所示。

从图 9-1 的查询效果可以看出，系统存储过程全部都是以"sp_"开头的，因此在后面自定义存储过程时不要以"sp_"开头。

2. 用户定义的存储过程

在系统存储过程无法满足用户需求时，用户可以使用特定的 SQL 语句来自定义存储过程，并且所创建的存储过程也可以接收和返回用户提供的参数。此外，从 SQL Server 2005 开始，还可以创建 CLR（Common Language Runtime，公共语言运行时）存储过程。但创建 CLR 存储过程时，必须在 Microsoft .NET Framework 下使用。本章涉及的存储过程都是 SQL 存储过程。

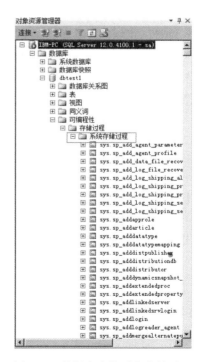

图 9-1　数据库中的系统存储过程

9.1.2　创建存储过程

存储过程属于 SQL Server 中的对象之一。在创建存储过程时，使用的也是 CREATE 语句，具体的语法形式如下所示：

```
CREATE | PROC | PROCEDURE | [schema_name.] procedure_name
    [ {@ parameter data_type}
        [VARYING] [ = default] [ [OUTPUT]
    ] [ , …, n ]
[ WITH < procedure_option > [ , …, n ]
AS | [BEGIN] sql_statement [;] [ , …, n ] [END]|
[;]
< procedure_option > :: =
    [ ENCRYPTION ]
    [ RECOMPILE ]
```

其中：

- schema_name：所属架构的名称，如 dbo。
- procedure_name：存储过程的名称。
- @ parameter：存储过程的参数。
- data_type：参数的数据类型，使用的是表定义时的数据类型。
- VARYING：作为输出参数支持的结果集，仅能在游标类型的参数中使用。
- default：参数的默认值。
- OUTPUT：参数类型为输出参数。
- ENCRYPTION：对创建存储过程的文本加密。
- RECOMPILE：重新编译存储过程，相当于重新执行一次存储过程。
- sql_statement：一条或多条 T‐SQL 语句。需要注意的是，在存储过程中不能出现创建函数、规则、触发器、视图等创建数据库对象的语句，也不能出现"USE database_name"语句。

有了上面的存储过程创建语法，可以创建不带参数的存储过程、带参数的存储过程、使用游标作为参数的存储过程等。下面分别使用实例来演示存储过程的创建。

【例 9-1】首先创建用户表，在表中有用户编号、用户名及密码列，然后创建存储过程 pro_addusers，向用户表中添加一条用户信息。

根据题目要求，先创建用户表，语句如下所示：

```
USE dbtest1;
GO
CREATE TABLE userinfo
(
    id int identity(1,1) PRIMARY KEY,
    usernamenvarchar(20),
```

```
    userpwd nvarchar(20)
);
```

执行上面的语句，即可创建用户表 userinfo。

在用户表中添加一条用户信息，这里在存储过程中添加固定的值不必使用参数，语句如下所示：

```
USE dbtest1;
GO
CREATE PROCEDURE pro_addproducts
AS
BEGIN
INSERT INTO userinfo VALUES('张三', 123456);
END;
```

执行上面的语句，即可在数据库 dbtest1 中创建该存储过程。执行该存储过程的语句如下所示：

```
USE dbtest1;
GO
EXECUTE pro_addproducts;
```

执行上面的语句，即可向 userinfo 表中添加一条记录。查询表中的数据，效果如图 9-2 所示。

图 9-2　调用不带参数存储过程添加记录后的效果

这样，每次运行上面创建的存储过程都会向表 userinfo 中添加同一条记录，因此这种存储过程并不具备一定的通用性。如果每次向表中添加的值不同，就需要通过为存储过程传递参数来实现。

【例 9-2】创建带参数的存储过程，将用户名和密码作为参数传递给存储过程，实现向用户表（userinfo）中添加记录。

根据题目要求，语句如下所示：

```
USE dbtest1;
GO
CREATE PROCEDURE pro_addproductsparameter
@ usernamenvarchar(20),@ userpwd nvarchar(20)
AS
BEGIN
INSERT INTO userinfo VALUES(@ username,@ userpwd);
END;
```

215

执行上面的语句，即可在 dbtest1 中创建存储过程 pro_addproducts parameter。调用该存储过程的语句如下所示：

```
USE dbtest1 ;
GO
EXECUTE pro_addproducts parameter '李四','654321 ';
```

执行上面的语句后，即可向用户表 userinfo 中添加一条记录。查询 userinfo 表的效果如图 9-3 所示。

在存储过程中，不仅可以为存储过程传入参数，还可以为其设置输出参数，这样能够输出参数来返回存储过程中执行的结果信息。例如，用于返回某列的最大值、用于根据用户编号查找用户名等。

	id	username	userpwd
1	1	张三	123456
2	2	李四	654321

图 9-3　调用带参数的存储过程后的结果

【例 9-3】创建存储过程，用于根据用户名和密码查询出用户编号。

根据题目要求，将用户名和密码设置成输入参数，将用户编号设置成输出参数，实现语句如下所示。

```
USE dbtest1 ;
GO
CREATE PROCEDURE pro_queryid
@ username nvarchar( 20 ) ,@ userpwd nvarchar( 20 ) ,@ id int output
AS
BEGIN
SELECT @ id = id FROM userinfo WHERE username = @ username AND userpwd = @ userpwd
END
```

执行上面的语句，即可在 dbtest1 数据库中创建名为 pro_queryid 的存储过程。调用该存储过程时，要先创建一个局部变量接收输出参数的结果，语句如下所示：

```
USE dbtest1 ;
GO
DECLARE @ returnid int ;
EXECUTE pro_queryid '张三','123456 ',@ returnid output ;
SELECT @ returnid ;
```

执行上面的语句，即可获得输出参数的值，效果如图 9-4所示。

尽管使用输出参数能够返回结果，但是不适合返回多个查询结果的情况。例如，表中的一条记录，需要使用多个输出参数作为结果。

	[无列名]
1	1

图 9-4　通过输出参数得到的用户编号

【例 9-4】创建存储过程，根据输入的查询编号将用户名和密码查询出来，并使用游标类型作为输出参数。

根据题目要求，语句如下所示：

216

```
USE dbtest1;
GO
CREATE PROCEDURE pro_querymessage
@ userid int,@ message cursorvarying output
AS
BEGIN
SET @ message = CURSOR FOR
SELECT username,userpwd FROM userinfo WHERE id = @ userid;
OPEN @ message;
END
```

执行上面的语句，即可在 dbtest1 中创建存储过程 pro_querymessage。执行该存储过程的语句如下所示：

```
USE dbtest1;
GO
DECLARE @ usermessage CURSOR;
EXECUTE pro_querymessage 1,@ usermessage OUTPUT;
FETCH NEXT FROM @ usermessage;
```

执行上面的语句，结果如图 9-5 所示。

	username	userpwd
1	张三	123456

图 9-5　使用游标作为输出参数查询信息

从上面的执行结果可以看出，使用游标可以存放更多的查询结果，并方便用户调用。此外，在存储过程中也可以使用 RETURN 关键字来返回存储过程的结果。

【例 9-5】 创建带返回值的存储过程，判断所输出的用户名和密码是否存在，如果存在，则返回 1，否则返回 0。

根据题目要求，语句如下所示：

```
USE dbtest1;
GO
CREATE PROCEDURE pro_checkuser
@ usernamenvarchar(20),@ userpwd nvarchar(20)
AS
BEGIN
IF EXISTS(SELECT * FROM userinfo WHERE username = @ username ANDuserpwd = @ userpwd)
BEGIN
RETURN 1;
END
ELSE
BEGIN
RETURN 0;
END
END
```

执行上面的语句，即可创建该存储过程。执行该存储过程的语句如下所示：

```
USE dbtest1 ;
GO
DECLARE @ returnvalue int ;
EXECUTE @ returnvalue = pro_checkuser '张三' , '123456' ;
SELECT    @ returnvalue ;         -- 输出存储过程中的返回值
```

执行上面的语句，结果如图 9-6 所示。

从执行结果可以看出，在 userinfo 用户表中存在用户名为"张三"、密码为"123456"的用户，因此返回值是 1。

在存储过程中，除了可以编写一般的 T - SQL 语句外，还可以在存储过程中调用存储过程。

图 9-6　存储过程中的返回值

【例 9-6】 创建存储过程，用于调用在【例 9-1】中创建的存储过程 pro_addproducts，并在存储过程中查询用户表 userinfo 的信息。

根据题目要求，语句如下所示：

```
USE dbtest1 ;
GO
CREATE PROCEDURE pro_callpro
AS
BEGIN
EXECUTE pro_addproducts ;
SELECT * FROM userinfo ;
END ;
```

执行上面的语句，即可在 dbtest1 数据库中创建存储过程 pro_callpro。需要注意的是，如果调用的存储过程不存在，虽然也能创建存储过程，但是在调用该存储过程时就会出现错误提示。调用该存储过程的语句如下所示：

```
USE dbtest1 ;
GO
EXECUTE pro_callpro ;
```

执行上面的语句，结果如图 9-7 所示。

从运行结果可以看出，在 userinfo 表中又添加了一条记录，并将其 userinfo 表中的所有数据查询出来。

使用 SP_HELPTEXT 系统存储过程来查看 pro_callpro 存储过程过程的语句如下所示：

	id	username	userpwd
1	1	张三	123456
2	2	李四	654321
3	3	张三	123458

图 9-7　在存储过程中调用另一个存储过程的效果

```
USE dbtest1 ;
GO
EXECUTESP_HELPTEXT pro_callpro ;
```

执行上面的语句，效果如图 9-8 所示。

	Text
1	CREATE PROCEDURE pro_callpro
2	AS
3	BEGIN
4	EXECUTE pro_addproduces;
5	SELECT * FROM userinfo;
6	END

图 9-8　查看存储过程 pro_callpro 创建的语句

如果不允许用户查看存储过程的创建语句，则可以使用 ENCRYPTION 关键字来加密存储过程的创建内容。

【例 9-7】创建加密存储过程，根据传入的用户名查看用户名是否重复。

根据题目要求，语句如下所示：

```
USE dbtest1 ;
GO
CREATE PROCEDURE pro_queryname
@ usernamenvarchar( 20 )
WITH ENCRYPTION                                    --加密存储过程内容
AS
BEGIN
IF EXISTS( SELECT * FROM userinfo WHERE username = @ username )
BEGIN
PRINT '该用户存在！';
END
ELSE
BEGIN
PRINT '该用户不存在！';
END
END
```

执行上面的语句，即可在 dbtest1 数据库中创建存储过程 pro_queryname。使用系统存储过程 SP_HELPTEXT 查看存储过程内容，结果如图 9-9 所示。

对象 'pro_queryname' 的文本已加密。

图 9-9　加密的存储过程

从上面的查询结果可以看出，存储过程中的文本已经被加密了，无法使用 SP_HELP-TEXT 系统存储过程查看创建的内容。

在默认情况下，用户创建的存储过程都是经过编译后存放到数据库中，调用存储过程时也不会对存储过程进行重新编译。如果每次调用存储过程时，都强制重新编译存储过程，则可以在创建存储过程的语句中加上"WITH RECOMPILE"子句。

【例9-8】创建强制编译的存储过程，根据输入的用户名更改用户密码，并将更改后的用户信息查询出来。

根据题目要求，语句如下所示：

```
USE dbtest1;
GO
CREATE PROCEDURE pro_updateuser
@ usernamenvarchar(20),@ userpwd nvarchar(20)
WITH RECOMPILE
AS
BEGIN
IF(EXISTS(SELECT * FROM userinfo WHERE username = @ username))
BEGIN
UPDATE userinfo SET userpwd = @ userpwd WHERE username = @ username;
SELECT * FROM userinfo WHERE username = @ username;
END
END;
```

执行上面的语句，即可完成该存储过程的创建。执行该存储过程的语句如下所示：

```
USE dbtest1;
GO
EXECUTE pro_updateuser '张三','987123';
```

执行上面的语句，即可更改用户"张三"的密码，并且查询出修改后的结果。

除了直接在创建存储过程时指定存储过程强制重新编译，还可以通过系统存储过程 SP_RECOMPILE 指定某个存储过程需要重新编译。如果存储过程 pro_queryname 执行时需要强制编译，则可以在执行存储过程前使用如下语句：

```
USE dbtest1;
GO
EXECUTE SP_RECOMPILE pro_queryname;
```

执行上面的语句，效果如图9-10所示。

已成功地标记对象 'pro_queryname'，以便对它重新进行编译。

图9-10　标记存储过程

从执行的效果可以看出，已经将存储过程 pro_queryname 做好了标记，接着再运行 pro_queryname 存储过程就会对该存储过程重新编译。

在存储过程中，通常有多条 T – SQL，有时并不需要将所有的 T – SQL 语句都重新编译，只需要重新编译一部分，那么直接在需要编译的语句后面使用 OPTION（RECOMPILE）语句即可。

【例 9–9】 创建【例 9–8】的存储过程，并将查询语句设置成重新编译。

根据题目要求，语句如下所示：

```
USE dbtest1;
GO
CREATE PROCEDURE pro_updateuser1
@username nvarchar(20),@userpwd nvarchar(20)
AS
BEGIN
IF(EXISTS(SELECT * FROM userinfo WHERE username = @username))
BEGIN
UPDATE userinfo SETuserpwd = @userpwd WHERE username = @username;
SELECT * FROM userinfo WHERE username = @username OPTION(RECOMPILE);
END
END;
```

执行上面的语句，即可创建该存储过程，并且 OPTION(RECOMPILE) 语句放置到了查询后面，这样每次执行存储过程时，只重新编译查询语句。

注意：在执行存储过程时，如果每次都需要对存储过程进行重新编译，那么会降低存储过程的执行效率。因此，在创建存储过程时，要根据实际情况选择存储过程每次执行时是否需要重新编译。

9.1.3　管理存储过程

管理存储过程包括修改存储过程、删除存储过程及查询存储过程的操作。

1. 修改存储过程

存储过程在创建完成后，如果需要更改存储过程中的内容，则可以通过 ALTER PRO-CEDURE 语句来完成。在修改存储过程时，要将创建存储过程的语句全部写上，再加上需更改的部分。修改存储过程的语句与创建存储过程的语句是类似的，具体的语法形式如下所示：

```
ALTER{PROC | PROCEDURE}[schema_name.] procedure_name
  [{@parameter data_type}
    [VARYING][ = default][[OUTPUT]
  ][,…,n]
[ WITH < procedure_option >[ ,…,n ]
AS{[BEGIN] sql_statement >[;][ ,…,n ][END]}
[;]
 < procedure_option > : : =
```

```
[ ENCRYPTION ]
[ RECOMPILE ]
```

从上面修改存储过程的语法形式可以看出，所有的子句均与创建存储过程的语句一样，只是将 CREATE 换成了 ALTER。因此，对于语句中的各子句的含义可以参考创建存储过程的语句。

【例 9-10】修改存储过程 pro_addproducts，将该存储过程更改为加密的。

根据题目要求，语句如下所示：

```
USE dbtest1;
GO
ALTER PROCEDURE pro_addproducts
WITH ENCRYPTION
AS
BEGIN
INSERT INTO userinfo VALUES('张三',123456);
END;
```

执行上面的语句，即可完成存储过程 pro_addproducts 的修改。修改该存储过程后，存储过程中的内容将被加密。

【例 9-11】修改存储过程 pro_addproductsparameter，当用户名在表中不存在时，才能向用户表中添加记录，否则不添加。

根据题目要求，语句如下所示：

```
USE dbtest1;
GO
ALTER PROCEDURE    pro_addproductsparameter
@ username nvarchar(20),@ userpwd nvarchar(20)
AS
BEGIN
IF   NOT EXISTS(SELECT * FROM userinfo WHERE username = @ username)
BEGIN
INSERT INTO userinfo VALUES(@ username,@ userpwd);
END
ELSE
BEGIN
PRINT'用户名重复!'
END
END;
```

执行上面的语句，即可完成对存储过程 pro_addproductsparameter 的修改。

【例 9-12】将存储过程 pro_addproductsparameter 更名为 pro_addproductspara。

修改存储过程的名称不能使用 ALTER 语句来完成，要使用系统存储过程 SP_RENAME

来实现，具体修改语句如下所示：

```
EXECUTE SP_RENAME pro_addproductsparameter, pro_addproductspara;
```

执行上面的语句，即可完成存储过程的更名操作。

2. 删除存储过程

删除存储过程的语句比较简单，使用的是 DROP 语句，具体的语句形式如下所示：

```
DROP[PROC]DURE pro_name,[…n];
```

这里，pro_name 是存储过程的名称。通过该语句一次可以删除多个存储过程，多个存储过程之间用逗号隔开。

【例 9-13】删除存储过程 pro_addproducts。

根据题目要求，语句如下所示：

```
USE dbtest1;
GO
DROP PRODURE pro_addproducts;
```

执行上面的语句，存储过程 pro_addproducts 将被删除。如果需要将 pro_addproducts 和 pro_ addproductsparameter 一并删除，则实现的语句如下所示：

```
USE dbtest1;
GO
DROP PRODURE pro_addproducts, pro_ addproductsparameter;
```

执行上面的语句，即可将存储过程 pro_addproducts 和 pro_ addproductsparameter 一并删除。

3. 查询存储过程

创建好存储过程后，可以通过前面学习过的系统存储过程来查看。除了使用 SP_HELP-TEXT 来查看存储过程的内容，还可以使用 SP_HELP、SP_DEPENDS 来查看存储过程的信息。

【例 9-14】使用 SP_HELP 系统存储过程查看存储过程 pro_addproducts 的信息。

根据题目要求，语句如下所示：

```
USE dbtest1;
GO
EXECUTESP_HELP'pro_addproducts';
```

执行上面的语句，结果如图 9-11 所示。

从上面的查询结果可以看出，通过 SP_HELP 可以查看存储过程的名称、类型及创建时间等信息。

	Name	Owner	Type	Created_datetime
1	pro_addproducts	dbo	stored procedure	2016-04-02 17:27:46.610

图 9-11　存储过程 pro_addproducts 的信息

【例 9-15】 使用 SP_DEPENDS 系统存储过程查看存储过程 pro_addproducts 的依赖信息。

存储过程的依赖信息包括在存储过程中所引用的对象（如表、视图等）和使用过该存储过程的对象。查看的语句如下所示：

```
USE dbtest1 ;
GO
EXECUTE SP_DEPENDS pro_addproducts ;
```

执行上面的语句，效果如图 9-12 所示。

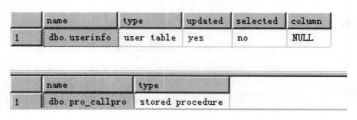

图 9-12　查询存储过程 pro_addproducts 的依赖信息

从查询结果可以看出，第 1 部分结果中表示的是在该存储过程中使用了 userinfo 表。第 2 部分结果表示的是在 pro_callpro 存储过程中调用了存储过程 pro_addproducts。

在前面的系统存储过程中还介绍过 SP_STORED_PROCEDURES 系统存储过程，主要用于查询指定的数据库中的存储过程信息，包括系统存储过程和用户定义的存储过程。

【例 9-16】 使用 SP_STORED_PROCEDURES 系统存储过程查看 dbtest1 数据库中的存储过程。

如果使用 SP_STORED_PROCEDURES 系统存储过程查看数据库中的存储过程，语句如下所示：

```
USE dbtest1 ;
GO
EXECUTESP_STORED_PROCEDURES ;
```

执行上面的语句，部分结果如图 9-13 所示。

从查询结果可以看出，在 dbtest1 数据库中除了自定义的存储过程，还包含了很多系统的存储过程，共有 1501 个。此外，如果仅查询某个存储过程的信息，则可以在该系统存储过程后面加上存储过程名称作为参数，如 SP_STORED_PROC EDURES sp - changesub-status。

	PROCEDURE_QUALIFIER	PROCEDURE_OWNER	PROCEDURE_NAME	NUM_INPUT_PARAMS	NUM_OUTPUT_PARAMS	NUM_RESULT_SETS	REMARKS	PROCEDURE_TYPE
1	dbtest1	dbo	pro_addproducts;1	-1	-1	-1	NULL	2
2	dbtest1	dbo	pro_addproductsParameter;1	-1	-1	-1	NULL	2
3	dbtest1	dbo	pro_callpro;1	-1	-1	-1	NULL	2
4	dbtest1	dbo	pro_checkuser;1	-1	-1	-1	NULL	2
5	dbtest1	dbo	pro_queryid;1	-1	-1	-1	NULL	2
6	dbtest1	dbo	pro_querymessage;1	-1	-1	-1	NULL	2
7	dbtest1	dbo	pro_queryname;1	-1	-1	-1	NULL	2
8	dbtest1	dbo	pro_queryname1;1	-1	-1	-1	NULL	2
9	dbtest1	dbo	pro_updateuser;1	-1	-1	-1	NULL	2
10	dbtest1	dbo	pro_updateuser1;1	-1	-1	-1	NULL	2
11	dbtest1	sys	dm_cryptographic_provider_...	-1	-1	-1	NULL	2
12	dbtest1	sys	dm_cryptographic_provider_...	-1	-1	-1	NULL	2
13	dbtest1	sys	dm_cryptographic_provider_...	-1	-1	-1	NULL	2
14	dbtest1	sys	dm_db_database_page_alloca...	-1	-1	-1	NULL	2
15	dbtest1	sys	dm_db_index_operational_st...	-1	-1	-1	NULL	2

查询已成功执行。　　　　　　　　　　　　　　　IBM-PC (12.0 SP1)　sa (53)　dbtest1　00:00:00　1501 行

图 9-13　查询 dbtest1 数据库中的存储过程

9.1.4　使用企业管理器操作存储过程

除了使用 SQL 语句来创建和管理存储过程，还可以通过企业管理器来创建和管理存储过程。本节将介绍使用企业管理器创建存储过程、修改存储过程、重命名存储过程及删除存储过程的操作。

1. 创建存储过程

在 dbtest1 数据库中创建并执行存储过程 pro_addproduct，用于向用户表 userinfo 中添加记录的步骤如下：

（1）打开新建存储过程界面

在"对象资源管理器"窗口中，依次展开"dbtest1"→"可编程性"文件夹，右击"存储过程"文件夹，在弹出的快捷菜单中选择"新建存储过程"选项，打开新建存储过程界面，如图 9-14 所示。

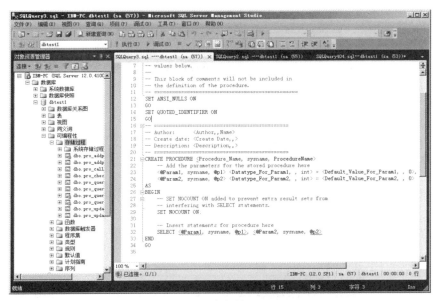

图 9-14　新建存储过程界面

（2）添加存储过程中的 T‒SQL 语句

在图 9‒14 所示的界面中显示了创建存储过程的基本语法框架，只需要添加相应的参数和语句即可。这里，以向表 userinfo 中添加数据为例，来编写存储过程中所需的内容。添加后的效果如图 9‒15 所示。

图 9‒15　添加参数后的界面

（3）编译存储过程

检查图 9‒15 界面中添加的语句，如果没有问题，则直接单击"查询"→"执行"命令（或者直接单击工具栏上的 ❗执行(X) 按钮），即可编译该存储过程，完成存储过程的创建操作，如图 9‒16 所示。

图 9‒16　编译存储过程

编译存储过程后，存储过程就被保存到"存储过程"文件夹中，如图 9-17 所示。

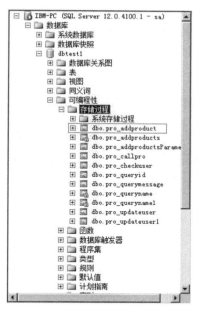

图 9-17　查看创建后的存储过程

如果编译完存储过程后，存储过程并没有在该文件夹下出现，则需要刷新"存储过程"文件夹后，再次查看。

（4）执行存储过程

在企业管理器中，执行存储过程不需要再使用 EXECUTE 语句完成，只需要在 dbtest1 数据库中，依次展开"可编程性"→"存储过程"文件夹下，右击"pro_product"存储过程，在弹出的快捷菜单中选择"执行存储过程"选项，弹出如图 9-18 所示的界面。

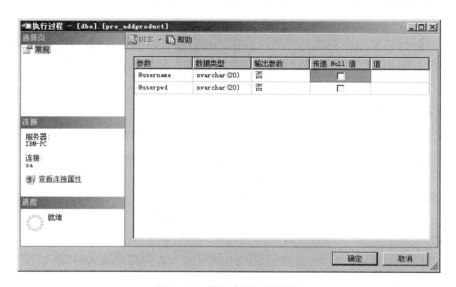

图 9-18　执行存储过程界面

在图 9-18 所示的界面中，列出了在 pro_addproduct 存储过程中所需传递的参数，由于在该存储过程中所使用的参数都不是输出参数，因此在"输出参数"列里面的值全是"否"。如果需要给这两个参数传入值，则直接在"值"列中分别输入参数值即可。这里，在"@ username"参数值中输入"小明"，在"@ userpwd"参数值中输入"111111"，单击"确定"按钮，运行结果如图 9-19 所示。

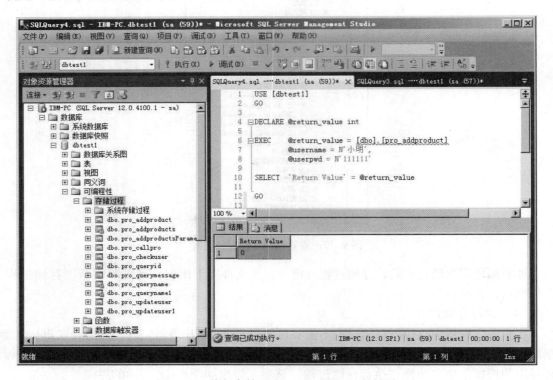

图 9-19　执行存储过程 pro_addproduct 的结果

从上面的运行结果可以看出，存储过程在运行时都可以获得存储过程的返回值。如果在存储过程中没有使用 RETURN 来返回值，那么存储过程的默认返回值是 0。

至此，存储过程 pro_addproduct 创建并执行完成。

2. 修改存储过程

在企业管理器中，修改存储过程与创建存储过程类似。以修改 pro_addproduct 存储过程为例，在该存储过程中再添加一个用于查看向表中添记录后的数据的查询语句。

（1）打开要修改的 pro_addproduct 存储过程

在"对象资源管理器"窗口中，依次展开"dbtest1"→"可编程性"→"存储过程"文件夹，右击"pro_addproduct"存储过程，弹出如图 9-20 所示的界面。

（2）修改存储过程中的内容

在图 9-20 所示的界面中，在添加记录的语句后加入查询用户表 userinfo 的信息的 SQL 语句（SELECT * FROM userinfo）。添加后的效果如图 9-21 所示。在图 9-21 中单击"查询"→"执行"命令，即可编译该存储过程，保存修改后的结果。

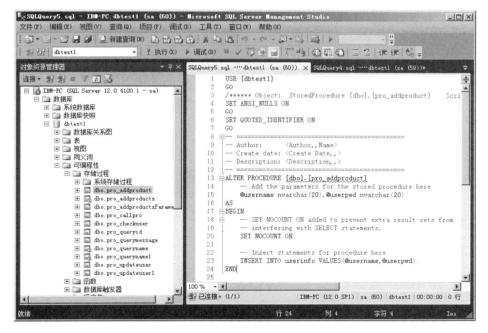

图 9-20　修改存储过程界面

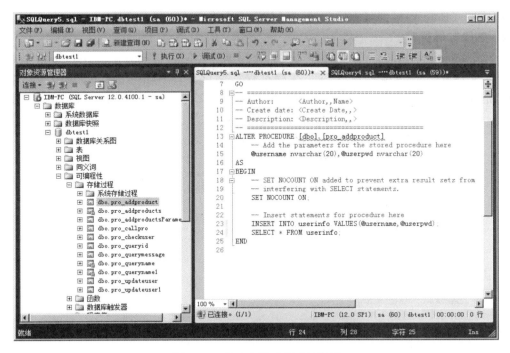

图 9-21　修改存储过程后的结果

3. 重命名存储过程

在企业管理器中，给存储过程重命名是非常容易的。例如，为 pro_product 存储过程重命名。在 dbtest1 数据库文件夹下，依次展开"可编程性"→"存储过程"文件夹，右击

"pro_product" 存储过程，在弹出的快捷菜单中选择"重命名"选项，出现如图 9-22 所示界面。

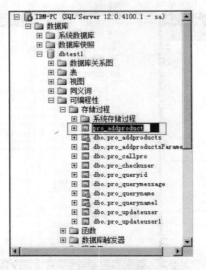

图 9-22 重命名存储过程 pro_product

在图 9-22 中可以看出，存储过程 pro_product 的名字处于可编译状态，修改成其他名字后，直接按〈Enter〉键即可完成存储过程名称的修改。

4. 删除存储过程

下面以删除 pro_product 存储过程为例，介绍删除存储过程的方法。在 dbtest1 数据库文件夹下，依次展开"可编程性"→"存储过程"文件夹，右击"pro_product"存储过程，在弹出的快捷菜单中选择"删除"选项，弹出如图 9-23 所示的界面。

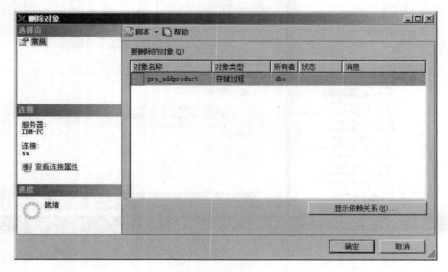

图 9-23 删除存储过程界面

在该界面中，单击"确定"按钮即可将该存储过程删除。

9.2 触发器

触发器就是要通过触发来执行的数据库对象。在数据库中的"触发"操作，可以通过对表数据的操作、数据库对象的操作来实现。本节将学习触发器的作用以及触发器的创建和管理。

9.2.1 触发器的作用及分类

触发器的操作是通过对数据库的操作自动执行的，因此触发器的主要作用就是确保数据的完整性和安全性。完整性可以通过触发器更新表中的数据体现出来。例如，在进销存系统中，每卖出一件商品，商品的库存就会减少一件。在商品表中建立触发器，当发生商品变化时，都会在库存信息表中做相应的改变。在数据库中有些表是不允许添加数据的，可以通过触发器来控制当表执行添加操作时，执行其他的操作或者不执行任何操作。在数据库中，触发器多了会影响数据库的执行效率。因此，只有合理地使用的触发器，才能达到项目中需求的效果。

在 SQL Server 数据库中，主要有三大类触发器，即 DML 触发器、DDL 触发器和 CLR 触发器。

（1）DML 触发器

DML 操作主要包括 UPDATE、INSERT 或 DELETE 语句。DML 触发器包括两种类型，一种是 AFTER 类型，另一种是 INSTEAD OF 类型。AFTER 类型表示对表或视图操作完成后激发触发器；INSTEAD OF 类型表示当表或视图执行 DML 操作时，替代这些操作执行一些操作。

（2）DDL 触发器

DDL 操作包括 CREATE 、ALTER、DROP 等操作。它包括对数据库对象执行 DDL 语句操作后激发的触发器。

（3）CLR 触发器

CLR 触发器是在 SQL 触发器中的扩展，使用 CLR 既可以创建 DML 触发器，也可以创建 DDL 触发器。CLR 触发器通常是用 C#语言创建的，能够更灵活地实现触发器的功能。

在实际应用中，DML 触发器是应用最多的触发器，下面将进行详细介绍。

9.2.2 创建 DML 触发器

DML 触发器都是作用在表或视图上的，并且视图只能用在 INSTEAD OF 类型触发器中。创建该类触发器使用的是 CREATE TRIGGER 语句，具体的语法形式如下所示：

```
CREATE TRIGGER trigger_name
ON { table | view }
[ WITH ENCRYPTION ]
{ FOR | AFTER | INSTEAD OF }
```

```
{[ INSERT ][ , ][ UPDATE ][ , ][ DELETE ]}
AS{[ BEGIN] sql_statement [ END]}
```

其中：

- trigger_name：触发器的名称。
- table | view：触发器作用的表名或视图名。
- WITH ENCRYPTION：对文本进行加密。与它在存储过程中的含义一样。
- FOR | AFTER：当执行某些操作后被激发，如向表中添加数据后激发。FOR 与 AFTER 是同义的。
- INSTEAD OF：替代操作。需要注意的是，对于表或视图，每个 INSERT、UPDATE 或 DELETE 语句最多可定义一个 INSTEAD OF 触发器。
- {[INSERT] [,] [UPDATE] [,][DELETE]}：指定在哪种操作时激发触发器。可以选择 1 到多个选项。
- sql_statement：触发器被激发时执行的 T – SQL 语句。需要注意的是，在 DML 触发器中，不允许出现 DDL 语句。

1. AFTER 类型触发器

AFTER 类型触发器是指在执行了 DML 语句操作后，触发的触发器。例如，在向表中添加记录、修改记录或者删除记录后，通过触发器来执行其他操作。

在讲解具体的触发器前，先介绍触发器中两个重要的表，一个是用于存放添加新记录的 inserted 表，一个是用于存放删除记录的 deleted 表。这两张表都是存放到内存中的临时表。当对表进行 INSERT 或者 UPDATE 操作时，会将新添加或修改后的记录存放到 inserted 表中；当对表进行 DELETE 或者 UPDATE 操作时，会将删除或修改前的记录存放到 deleted 表中。

【例 9-17】创建 AFTER 触发器，当向用户信息表中添加一条记录后，同时也将该记录添加到 userlog（用户日志）表中。

这里，先创建一个用户日志表（userlog），创建的语句如下所示：

```
USE dbtest1 ;
GO
CREATE TABLE userlog
(logid int identity(1,1) ,
userid int ,
    usernamenvarchar( 20) ,
    userpwd nvarchar( 20) ,
    updatetime datetime) ;
```

执行上面的语句，即可在 dbtest1 数据库中创建 userlog 用户日志表。下面，创建触发器，具体的语句如下所示：

```
USE dbtest1 ;
GO
CREATE TRIGGER tri_insertusers
```

```
ON userinfo
AFTER INSERT
AS
BEGIN
DECLARE@ userid int,@ username nvarchar(20),@ userpwd nvarchar(20);
SELECT @ userid = id,@ username = username,@ userpwd = userpwd FROM inserted
INSERT INTOuserlog VALUES(@ userid,@ username,@ userpwd,getdate());
END;
```

执行上面的语句，即可在 dbtest1 数据库中创建触发器 tri_insertusers。

根据题目要求，向用户信息表中添加一条记录后会触发该触发器，向用户表 userinfo 中添加数据的语句如下所示：

```
USE dbtest1;
GO
INSERT INTO userinfo VALUES('王小','666');
```

执行上面的语句，结果如图 9-24 所示。

(1 行受影响)

(1 行受影响)

图 9-24   触发器 tri_insertusers 的执行结果

从上面的执行结果可以看出，在向用户表（userinfo）添加记录时，也执行了另一条添加记录的操作。实际上，第 2 条记录的添加就是通过触发器来完成的。查询用户日志表（userlog）的结果如图 9-25 所示。

	logid	userid	username	userpwd	updatetime
1	1	6	王小	666	2016-04-04 22:12:50.987

图 9-25   查询用户日志表（userlog）的结果

从查询结果可以看出，通过触发器已经向用户日志表（userlog）中添加了与用户表（userinfo）中相同的记录。

【例 9-18】创建触发器，只要用户表（userinfo）有任何更改，就将记录添加到用户日志表（userlog）中。

根据题目要求，语句如下所示：

```
USE dbtest1;
GO
CREATE TRIGGER tri_changeusers
ON userinfo
AFTER INSERT,UPDATE,DELETE
AS
BEGIN
```

```
DECLARE @ userid int ,@ usernamenvarchar( 20 ) ,@ userpwd nvarchar( 20 ) ;
IFEXISTS( SELECT * FROM inserted·)
BEGIN
SELECT @ userid = id ,@ username = username ,@ userpwd = userpwd FROM inserted
END
ELSE
BEGIN
SELECT @ userid = id ,@ username = username ,@ userpwd = userpwd FROM deleted
END
INSERT INTO userlog VALUES( @ userid ,@ username ,@ userpwd ,getdate( ) ) ;
END ;
```

执行上面的语句，即可在 dbtest1 数据库中创建触发器 tri_changeusers。下面删除用户表
（userinfo）中编号为 2 的记录，语句如下所示：

```
USE dbtest1 ;
GO
DELETE FROM userinfo WHERE id = 2 ;
```

执行上面的语句，即可删除用户表（userinfo）中的记录，并能向用户日志表（userlog）
添加这条被删除的记录。查询用户日志表（userlog）的结果如图 9-26 所示。

	logid	userid	username	userpwd	updatetime
1	1	6	王小	666	2016-04-04 22:12:50.987
2	2	2	李四	654321	2016-04-04 22:41:45.077

图 9-26 查询用户日志表的结果

这里只使用了 DELETE 操作来触发 tri_changeusers 触发器。读者也可以通过 INSERT 或
者 UPDATE 操作来查看触发器 tri_changeusers 的执行结果。

2. INSTEAD OF 类型触发器

INSTEAD OF 类型的触发器也称为替代触发器，也就是当对表执行 DML 操作时，通过
触发替代触发器能够不执行原有的 DML 操作，而执行用户自定义的其他操作。

【例 9-19】创建触发器，并且要求不能删除用户表（userinfo）的信息，如果删除用户
表（userinfo）的信息，则输出"不允许删除用户表记录"的提示。

根据题目要求，需要创建 INSTEAD OF 类型的触发器。创建语句如下：

```
USE dbtest1 ;
GO
CREATE TRIGGER tri_deleteuser
ON userinfo
INSTEAD OF delete
AS
BEGIN
```

```
        PRINT'不允许删除用户表记录';
        END;
```

执行上面的语句，即可在 dbtest1 数据库中创建该触发器。从用户表（userinfo）中删除编号为 1 的用户信息，语句如下所示：

```
        USE dbtest1;
        GO
        DELETE FROM userinfo WHERE id = 1;
```

执行上面的语句，结果如图 9-27 所示。

不允许删除用户表记录

(1 行受影响)

图 9-27　删除用户信息时触发器的执行结果

上面的执行结果中出现了"1 行受影响"的消息，实际上这是因为在用户表（userinfo）上还有之前创建的 tri_changeusers 触发器会被触发，向用户日志表（userlog）中添加记录。因此，对表的同一操作应该只使用一个触发器。

触发器中的创建文本也是可以通过 SP_HELPTEXT 来查看的。查看 tri_deleteuser 触发器的创建文本，语句如下所示：

```
        USE dbtest1;
        GO
        EXECUTE SP_HELPTEXT tri_deleteuser
```

执行上面的语句，结果如图 9-28 所示。

	Text
1	CREATE TRIGGER tri_deleteuser
2	ON userinfo
3	INSTEAD OF delete
4	AS
5	BEGIN
6	PRINT '不允许删除用户表记录';
7	END;

图 9-28　查看触发器 tri_deleteuser 的创建脚本

如果需要对触发器中的文本加密，则可以使用 WITH ENCRYPTION 语句，在创建触发器 tri_deleteuser 时加上加密子句后，语句如下所示：

```
        USE dbtest1;
        GO
        CREATE TRIGGER tri_deleteuser
        ON userinfo
```

```
WITH ENCRYPTION          --加密触发器
INSTEAD OF delete
AS
BEGIN
PRINT '不允许删除用户表记录';
END;
```

执行上面的语句，即可创建一个带加密的 tri_deleteuser 触发器。再次使用 SP_HELP-
TEXT 系统存储过程来查看该触发器，结果如图 9-29 所示。

对象 'tri_deleteuser' 的文本已加密。

图 9-29   查看加密后的 tri_ deleteuser 触发器

9.2.3   管理 DML 触发器

管理 DML 触发器的操作包括修改 DML 触发器、删除 DML 触发器、重命名 DML 触发器
和查看 DML 触发器。

1. 修改 DML 触发器

修改 DML 触发器的语法与创建 DML 触发器的语法类似，只是将 CREATE 关键字换成了
ALTER 关键字。具体语法形式如下所示：

```
ALTER TRIGGER trigger_name
ON{ table | view}
[ WITH ENCRYPTION]
{FOR | AFTER | INSTEAD OF}
{[ INSERT ][, ][UPDATE ][, ][DELETE ]}
AS{[BEGIN]sql_statement [END]}
```

这里，每个子句的解释请参照创建 DML 触发器部分的说明。

【例 9-20】将【例 9-17】中的触发器修改成在向用户表（userinfo）中添加一条记录
后，输出添加到表中的具体值而不用向用户日志表（userlog）中添加记录。

根据题目要求，语句如下所示：

```
USE dbtest1;
GO
ALTER TRIGGER tri_insertusers
ON userinfo
AFTER insert
AS
BEGIN
SELECT username,userpwd FROM inserted;
END
```

执行上面的语句，即可完成触发器 tri_insertusers 的修改。在向表中添加记录后，直接

会在结果界面中输出插入数据的内容。使用下面的语句向用户表（userinfo）添加记录。

```
USE dbtest1 ;
GO
INSERT INTO userinfo VALUES('小雨','111') ;
```

执行上面的语句，会在结果栏中显示出添加的记录，效果如图 9-30 所示。

	username	userpwd
1	小雨	111

图 9-30　触发器修改后的执行效果

【例 9-21】 将触发器 tri_insertusers 修改成加密的。

根据题目要求，将【例 9-20】中修改后的触发器 tri_insertusers 再改成加密的，语句如下所示：

```
USE dbtest1 ;
GO
ALTER TRIGGER tri_insertusers
ON userinfo
WITH ENCRYPTION
AFTER insert
AS
BEGIN
SELECT username,userpwd FROM inserted ;
END
```

执行上面的语句，触发器 tri_insertusers 被修改成了加密的。使用 SP_HELPTEXT 系统存储过程查看其文本时，就会出现"对 tri_insertusers 文本已加密"的消息提示。

除了使用 ALTER 语句修改触发器中的基本内容，还可以修改触发器启动或禁用的状态。例如，在新表中导入初始数据时，并不需要使用触发器，所以先将触发器禁用。待数据导入完成后，再启动触发器。禁用或启动触发器的语法形式如下所示：

```
DISABLE | ENABLE TRIGGER { [ trigger_name [ ,…,n ] | ALL }
ON object_name
```

其中：

- DISABLE | ENABLE：DISABLE 代表禁用触发器，ENABLE 代表启动触发器。
- trigger_name：触发器的名称。
- ALL：所有触发器。
- object_name：要禁用的触发器的表或视图。

【例 9-22】 禁用和启动触发器 tri_insertusers。

根据题目要求，先将 tri_insertusers 禁用，语句如下所示：

```
USE dbtest1；
GO
DISABLE TRIGGER tri_insertusers
ON userinfo；
```

执行上面的语句，即可禁用触发器 tri_insertusers。如果需要再次启动该触发器，则需要使用如下语句：

```
USE dbtest1；
GO
ENABLE TRIGGER tri_insertusers
ON userinfo；
```

执行上面的语句，即可将触发器 tri_insertusers 再次启用。

2. 删除 DML 触发器

虽然禁用触发器可以让触发器失效，但是仍然会占用数据库的存储空间。将不再需要的触发器删除，使用的语法形式如下所示：

```
DROP TRIGGER trigger_name[ ,…n ][ ; ]
```

这里，trigger_name 是触发器的名称。可以一次删除多个触发器，删除多个触发器时，将触发器的名称之间用逗号隔开即可。

【例 9-23】 删除触发器 tri_insertusers。

根据题目要求，语句如下所示：

```
USE dbtest1；
GO
DROP TRIGGER tri_insertusers；
```

执行上面的语句，即可将触发器 tri_insertusers 删除。

3. 重命名 DML 触发器

为触发器重命名不能直接通过 ALTER 语句来完成，与其他数据库对象一样，可以使用 SP_RENAME 系统存储过程来实现。

【例 9-24】 将触发器 tri_changeusers 重命名为 tri_newchangeusers。

根据题目要求，语句如下所示：

```
USE dbtest1；
GO
EXECUTE SP_RENAME 'tri_changeusers','tri_newchangeusers'；
```

执行上面的语句，即可将触发器 tri_changeusers 的名称更改为 tri_newchangeusers。

4. 查看 DML 触发器

触发器创建完成后，可以通过系统存储过程对其进行查看。与查看存储过程一样，也可以使用 SP_HELPTEXT 系统存储过程查看触发器创建的文本内容。使用 SP_HELP 系统存储过程查看触发器的信息，使用 SP_HELPDEPENDS 系统存储过程查看依赖关系。此外，还可以通过 SP_HELPTRIGGER 系统存储过程来查看某张表上的触发器的信息。

【例 9-25】 使用 SP_HELPTRIGGER 系统存储过程查看用户表（userinfo）的信息。

根据题目要求，语句如下所示：

```
USE dbtest1 ;
GO
EXECUTE SP_HELPTRIGGER userinfo ;
```

执行上面的语句，结果如图 9-31 所示。

	trigger_name	trigger_owner	isupdate	isdelete	isinsert	isafter	isinsteadof	trigger_schema
1	tri_insertusers	dbo	0	0	1	1	0	dbo
2	tri_newchangeusers	dbo	1	1	1	1	0	dbo
3	tri_deleteuser	dbo	0	1	0	0	1	dbo

图 9-31　用户表（userinfo）中触发器的信息

从上面的查询结果可以看出，在用户表（userinfo）中共有 3 个触发器。

9.2.4　使用企业管理器操作触发器

触发器也可以通过企业管理器来创建和管理。下面分别介绍在企业管理器中创建触发器、修改触发器以及删除触发器的操作。需要注意的是，不能在企业管理器中直接更改触发器的名称。

1. 创建触发器

在企业管理器中创建触发器只需要两个步骤即可完成。这里，以在 dbtest1 数据库中的用户表（userinfo）上创建触发器为例来介绍具体的步骤。

（1）打开触发器创建界面

在企业管理器的对象资源管理中，依次展开"dbtest1"→"userinfo"文件夹，右击"触发器"，在弹出的快捷菜单中选择"新建触发器"选项，弹出如图 9-32 所示的界面。

（2）编译触发器

在图 9-32 所示的界面中，根据需要修改相应的参数，并完成 SQL 语句的编写。然后，单击工具栏上的 执行(X) 按钮，即可完成触发器的创建操作。

2. 修改触发器

修改触发器的操作与创建触发器有些类似，假设要修改的触发器是前面创建的 tri_newchangeusers 触发器，也需要两个步骤。

（1）打开修改 tri_newchangeusers 触发器界面

在企业管理器的对象资源管理器中，依次展开"dbtest1"→"userinfo"→"触发器"文件夹，右击"tri_newchangeusers"触发器，在弹出的快捷菜单中选择"修改"选项，弹出如图 9-33 所示的界面。

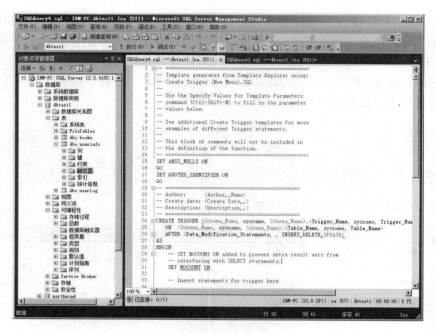

图 9-32 创建触发器界面

图 9-33 修改 "tri_newchangeusers" 触发器界面

（2）编译触发器

在图 9-33 所示的界面中，对触发器做相应的修改后，单击 执行(X) 按钮，即可完成修改触发器的操作。

如果需要修改触发器的启用或禁用的状态，则直接依次展开 "dbtest1" → "userinfo" → "触发器" 文件夹，右击 "tri_newchangeusers" 触发器，在弹出的快捷菜单中选择 "启用"

或者"禁用"选项即可。启用和禁用后的结果分别如图 9-34 和图 9-35 所示。

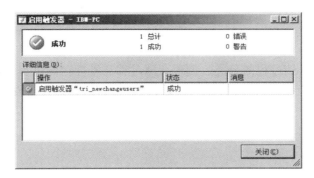

图 9-34　启用触发器后的结果

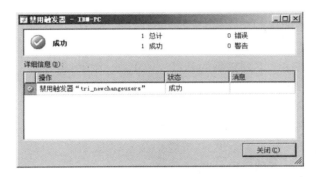

图 9-35　禁用触发器后的结果

3．删除触发器

右击要删除的触发器名称，在弹出的快捷菜单中选择"删除"选项，弹出如图 9-36 所示的界面。

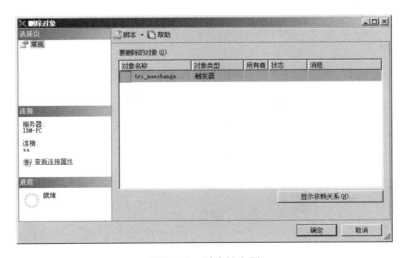

图 9-36　删除触发器

在该界面中，单击"确定"按钮，即可完成删除触发器的操作。

9.3　本章小结

本章首先介绍了存储过程的分类、创建存储过程、管理存储过程；然后介绍了触发器的作用及分类，创建、管理 DML 触发器，以及使用企业管理器操作触发器。

9.4　本章习题

一、填空题

1. 存储过程分为_____。

2. 触发器分为_____。

3. 为存储过程加密的语句为_____。

二、选择题

1. 对存储过程的描述，下列正确的是（　　　　）。

A. 存储过程每次执行都需要编译

B. 在一个存储过程中不能调用其他存储过程

C. 存储过程是一种一次编译多次执行的数据库对象

D. 以上说法都不对

2. 对触发器的描述，下列正确的是（　　　　）。

A. 触发器与存储过程一样，都是需要调用的　　　　B. 触发器只能通过 DML 语句触发

C. 触发器只能执行一次　　　　　　　　　　　　　　D. 触发器可以通过调用 DML 语句触发

三、操作题

用户信息表中包含用户编号、用户名及密码 3 列，实现如下操作：

（1）创建一个判断用户名是否存在的存储过程。

（2）创建一个触发器，使用户不能更改用户信息表中的数据。

第 10 章　数据库的安全性

数据库作为软件产品中的核心资源，确保数据库的安全性是至关重要的。确保数据库的安全性就是控制好使用该数据库的用户的权限。只有合理地为每一个用户分配不同的账号和密码，并为其设置好不同的权限，才能在最大的程度上保证数据库的安全。本章的学习目标如下：

- 掌握数据库中用户的创建和管理。
- 掌握角色的创建和管理。
- 掌握权限的授予和收回。

10.1　用户

用户作为数据库中的重要对象，对数据库的安全性起到了决定性的作用。在前面的章节中，每次登录企业管理器时，使用的是 sa 用户或 Windows 用户登录。实际上，除了使用这两个用户，还可以通过自定义用户来访问数据库。

10.1.1　SQL Server 的身份验证模式

在安装好 SQL Server 数据库后，系统会提示设置用户登录的身份验证模式。身份验证模式分为混合模式（SQL Server 身份验证模式与 Windows 身份验证模式）身份验证与 Windows 身份验证两种。本书的第 1 章安装 SQL Server 数据库时，使用的身份验证模式是混合模式，即使用数据库中默认的 sa 用户来登录，并为其设定了密码。

在 SQL Server 中，这两种身份验证模式之间是可以切换的。但是，混合模式的身份验证相对安全一些，也是推荐用户使用的。切换身份验证模式直接在企业管理器中操作即可，具体分为以下 3 个步骤。

1. 打开身份验证模式界面

在企业管理器的对象资源管理器中，右击服务器名称 "IBM－PC"，在弹出的快捷菜单中选择 "属性" 选项，弹出如图 10-1 所示的界面。

在图 10-1 中的 "选项页" 中选择 "安全性" 选项，如图 10-2 所示。

2. 更改身份验证模式

在图 10-2 所示的界面中，列出了 SQL Server 中服务器身份验证的模式，即 Windows 身份验证模式与 SQL Server 和 Windows 身份验证模式。这里，使用的是后一种身份验证模式，即使用 sa 用户登录。如果需要将身份验证模式更改为 Windows 身份验证，则选中 "Windows 身份验证模式" 单选按钮，并单击 "确定" 按钮，弹出如图 10-3 所示的提示对话框。

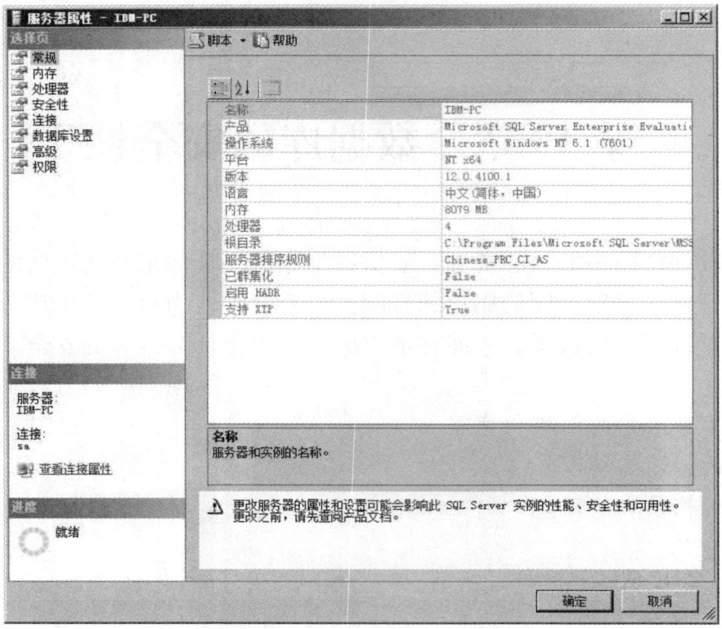

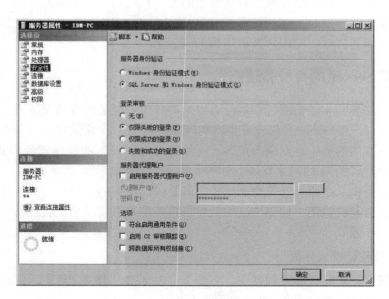

图 10-1　服务器的属性界面

图 10-2　在服务器属性界面中选择"安全性"选项

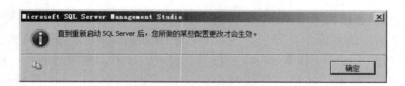

图 10-3　更改身份验证模式后的提示对话框

在该对话框中，单击"确定"按钮，即可完成身份验证模式的更改。

3. 使用更改后的身份验证模式登录

在更改身份验证模式后，需要通过 SQL Server 配置管理或者直接在 Windows 的服务器中重新启动 SQL Server 服务，这样再次登录后即可使用 Windows 身份验证的模式登录。

如果需要再更改回混合模式身份验证的方式，则直接在图 10-2 所示的界面中选中"SQL Server 和 Windows 身份验证模式"单选按钮即可。

10.1.2 创建用户

在 SQL Server 中，用户不能直接登录企业管理器操作数据库，必须将用户设置成登录用户才可以。本节先介绍如何创建用户。用户作为数据库中的一个对象，也是通过 CREATE 语句来创建的，具体语法形式如下所示：

```
CREATE USER user_name [ | {FOR | FROM}
    |
        LOGIN login_name
    |
    | WITHOUT LOGIN
]
```

其中：

- user_name：用户名。指定登录数据库的用户名。
- login_name：可以省略，用于指定要创建数据库用户的 SQL Server 登录名。
- WITHOUT LOGIN：不将用户映射到现有登录名。

从上面的语法中可以看出，在创建用户名时并没有给用户设置密码，只有需要创建登录用户时才要设置密码。

【例 10-1】在数据库 dbtest1 中，创建用户 sqluser1，不将用户映射到登录名。

根据题目要求，语句如下所示：

```
USE dbtest1;
GO
CREATE USER sqluser1 WITHOUT LOGIN;
```

执行上面的语句，即可在 dbtest1 数据库中创建用户 sqluser1。创建好用户后，通过系统存储过程 SP_HELPUSER 即可查看用户信息。查看用户 sqluser1 的信息，语句如下所示：

```
USE dbtest1;
GO
EXECUTE SP_HELPUSER sqluser1;
```

执行上面的语句，效果如图 10-4 所示。

	UserName	RoleName	LoginName	DefDBName	DefSchemaName	UserID	SID
1	sqluser1	public	NULL	NULL	dbo	5	0x0105000000000009030000035E645CC444F0F4EB3000...

图 10-4　查看用户 sqluser1

10.1.3　管理用户

创建好用户后，也可以对用户进行修改和删除的操作。由于现在的用户还没有涉及登录名的设置，因此修改用户也就是修改用户名。

1. 修改用户

修改用户的语法与创建用户的语法类似，具体的语法形式如下所示：

```
ALTER USER user_name WITH
{
    NAME = new_username │ LOGIN = loginname
}
```

其中：

- user_name：用户名。指定要修改的用户名。
- new_username：新用户名。
- loginname：新的登录名。

【例 10-2】将在【例 10-1】中创建的用户名 sqluser1 改成 sqluser2。

根据题目要求，语句如下所示：

```
USE dbtest1;
GO
ALTER USER sqluser1 WITH
NAME = sqluser2;
```

执行上面的语句，即可将用户名 sqluser1 更改成 sqluser2。

2. 删除用户

使用 DROP 语句即可完成删除用户的操作，但是删除后的用户就不能恢复了，因此要慎重使用。删除用户的语法形式如下所示：

```
DROP USER username;
```

这里，username 是用户名。

【例 10-3】将用户 sqluser2 删除。

根据题目要求，语句如下所示：

```
USE dbtest1;
GO
DROP USER sqluser2;
```

执行上面的语句，即可将用户 sqluser2 从 dbtest1 数据库中删除。

10.1.4　登录用户管理

下面介绍创建登录用户、修改登录名及删除登录名的操作。

1. 创建登录用户

之前创建的用户是没有密码的，但是登录用户必须包含密码。创建登录用户的语法形式如下所示：

```
CREATE LOGIN loginname [ WITH PASSWORD ='password' | FROM WINDOWS
[ ,DEFAULT_DATABASE = dbname ]
```

其中：

- loginname：登录名。
- WITH PASSWORD ='password'：password 代表自定义的密码。在实际的项目中，密码应尽量设置得复杂一些，不要全部使用字母或者数字。
- FROM WINDOWS：从 Windows 登录名中创建登录 SQL Server 的登录名，要求登录名必须是 Windows 中现有的用户名。
- dbname：指定账户登录的默认数据库名，即登录之后能够直接使用的用户。默认的数据库是 master。

【例 10-4】 创建用户 sqluser1，并设置密码 abc，默认数据库为 dbtest1。

根据题目要求，语句如下所示：

```
CREATE LOGIN sqluser1 WITH PASSWORD ='abc',
DEFAULT_DATABASE = dbtest1 ;
```

执行上面的语句，即可创建登录用户 sqluser1。使用该用户登录企业管理器，界面如图 10-5 所示。

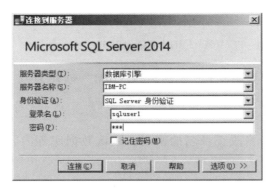

图 10-5　使用 sqluser1 登录企业管理器

在图 10-5 所示的界面中，单击"连接"按钮即可登录到企业管理器中，结果如图 10-6 所示。

图 10-6　登录企业管理器时出现的错误

从登录结果可以看出，如果只创建了登录用户而没有在 dbtest1 数据库中创建用户，则不能直接用登录名来访问数据库。

【例 10-5】基于【例 10-4】中的登录用户 sqluser1 创建用户 sqluser2。

根据题目要求，语句如下所示：

```
USE dbtest1 ;
GO
CREATE USER sqluser2 FOR LOGIN sqluser1 ;
```

执行上面的语句，即可创建用户 sqluser2，并且该用户的登录名也是 sqluser1。同样，也可以创建与登录名相同的用户。使用 sqluser1 登录名来登录企业管理器的结果如图 10-7 所示。

从上面的结果可以看出，当在 dbtest1 数据库中创建了用户 sqluser2 并将其登录名设置为 sqluser1 后，即可通过 sqluser1 用户登录到企业管理器中。

【例 10-6】创建登录名"IBM - PC \ IBM"，以Windows 模式登录。

图 10-7　使用 sqluser1 登录企业管理器

根据题目要求，以 Windows 模式登录必须先要保证该用户是 Windows 中的用户，语句如下所示：

```
CREATE USER[ IBM - PC\IBM ] FROM WINDOWS ;
```

执行上面的语句，即可将用户"IBM - PC \ IBM"创建为以 Windows 模式登录的 SQLServer 登录名。

2. 修改登录名

修改登录名主要包括修改登录名的密码、默认数据库等内容，具体的语法形式如下所示：

```
ALTER LOGIN loginname
[ DISABLE | ENABLE ]
WITH
{ DEFAULT_DATABASE = database | NAME = new_login_name | PASSWORD ='password' }
```

其中：

- loginname：要修改的账户名称。
- DISABLE│ENABLE：禁用或启用账户。
- database：默认数据库名。
- new_login_name：修改后的账户名称。
- password：密码。

【例10-7】修改 sqluser1 的密码，将其修改为"cba"。

根据题目要求，语句如下所示：

```
ALTER LOGIN sqluser1
WITH PASSWORD ='cba';
```

执行上面的语句，即可将用户 sqluser1 的密码修改成 cba。

【例10-8】将登录名 sqluser1 改为 new_sqluser。

根据题目要求，语句如下所示：

```
ALTER LOGIN sqluser1 DISABLE;
WITH NAME ='new_sqluser';
```

执行上面的语句，即可将登录名 sqluser1 改为 new_sqluser。

【例10-9】禁用登录名 new_sqluser。

根据题目要求，语句如下所示：

```
ALTER LOGIN new_sqluser DISABLE;
```

执行上面的语句，登录名 new_sqluser 被禁用。如果需要再次使用该登录名，则需要使用 ENABLE 关键字来启用该登录名。

3. 删除登录名

如果登录名不再需要了，可以将登录名删除，以节省数据库的存储空间。删除登录名的语法形式如下所示：

```
DROP LOGIN loginname;
```

这里，loginname 是要删除的登录名。

【例10-10】将登录名 new_sqluser 删除。

根据题目要求，语句如下所示：

```
DROP LOGIN new_sqluser;
```

执行上面的语句，即可将登录名 new_sqluser 删除。

10.1.5　使用企业管理器管理用户

下面介绍使用企业管理器来操作一般用户和登录用户。

1. 一般用户管理

一般用户都是创建到某一个数据库中的用户。下面以在 dbtest1 数据库中创建和管理 dbuser 用户为例来演示如何使用企业管理器管理一般用户。

（1）创建用户

在企业管理器的对象资源管理器中，依次展开"dbtest1"数据库→"安全性"文件夹，右击"用户"文件夹，在弹出的快捷菜单中选择"新建用户"选项，弹出的对话框如图 10-8 所示。

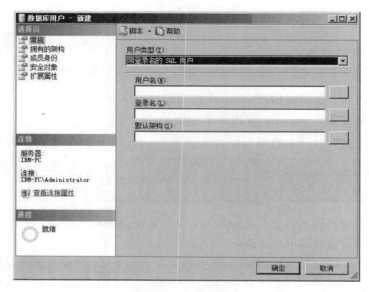

图 10-8　新建用户对话框

在图 10-8 所示的对话框中，选择用户类型为"不带登录名的 SQL 用户"、用户名为"dbuser"、默认架构为"dbo"，如图 10-9 所示。

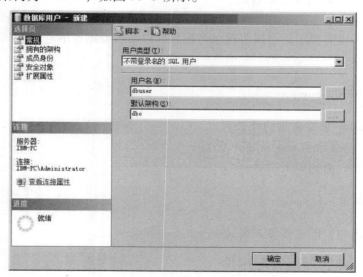

图 10-9　添加用户 dbuser 的效果

在图 10-9 所示的对话框中，单击"确认"按钮，即可完成用户 dbuser 的创建。创建好用户后，在对象资源管理器中依次展开"dbtest1"数据库→"安全性"→"用户"文件夹，即可看到新创建的用户 dbuser，如图 10-10 所示。

图 10-10　查看用户 dbuser

（2）修改用户

在图 10-10 中，右击"dbuser"用户，弹出如图 10-11 所示的对话框。

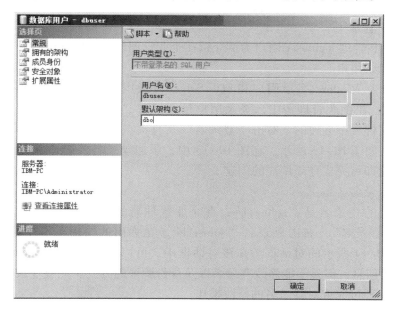

图 10-11　修改 dbuser 用户

在图 10-11 中，只能修改默认架构或图中左侧列表中的其他选项。如果要更改用户的名称，则直接在图 10-10 中右击"dbuser"用户，在弹出的快捷菜单中选择"重命名"选项，即可更改该用户的名称。

（3）删除用户

在图 10-10 中，右击"dbuser"用户，在弹出的快捷菜单中选择"删除"选项，弹出的对话框如图 10-12 所示。

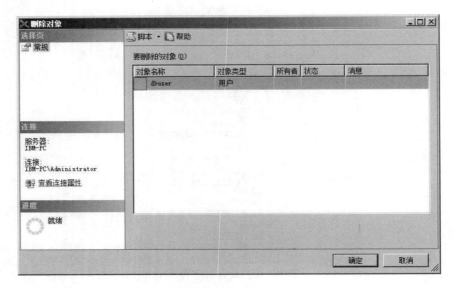

图 10-12　删除对象对话框

在图 10-12 中，单击"确认"按钮，即可将用户 dbuser 删除。

2. 登录用户管理

下面以创建和管理 loginuser 用户为例介绍在企业管理器中如何创建和管理登录用户。

（1）创建登录用户

登录用户分为 Windows 登录用户和 SQL Server 登录用户两种，这里演示如何创建 SQL Server 登录用户。在企业管理器中，登录用户是直接在"数据库服务器"中的"安全性"→"登录名"文件夹中创建的。右击"登录名"文件夹，在弹出的快捷菜单中选择"新建登录名"选项，如图 10-13 所示。在图 10-13 中，添加登录名并选择用户的登录方式，单击"确定"按钮即可完成登录用户的创建。

（2）修改登录名

假设要修改的登录名是"sqluser1"，在企业管理器的"数据库服务器"中依次展开"安全性"→"登录名"，右击登录名"sqluser1"，在弹出的快捷菜单中选择"属性"选项，弹出如图 10-14 所示的对话框。在该对话框中，可以修改登录名、密码以及默认数据库、默认语言等信息，但是不能修改登录名以及身份验证的方式。完成登录名的修改后，单击"确定"按钮即可完成对登录名的修改操作。

（3）重命名登录名

在企业管理器中的"数据库服务器"中，依次展开"安全性"→"登录名"，右击登录名"sqluser1"，在弹出的快捷菜单中选择"重命名"选项，将"sqluser1"更改成新的名称后，按〈Enter〉键即可完成登录名的更改操作。

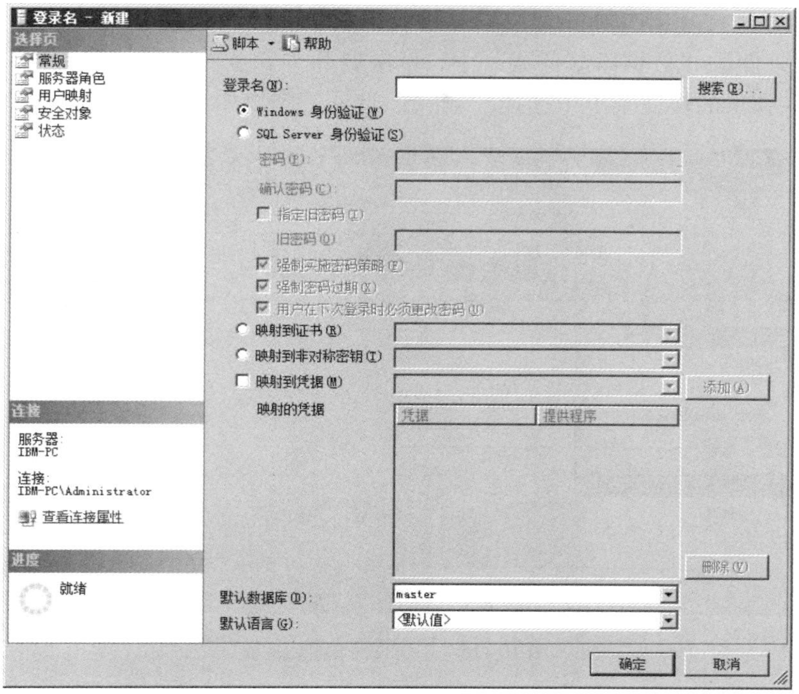

图 10-13　创建登录用户

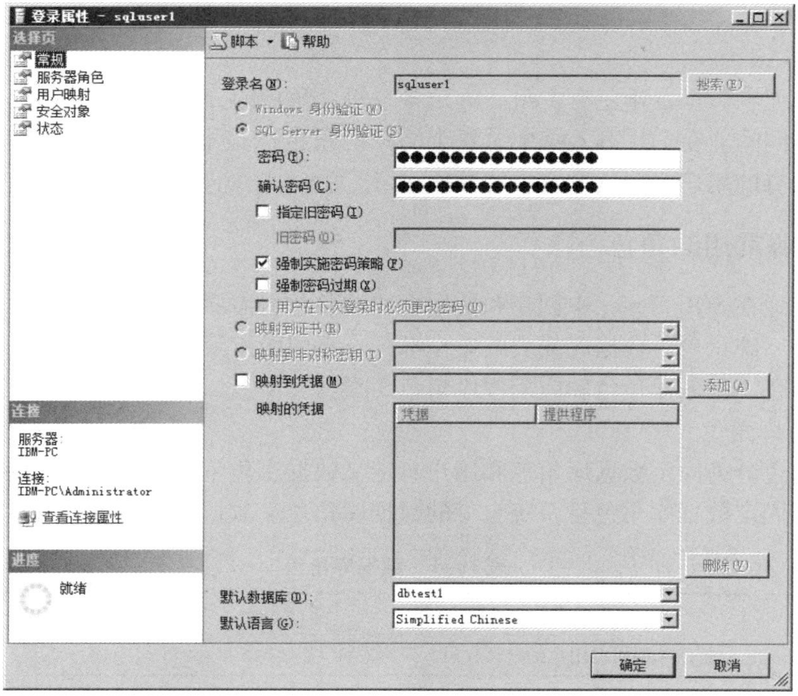

图 10-14　修改登录名

（4）删除登录名

在企业管理器的"数据库服务器"中，依次展开"安全性"→"登录名"，右击登录名"sqluser1"，在弹出的快捷菜单中选择"删除"选项，弹出如图 10-15 所示的对话框。

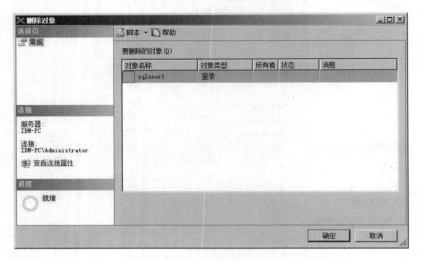

图 10-15　登录名的删除提示

在图 10-15 中单击"确定"按钮，即可删除登录名"sqluser1"。

10.2　角色

在电视剧或电影里，角色有主角、配角等，每个角色的分工都是不同的，或者说每个角色的台词是不同的。在 SQL Server 中，每个用户的角色也是不同的，如有的用户能够读/写表中的数据，有的用户仅能读取表中的数据。

10.2.1　了解常用的角色

为了更好地在 SQL Server 中创建和使用不同的角色，需要先了解一下 SQL Server 中的系统角色。每个系统角色对数据库或表的操作都具有不同的权限。在 SQL Server 中，角色主要分为数据库角色、服务器角色和应用程序角色 3 类。

（1）数据库角色

数据库角色分为固定数据库角色和用户自定义数据库角色。它们都是应用在数据库对象级别的角色。固定数据库角色是系统自带的数据库角色。数据库角色见表 10-1。

表 10-1　数据库角色

数据库角色	说　　明
public	数据库中所有用户的默认权限
db_accessadmin	添加或删除用户的权限
db_securityadmin	管理全部权限、对象所有权、角色的权限
db_ddladmin	对数据库的 DDL 操作权限

数据库角色	说　　明
db_backupoperator	备份数据库
db_datareader	拥有选择数据库内任何用户表中的所有数据的权限
db_datawriter	拥有更改数据库内任何用户表中的所有数据的权限
db_owner	拥有全部权限
db_denydatareader	不能选择数据库内任何用户表中的任何数据
db_denydatawriter	不能更改数据库内任何用户表中的任何数据

（2）服务器角色

服务器角色分为固定服务器角色和自定义服务器角色。在 SQL Server 中，服务器角色见表 10-2。

表 10-2　服务器角色

服务器角色	说　　明
public	每个登录名都属于该角色
sysadmin	在服务器中允许任何操作
setupadmin	允许添加或删除服务器链接
serveradmin	允许更改服务器范围内的配置以及关闭服务器
securityadmin	管理登录名和属性
dbcreator	允许创建、更改、删除及还原数据库
processadmin	允许终止在 SQL Server 实例中运行的进程
diskadmin	允许管理磁盘文件
bulkadmin	不能选择数据库内任何用户表中的任何数据

（3）应用程序角色

应用程序角色是使用应用程序操作数据库而不是使用用户的其他角色来完成的。如果某个用户启用了应用程序角色，那么该用户的其他权限将全部取消。在 SQL Server 中，应用程序角色既可以通过企业管理器创建，也可以通过语句 CREATE APPLICATION ROLE 创建。

10.2.2　创建角色

本节将介绍数据库角色以及服务器角色的创建。

1. 创建数据库角色

数据库角色中的固定数据库角色是不能删除的，但是自定义的数据库角色是可以删除的。创建数据库角色的语法形式如下所示：

```
CREATE ROLE role_name [ AUTHORIZATION owner_name ];
```

其中：

- role_name：角色名称。需要注意的是，数据库自定义角色名称不能与数据库固定角色的名称相同，即不能与表 10-1 所示的角色名称相同。
- AUTHORIZATION owner_name：将角色创建到指定的用户中。如果省略了该语句，则角色就被创建到当前使用的数据库用户上。

【例 10-11】 创建数据库角色 dbrole1，并将其作用在用户 sqluser1 上。

根据题目要求，语句如下所示：

```
USE dbtest1 ;
CREATE ROLE dbrole1 AUTHORIZATION sqluser1 ;
```

执行上面的语句，即可在 dbtest1 数据库中为用户 sqluser1 创建数据库角色 dbrole1。

2. 创建服务器角色

与数据库角色一样，固定服务器角色也是不能删除的，但是自定义服务器角色是可以删除的。创建服务器角色的语法形式如下所示：

```
CREATE SERVER ROLE role_name〔AUTHORIZATION login_name〕;
```

其中：

- role_name：角色名称。需要注意的是，数据库自定义角色名称不能与数据库固定角色的名称相同，即不能与表 10-1 所示的角色名称相同。
- AUTHORIZATIONlogin_name：将角色创建到指定的登录名中。如果省略了该语句，则角色就被创建到当前的登录名中。

【例 10-12】 创建服务器角色 serverrole1 并将其作用到 sqluser1 上。

根据题目要求，语句如下所示：

```
USE dbtest1 ;
CREATE SERVER ROLE serverrole1 AUTHORIZATION sqluser1 ;
```

执行上面的语句，即可为用户 sqluser1 创建服务器角色 serverrole1。

10.2.3 修改角色

在 SQL Server 中，也可以对自定义的角色进行修改操作。下面分别介绍自定义的数据库角色和服务器角色的修改操作。

1. 修改数据库角色

对于自定义的数据库角色，可以为其添加用户或者用户定义的数据库角色、删除用户或者用户定义的数据库角色、更改角色名称等。具体的语法形式如下所示：

```
ALTER ROLE role_name
{
〔 ADD MEMBER database_principal 〕
|〔DROP MEMBER database_principal 〕
```

```
    | WITH NAME = new_name
    } ;
```

其中：

- role_name：要修改的角色名称。
- ADD MEMBER database_principal：添加 database_principal 指定的用户或用户定义的数据库角色。需要注意的是，database_principal 不能是固定的数据库角色。
- DROP MEMBER database_principal：删除 database_principal 指定的用户或用户定义的数据库角色。
- WITH NAME = new_name：更改自定义的数据库角色名称。new_name 是更改后的数据库角色名称。需要注意的是，数据库固定角色的名称是不能更改的。

【例 10-13】将用户 sqluser2 也添加到角色 dbrole1 中。

根据题目要求，语句如下所示：

```
USE dbtest1 ;
ALTER ROLE dbrole1
ADD MEMBER sqluser2 ;
```

执行上面的语句，即可将用户 sqluser2 添加到角色 dbrole1 中。

【例 10-14】将用户 sqluser2 从角色 dbrole1 中移除。

根据题目要求，语句如下所示：

```
USE dbtest1 ;
ALTER ROLE dbrole1
DROP MEMBER sqluser2 ;
```

执行上面的语句，即可将用户 sqluser2 从角色 dbrole1 中删除。

【例 10-15】将角色 dbrole1 更名为 dbrole_new。

根据题目要求，语句如下所示：

```
USE dbtest1 ;
ALTER ROLE dbrole1
WITH NAME = dbrole_new ;
```

执行上面的语句，角色 dbrole1 被更改成了 dbrole_new。

2. 修改服务器角色

服务器角色也是只能修改自定义的服务器角色，能够对自定义服务器角色进行添加、删除服务器成员或者更改服务器角色名称。修改服务器角色的具体语法形式如下所示：

```
ALTER SERVER ROLE server_role_name
{
[ ADD MEMBER server_principal ]
| [ DROP MEMBER server_principal ]
```

```
| [WITH NAME = new_server_role_name ]
};
```

其中:

- role_name: 要修改的角色名称。
- ADD MEMBER server_principal: 添加 server_principal 指定的登录名或用户定义的服务器角色。需要注意的是, server_principal 不能是固定的服务器角色及用户名 sa。
- DROP MEMBER server_principal: 删除 server_principal 指定的登录名或用户定义的服务器角色。同样, server_principal 不能是固定的服务器角色及用户名 sa。
- WITH NAME = new_server_role_name: 更改自定义的服务器角色名称。new_server_role_name 是更改后的服务器角色名称。需要注意的是, 服务器固定角色的名称是不能更改的。

【例 10-16】向服务器角色 serverrole1 中添加登录名 sqluser2。

根据题目要求, 语句如下所示:

```
ALTER SERVER ROLE serverrole1
ADD MEMBER sqluser2;
```

执行上面的语句, 即可在角色 serverrole1 中添加 sqluser2 用户。

【例 10-17】将 sqluser2 用户从服务器角色 serverrole1 中删除。

根据题目要求, 语句如下所示:

```
USE dbtest1;
ALTER SERVER ROLE serverrole1
ADD MEMBER sqluser2;
```

执行上面的语句, 即可将服务器角色 serverrole1 中的 sqluser2 用户删除。

【例 10-18】将服务器角色 serverrole1 的名称更改成 serverrole1_new。

根据题目要求, 语句如下所示:

```
ALTER SERVER ROLE serverrole1
WITH NAME = serverrole1_new;
```

执行上面的语句, 即可将服务器角色 serverole1 更改为 serverrole_ new。

10.2.4 删除角色

下面介绍删除自定义的数据库角色和服务器角色的语法。

1. 删除数据库角色

只有自定义的数据库角色才能删除。删除数据库角色的具体语法如下所示:

```
DROP ROLE role_name;
```

这里，role_name 是数据库角色名称。

【例 10-19】 删除数据库角色 dbrole1。

根据题目要求，语句如下所示：

```
USE dbtest1;
DROP ROLE dbrole1;
```

执行上面的语句，即可将角色 dbrole1 从 dbtest1 数据库中删除。

2. 删除服务器角色

只有自定义的服务器角色才能删除。删除服务器角色的具体语法如下所示：

```
DROP SERVER ROLE serverrole_name;
```

这里，serverrole_name 是服务器角色名称。

【例 10-20】 删除服务器角色 serverrole1。

根据题目要求，语句如下所示：

```
DROP SERVER ROLE serverrole1;
```

执行上面的语句，即可将服务器角色 serverrole1 删除。

如果需要查看已经创建的数据库角色或者修改后的数据库角色信息，则可以通过 sys. database_role_members 和 sys. database_principals 目录视图来进行查看。如果需要查看已经创建的角色或者修改后的角色信息，则可以通过 sys. server_role_members 和 sys. server_principals 目录视图来进行查看。

10.2.5 使用企业管理器操作角色

通过企业管理器可以操作前面提到过的 3 种角色，这里仅介绍数据库角色和服务器角色的创建和管理。

1. 数据库角色

下面以创建 dbrole2 为例来演示如何创建和管理数据库角色。

（1）创建数据库角色

在企业管理器的对象资源管理器中，依次展开"数据库"→"dbtest1"→"安全性"→"角色"文件夹，右击"数据库角色"文件夹，在弹出的快捷菜单中选择"新建数据库角色"选项，弹出如图 10-16 所示的对话框。在该对话框中，可以输入角色名称、所有者，并选择角色拥有的架构；在"此角色成员"选项区可以添加新的角色成员。角色成员主要指数据库中的用户及之前定义好的角色等，不包括固定数据库角色。如果没有指定"所有者"，那么默认情况下是创建此角色的用户。添加好相应的信息后，效果如图 10-17 所示。

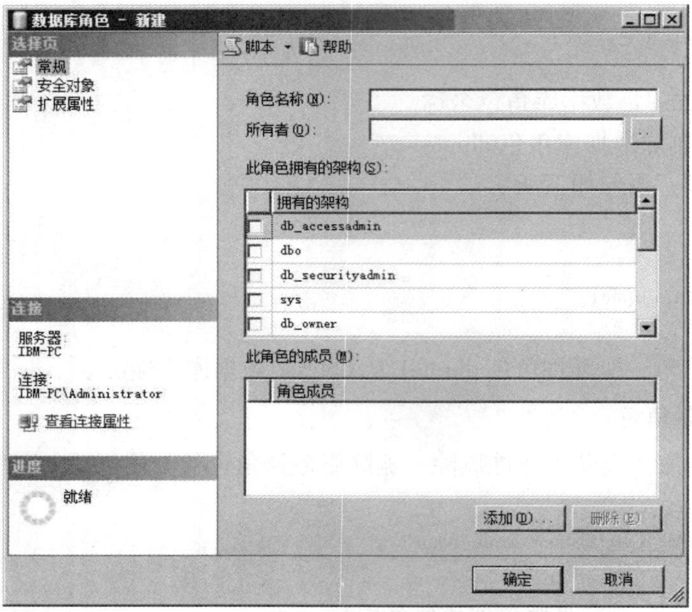

图 10-16　新建数据库角色对话框

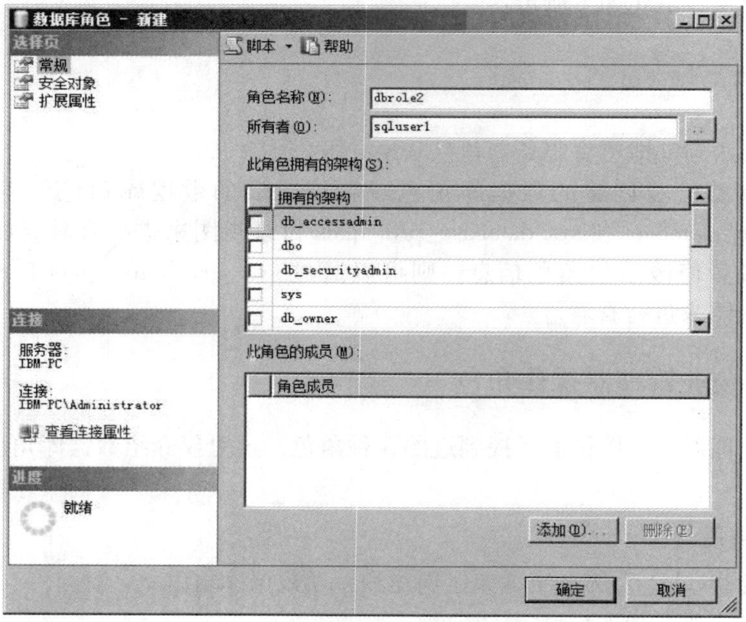

图 10-17　添加 dbrole2 角色信息后的效果

添加好信息后，单击"确定"按钮即可完成数据库角色的创建。

（2）修改数据库角色

在企业管理器的对象资源管理器中，依次展开"数据库"→"dbtest1"→"安全性"→"角色"→"数据库角色"文件夹，右击"dbrole2"文件夹，在弹出的快捷菜单中选择

"属性"选项，弹出如图 10-18 所示的对话框。

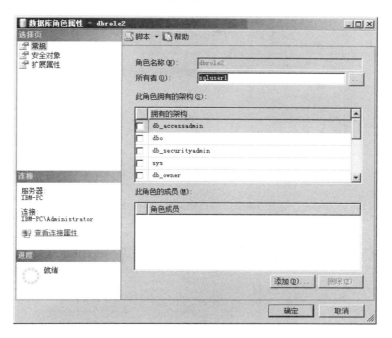

图 10-18 "dbrole2"的属性对话框

在该对话框中，能够添加或删除角色中的成员。这里，以向"dbrole2"角色中添加角色"dbrole1"为例来介绍对数据库角色的修改操作。在图 10-18 所示的对话框中，单击"添加"按钮，弹出如图 10-19 所示的对话框。

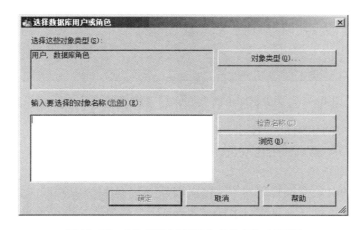

图 10-19 "选择数据库用户或角色"对话框

在该对话框中可以看出，添加的角色成员只能是用户或者数据库角色，单击"浏览"按钮，弹出如图 10-20 所示的对话框。在该弹出中可以看出，列出的数据库角色中只有一个固定数据库角色，其他都是自定义数据库角色。在这里，选择"dbrole1"对象，单击"确定"按钮，完成角色成员的添加，添加后的效果如图 10-21 所示。

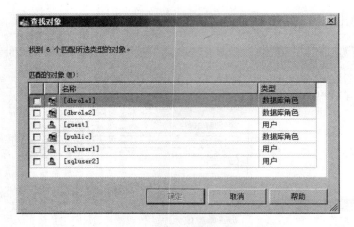

图 10-20　"查找对象"对话框

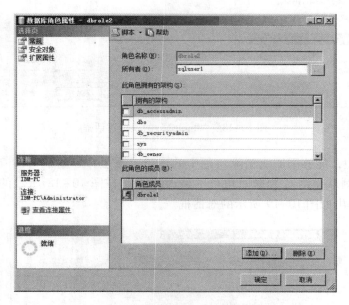

图 10-21　为数据库角色"dbrole1"添加角色成员"dbrole1"

单击图 10-21 中的"确定"按钮，即可完成角色成员的添加操作。如果需要删除多余的角色成员，则选择要删除的角色成员，并单击"删除"按钮即可。

（3）删除数据库角色

在企业管理器的对象资源管理器中，依次展开"数据库"→"dbtest1"→"安全性"→"角色"→"数据库角色"文件夹，右击"dbrole2"，在弹出的快捷菜单中选择"删除"选项，弹出如图 10-22 所示的对话框。在该对话框中，单击"确定"按钮，即可删除数据库角色"dbrole2"。

（4）重命名数据库角色

在企业管理器的对象资源管理器中，依次展开"数据库"→"dbtest1"→"安全性"→"角色"→"数据库角色"文件夹，右击"dbrole2"，在弹出的快捷菜单中选择"重命名"选项，光标会出现在"dbrole2"中，直接修改并按〈Enter〉键确认即可。

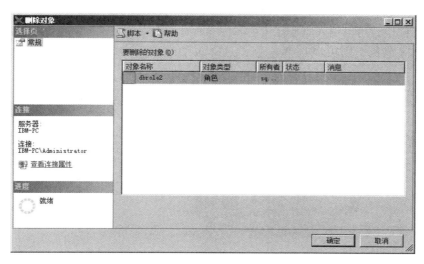

图 10-22 "删除对象"对话框

2. 服务器角色

服务器角色是针对整个 SQL Server 数据库连接的,而不是针对某一个数据库的。服务器角色的创建和管理与数据库角色有些类似,这里不再详细介绍。

(1)创建服务器角色

在企业管理器的对象资源管理器中,展开"安全性"文件夹,右击"服务器角色"文件夹,在弹出的快捷菜单中选择"新服务器角色"选项,弹出如图 10-23 所示的对话框。

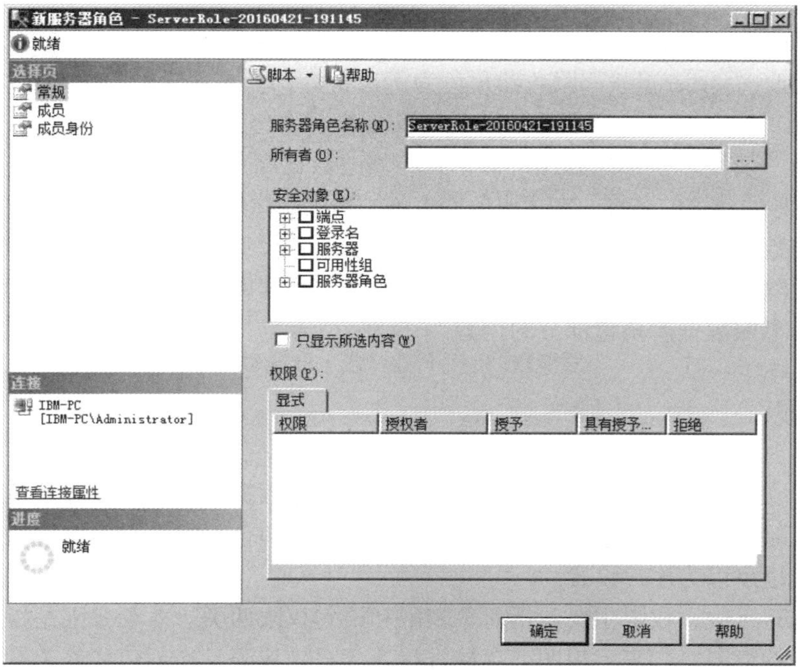

图 10-23 新建服务器角色对话框

在该对话框中，可以输入服务器角色名称、所有者、安全对象等信息。如果需要为服务器角色添加或删除成员，则可以选择左侧"选择页"选项区中的"成员"选项，如图10-24所示。

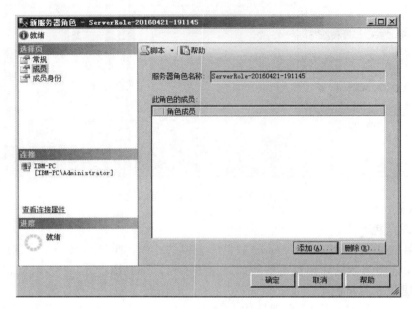

图 10-24　选择"成员"选项

在该对话框中可以选择向服务器角色中添加或删除的角色成员，包括登录名和自定义的服务器角色。

（2）修改服务器角色

这里以修改"serverrole1"服务器角色为例进行介绍。在企业管理器的对象资源管理器中，依次展开"安全性"→"服务器角色"文件夹，右击"serverrole1"选项，在弹出的快捷菜单中选择"属性"选项，弹出的对话框与修改数据库角色对话框类似，不能直接在该对话框中修改服务器角色的名称。在为服务器角色添加或删除角色成员时，对话框与图10-24类似，操作也与数据库角色类似，这里不再赘述。

这里，删除服务器角色或重命名服务器角色都与数据库角色的操作类似，若需要进行相关操作，可以参照数据库角色部分的内容。

10.3　权限

上一小节介绍了在 SQL Server 中常用的两类角色：数据库角色和服务器角色。在介绍每一个固定角色时，都列出了它们的权限，但是自定义的角色是没有设置权限的。权限既可以为角色设置，也可以为用户设置。

在 SQL Server 中，权限主要包括对象权限和语句权限两类。对象权限是指用户访问和操作数据库对象的权限，如表、视图、存储过程等。语句权限是指创建或修改对象以及执行数据库的备份等操作的权限。

10.3.1 授予权限

无论是对象权限还是语句权限，都可以授予用户或角色。如果为角色授予了权限，再将该角色授予其他用户，那么授予的用户也与该角色享有相同的权限。一个角色可以授予多个权限，可以将角色理解为一个权限的集合。如果某个用户需要与某个角色具有相同的权限，则只需要直接将该角色授予需要相同权限的用户即可，也就是将用户添加到该角色的成员中即可。

授予权限的语法形式如下所示：

```
GRANT{ALL | PRIVILEGES}
    | permission [ON table_name | view_name]
TO user_name | role_name
WITH GRANT OPTION
```

其中：
- ALL：不推荐使用。对于操作对象的不同，ALL 所代表的权限也不同。ALL 应用在不同对象中所代表的权限见表 10-3。
- permission：权限名称。
- table_name | view_name：表名或视图名。
- user_name | role_name：用户名或角色名。
- WITH GRANT OPTION：表示权限授予者还能向其他用户授予相同的权限。

表 10-3　"ALL" 应用在不同对象中所代表的权限

安全对象名称	ALL 对应的权限
数据库	BACKUP DATABASE、BACKUP LOG、CREATE DATABASE、CREATE DEFAULT、CREATE FUNCTION、CREATE PROCEDURE、CREATE RULE、CREATE TABLE、CREATE VIEW
标量函数	EXECUTE、REFERENCES
表值函数	DELETE、INSERT、REFERENCES、SELECT、UPDATE
存储过程	EXECUTE
表	DELETE、INSERT、REFERENCES、SELECT、UPDATE
视图	DELETE、INSERT、REFERENCES、SELECT、UPDATE

【例 10-21】授予用户 "sqluser1" books 表的 ALL 权限。

根据题目要求，语句如下所示：

```
USE dbtest1 ;
GRANT ALL ON books TO sqluser1 ;
```

执行上面的语句，即可将所有的权限授予 "sqluser1"。

通过系统存储过程 "sp_helprotect" 能查看每个用户当前的权限信息。查看用户 "sqluser1" 的权限信息的语句如下所示：

```
EXECUTE sp_helprotect @ username ='sqluser1';
```

执行上面的语句，结果如图 10-25 所示。

	Owner	Object	Grantee	Grantor	ProtectType	Action	Column
1	dbo	books	sqluser1	dbo	Grant	Delete	.
2	dbo	books	sqluser1	dbo	Grant	Insert	.
3	dbo	books	sqluser1	dbo	Grant	References	(All+New)
4	dbo	books	sqluser1	dbo	Grant	Select	(All+New)
5	dbo	books	sqluser1	dbo	Grant	Update	(All+New)
6	.	.	sqluser1	dbo	Grant	CONNECT	.

图 10-25　用户“sqluser1”的权限信息

从查询结果可以看出，对“books”表的 ALL 权限包括了表 10-3 中列出的表权限中的 5 个。

【例 10-22】为角色“dbrole1”授予“创建表”权限。

根据题目要求，语句如下所示：

```
USE dbtest1;
GRANT CREATE TABLE TO dbrole1;
```

执行上面的语句，即可授予角色“dbrole1”创建表的权限。

为角色设置的权限也可以通过系统存储过程“sp_helprotect”查看，语句如下所示：

```
EXECUTE sp_helprotect @ username ='dbrole1;
```

执行上面的语句，结果如图 10-26 所示。

	Owner	Object	Grantee	Grantor	ProtectType	Action	Column
1	.	.	dbrole1	dbo	Grant	Create Table	.

图 10-26　数据库角色“dbrole1”的权限信息

10.3.2　收回权限

授予用户或角色的权限也是可以收回的。收回权限的具体语法形式如下所示：

```
REVOKE permission [ON table_name | view_name] TO user_name | role_name
WITH GRANT OPTION
```

其中：

- permission：权限名称。
- table_name | view_name：表名或视图名。
- user_name | role_name：用户名或角色名。
- WITH GRANT OPTION：表示权限授予者可以向其他用户授予权限。

【例 10-23】将用户“sqluser1”对“books”表的 INSERT 权限收回。

根据题目要求，语句如下所示：

```
USE dbtest1 ;
REVOKE INSERT ON books TO sqluser1 ;
```

执行上面的语句，即可将"INSERT"权限从 sqluser1 中收回。使用系统存储过程"sp_helprotect"查看用户"sqluser1"的权限信息，结果如图 10-27 所示。

	Owner	Object	Grantee	Grantor	ProtectType	Action	Column
1	dbo	books	sqluser1	dbo	Grant	Delete	.
2	dbo	books	sqluser1	dbo	Grant	References	(All+New)
3	dbo	books	sqluser1	dbo	Grant	Select	(All+New)
4	dbo	books	sqluser1	dbo	Grant	Update	(All+New)
5	.	.	sqluser1	dbo	Grant	CONNECT	.

图 10-27 查看用户"sqluser1"收回"INSERT"权限后的效果

10.3.3 拒绝权限

拒绝权限是指让用户不具备某种权限，或者理解为用户被禁用某种权限。拒绝权限的语法形式如下所示：

```
DENYpermission [ ON table_name | view_name] TO user_name | role_name
WITH GRANT OPTION
```

其中：
- permission：权限名称。
- table_name | view_name：表名或视图名。
- user_name | role_name：用户名或角色名。
- WITH GRANT OPTION：表示权限授予者可以为其他用户授予权限。

【例 10-24】让用户"sqluser1"禁用修改"books"表的权限。
根据题目要求，语句如下所示：

```
USE dbtest1 ;
DENY UPDATE ON books TO sqluser1 ;
```

执行上面的语句，即可将"sqluser1"用户的修改"books"表的权限禁用。使用系统存储过程"sp_helprotect"查看用户"sqluser1"的权限，结果如图 10-28 所示。

	Owner	Object	Grantee	Grantor	ProtectType	Action	Column
1	dbo	books	sqluser1	dbo	Deny	Update	(All+New)
2	dbo	books	sqluser1	dbo	Grant	Delete	.
3	dbo	books	sqluser1	dbo	Grant	References	(All+New)
4	dbo	books	sqluser1	dbo	Grant	Select	(All+New)
5	.	.	sqluser1	dbo	Grant	CONNECT	.

图 10-28 查看"sqluser1"用户禁用权限后的权限信息

从上面的查询结果可以看出，禁用权限后该权限仍然会保留在"sqluser1"用户中而不是将其删除，只是将权限的类型更改成了"Deny"。

10.3.4 使用企业管理器操作权限

用户权限除了应用 SQL 语句来设置，还可以在企业管理器中操作完成。本节将分别介绍在企业管理器中对用户和角色进行授予、收回及拒绝权限的操作。

前面已经在"dbtest1"数据库中，创建了用户"sqluser1"及数据库角色"dbrole1"，下面就以用户"sqluser1"和数据库角色"dbrole1"为例来演示使用企业管理器对其权限的操作。

1. 授予权限

在企业管理器中，向用户"sqluser1"授予权限步骤如下。

（1）打开用户"sqluser1"的权限授予界面

在企业管理器的对象资源管理器中，依次展开"dbtest1"数据库→"安全性"→"用户"文件夹，右击用户名"sqluser1"，在弹出的快捷菜单中选择"属性"选项，在弹出的对话框中的"选择页"选项区中选择"安全对象"选项，如图 10-29 所示。

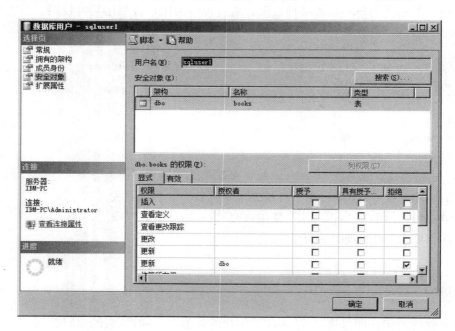

图 10-29 "sqluser1"用户安全对象对话框

（2）添加安全对象

单击"搜索"按钮，弹出如图 10-30 所示的"添加对象"对话框。该对话框中列出了为用户添加的 3 种对象，即特定对象、特定类型的所有对象以及属于该架构的所有对象。特定对象包括了表、存储过程、视图、函数等内容，并且操作人员能够自由选择其中的一个或多个对象。特定类型的所有对象是指选定了一个表、存储过程等对象后，会将当前数据库中所有的表、存储过程全部添加到用户中。属于该架构的所有对象是指选定"架构名称"后，

268

将属于该架构的所有对象全部添加。在实际应用中，可以根据需要选择添加的对象。这里，将选择"dbtest1"数据库中所有的表作为添加的对象。选中"特定类型的所有对象"单选按钮，弹出如图10-31所示的对话框。

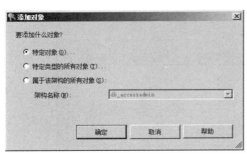

图10-30　"添加对象"对话框　　　　　图10-31　"选择对象类型"对话框

在该对话框中，选中"表"复选框，单击"确定"按钮，即可完成将该数据库中所有表添加到安全对象中的操作。

（3）设置安全对象的权限

在为用户添加好安全对象后，可以为其选择不同的权限。在图10-29中的下方列出了"books"表对象的权限，如果需要为其授予权限或者拒绝权限，则直接在相应的权限后面选中复选框即可。

为角色设置权限与为用户设置权限是类似的。在企业管理器的对象资源管理器中，依次展开"dbtest1"数据库→"安全性"→"角色"→"数据库角色"文件夹，右击数据库角色"dbrole1"，在弹出的快捷菜单中选择"属性"选项，在弹出的对话框中的"选择页"选项区中选择"安全对象"选项，如图10-32所示。

在该对话框中的操作与用户权限的操作是一样的，不再赘述。

2. 收回权限

如果需要收回为用户"sqluser1"所设置的权限，则直接在图10-29所示的对话框中将已经授予权限的复选框的选中状态改成未选中的状态即可。如果要收回角色"dbrole1"的权限，则直接在图10-32所示的对话框中将权限对应的授予复选框从选中状态改成未选中状态即可。

3. 拒绝权限

如果要为用户"sqluser1"设置拒绝权限，则在图10-29所示的对话框中进行操作即可。如果要为某个权限设置拒绝权限，则直接选择某个权限所对应的拒绝权限的复选框即可。角色的权限设置也是类似的，在图10-32所示的对话框中进行操作即可。

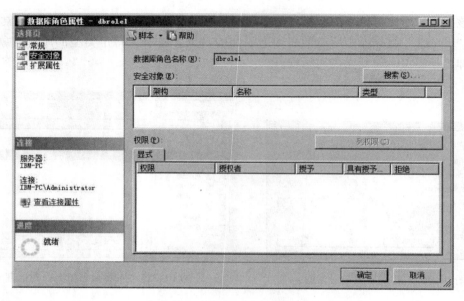

图 10-32　数据库角色"dbrole1"安全对象对话框

10.4　本章小结

本章介绍了如何在 SQL Server 中切换用户的身份验证模式，详细介绍了用户的创建及管理、角色的创建与管理，以及权限的授予与收回。

10.5　本章习题

一、填空题

1. 在 SQL Server 中，身份验证模式有_____。
2. 授予权限与收回权限的关键字分别是_____。
3. 列举 3 个常用的角色_____。

二、操作题

1. 创建用户 userdemo，并授予其管理员权限。
2. 创建角色 roledemo，并授予该角色查询、更改 books 表的权限。
3. 将用户 usedemo 的管理员权限收回。
4. 将角色授予用户。
5. 删除用户 userdemo。

第 11 章　数据库的备份与还原

数据库的备份和还原操作是数据库管理员以及软件开发人员经常使用的功能之一，通过对数据库的备份操作可以确保在数据库损坏的情况下，能够最大程度地还原数据库。在 SQL Server 数据库中，除了提供对数据的备份和还原操作，还提供了对数据库的整体分离和附加的操作，极大地方便了用户的使用。本章的学习目标如下。

- 了解数据库备份的类型和作用。
- 掌握数据库备份的方法。
- 掌握数据库还原的方法。
- 掌握数据库的分离和附加操作。
- 掌握数据的导入和导出操作。

11.1　数据库备份

数据库备份就是保存数据库中现有的数据库对象以及数据。在实际开发中，数据库中的数据量是非常大的。例如，医院管理系统中每天的挂号和诊疗的记录非常多，如果不及时备份数据，将会造成不可估量的损失。

11.1.1　备份的类型与作用

在 SQL Server 中，数据库备份的类型主要分为完整备份、差异备份、日志备份、文件和文件组备份 4 类。

1. 完整备份

完整备份通常在第一次备份数据库时使用，它会将数据库中所有的数据以及日志信息全部备份。由于完整备份的内容是完整的数据库，因此所需的存储空间比较大，备份的时间比较长，不建议每次备份数据库都进行完整备份。当然，如果数据库本身比较小，每次都使用完整备份也无妨。

2. 差异备份

差异备份是在完整备份的基础上进行的，用于备份在上一次完整备份后更新的内容。如果已经对数据库进行过完整备份，则每次通过差异备份都备份新更新的内容就会减小数据库的存储空间、缩短备份时间。差异备份适用于数据库比较大的数据库。

3. 日志备份

日志备份主要用于备份日志文件的信息，包括上一次备份后的数据更新过程。日志备份可以在完整备份、差异备份以及日志备份后使用。日志备份占用的存储空间比差异备份更小，并且速度更快。通过日志备份可以将数据库中的数据还原到指定的时间点。基于日志备份的特点，为了方便数据的还原，可以每天定时对数据库中的数据进行备份。

4. 文件和文件组备份

文件和文件组备份也分为完整文件和文件组备份与差异文件和文件组备份。通过文件和文件组的备份可以直接还原损坏的文件而不用全部还原。使用文件和文件组备份可以节省备份和还原的时间，因此在数据量超大的数据库中是非常适用的，尤其在还原数据库文件时效果更佳。

在每个数据库中，都有还原模式的属性，用于控制数据库的备份和还原的方式。该属性共有 3 个选项，分别是完整、大容量日志和简单，默认情况下是完整模式。完整模式和大容量日志模式都支持完整备份、差异备份以及日志备份，简单模式支持完整备份和差异备份。由于大容量日志模式所记录的日志是不完整的，因此不能还原到指定的时间点。如果要查看数据库"dbtest1"的还原模式，则可以在企业管理器中进行查看，右击要查看的数据库，在弹出的快捷菜单中选择"属性"选项，在左侧的"选择页"选项区中选择"选项"选项，效果如图 11-1 所示。

图 11-1 数据库属性

从图 11-1 可以看出，数据库"dbtest1"的还原模式是"完整"模式。因此，在后面的备份和还原操作中可以对其进行完整备份、差异备份以及日志备份的操作。

11.1.2 备份数据库

在本节中介绍备份数据库主要讲解完整备份和差异备份。这两种方法在备份数据库时的语法是非常类似的，只是差异备份数据库时需要加上一个子句。备份数据库的语法形式如下

所示:

```
BACKUP DATABASE database
TODISK = 'path'
[WITH DIFFERENTIAL]
```

其中:

- database: 要备份的数据库名称。
- path: 数据库备份的目标文件路径。数据库备份文件的扩展名是 .bak, 如备份到 f:\db. bak。
- WITH DIFFERENTIAL: 差异备份数据库。如果省略该语句, 则为完整备份数据库。

【例 11-1】 完整备份数据库 "dbtest1"。

将 "dbtest1" 数据库备份到 "f:\bak\dbtest1. bak", 语句如下所示:

```
BACKUP DATABASE dbtest1
TO DISK = 'f:\bak\dbtest1. bak';
```

执行上面的语句, 结果如图 11-2 所示。

```
已为数据库 'dbtest1', 文件 'dbtest1' (位于文件 1 上)处理了 344 页。
已为数据库 'dbtest1', 文件 'dbtest1_log' (位于文件 1 上)处理了 2 页。
BACKUP DATABASE 成功处理了 346 页, 花费 0.270 秒(9.988 MB/秒)。
```

图 11-2　完整备份数据库

通过上面的执行结果, 读者可以在 F:盘的 bak 文件夹中找到备份的数据库文件 dbtest1. bak。

如果没有在 F:盘下创建 bak 文件夹, 则会出现如图 11-3 所示的错误消息。

```
消息 3201, 级别 16, 状态 1, 第 1 行
无法打开备份设备 'f:\bak\dbtest1. bak'。出现操作系统错误 3(系统找不到指定的路径。)。
消息 3013, 级别 16, 状态 1, 第 1 行
BACKUP DATABASE 正在异常终止。
```

图 11-3　未创建路径时出现的错误

【例 11-2】 差异备份数据库 "dbtest1"。

为了便于查找备份后的数据库, 这里仍然将数据库备份到 "f:\bak" 路径下, 语句如下所示:

```
BACKUP DATABASE dbtest1
TO DISK = 'f:\bak\dbtest1. bak'
WITH DIFFERENTIAL;
```

执行上面的语句, 结果如图 11-4 所示。

```
已为数据库 'dbtest1', 文件 'dbtest1' (位于文件 1 上)处理了 40 页。
已为数据库 'dbtest1', 文件 'dbtest1_log' (位于文件 1 上)处理了 1 页。
BACKUP DATABASE WITH DIFFERENTIAL 成功处理了 41 页, 花费 0.164 秒(1.953 MB/秒)。
```

图 11-4　差异备份数据库 "dbtest1"

从上面的执行结果可以看出，在完整备份的基础上，差异备份所需的时间更少，同时也更节省空间。

11.1.3 备份日志文件

日志文件也是用于还原数据库的重要文件，仅备份日志文件能够根据时间点来还原数据库。通常日志文件备份也会与数据库备份结合使用。备份日志文件的语法形式如下所示：

```
BACKUP LOG database
TODISK = 'path'
```

其中：
- database：要备份的数据库名称。
- path：数据库备份的目标文件路径。数据库备份日志文件的扩展名是 .trn，如备份到 f:\bak\log. trn。

【例 11-3】 对数据库 "dbtest1" 进行日志文件备份。

将数据库 "dbtest1" 仍然备份到 "f:\bak" 中，语句如下所示：

```
BACKUP LOG dbtest1
TO  DISK = 'f:\bak\dbtest1_log. trn';
```

执行上面的语句，结果如图 11-5 所示。

已为数据库 'dbtest1'，文件 'dbtest1_log' (位于文件 1 上)处理了 4 页。
BACKUP LOG 成功处理了 4 页，花费 0.120 秒(0.199 MB/秒)。

图 11-5 对数据库 "dbtest1" 做日志备份

从上面的执行结果可以看出，日志备份时仅备份的是 "dbtest1" 数据库中的 "dbtest1_log" 日志文件，并且花费时间较少。

11.1.4 备份文件和文件组

备份文件和文件组是一种可以选择修复文件的备份方法。备份文件和文件组的语法形式如下所示：

```
BACKUP DATABASE database
FILE = 'filename',
FILEGROUP = 'groupname'
TODISK = 'path'
```

其中：
- database：要备份的数据库名。
- filename：要备份数据库中的文件名。这里需要注意的是，文件名后面的逗号不能省略。
- groupname：要备份数据库中的文件组名。通常，数据库默认的主文件组是 primary。
- path：数据库备份的目标文件。数据库备份文件的扩展名是 .bak，如备份到 f:\bak\

file. bak。

【例11-4】 备份"dbtest1"数据库的数据文件。

将"dbtest1"数据库的数据文件备份到"f:\bak"路径下, 语句如下所示:

```
BACKUP DATABASE dbtest1
FILE = 'dbtest1 '
TODISK = 'f:\bak\dbtest1_data. bak ';
```

执行上面的语句, 结果如图11-6所示。

已为数据库'dbtest1', 文件 'dbtest1' (位于文件 1 上)处理了 344 页。
已为数据库'dbtest1', 文件 'dbtest1_log' (位于文件 1 上)处理了 2 页。
BACKUP DATABASE...FILE=<name> 成功处理了 346 页, 花费 0.258 秒(10.448 MB/秒)。

图 11-6   备份数据库"dbtest1"中的数据文件

从上面的执行结果可以看出, 备份数据文件"dbtest1"相当于完整备份数据库"dbtest1"。

【例11-5】 为数据库"dbtest1"添加一个文件组"tempgroup", 然后备份该文件组。

首先为数据库添加文件组, 语句如下所示:

```
ALTER DATABASE dbtest1
ADD FILEGROUP tempgroup;
```

执行上面的语句, 即可在数据库"dbtest1"中添加文件组"tempgroup"。向该文件组中添加数据文件"testfile", 语句如下所示:

```
ALTER DATABASE dbtest1
ADD FILE(
NAME = testfile,
FILENAME = 'f:\bak\testfile. ndf'
)
TO FILEGROUP tempgroup;
```

执行上面的语句, 即可完成向文件组"tempgroup"中添加文件的操作。

备份该文件组"tempgroup", 语句如下所示:

```
BACKUP DATABASE dbtest1
FILEGROUP = 'tempgroup '
TO DISK = 'f:\bak\dbtest1_data. bak ';
```

执行上面的语句, 结果如图11-7所示。

已为数据库'dbtest1', 文件 'testfile' (位于文件 2 上)处理了 8 页。
已为数据库'dbtest1', 文件 'dbtest1_log' (位于文件 2 上)处理了 2 页。
BACKUP DATABASE...FILE=<name> 成功处理了 10 页, 花费 0.173 秒(0.420 MB/秒)。

图 11-7   备份数据库"dbtest1"中的文件和文件组

通过上面的执行结果可以看出，在备份数据库"dbtest1"时仅备份了文件组"temp-group"中的文件。

11.2 还原数据库

还原数据库的前提是要有已经备份的文件，上一节已经对文件进行了不同方式的备份。本节将介绍如何使用已经备份的文件来还原数据库。

11.2.1 还原数据库文件

还原数据库文件可以还原之前通过完整备份、差异备份以及日志备份得到的备份文件。还原数据库文件的语法形式如下所示：

```
RESTORE DATABASE|LOG database
FROM DISK ='path'
[ WITH [ FILE =file_number]]
{NORECOVERY|RECOVERY|STANDBY}
```

其中：
- database：要还原的数据库名。
- path：数据库的备份文件路径。
- FILE =file_number：指定要还原的备份集。如果省略该选项，则默认是还原第一个备份集，即 file_number =1。
- NORECOVERY：指在执行还原数据库时不回滚任何未提交的事务。
- RECOVERY：指在还原数据库时回滚任何未提交的事务。
- STANDBY：让数据库处于只读模式，撤销未提交的事务。但是，会将未提交的事务保存到备用文件中。

【例 11-6】将之前备份的数据库文件"f:\bak\dbtest1. bak"还原到数据库中。

先将数据库中现有的"dbtest1"数据库删除，再进行还原，语句如下所示：

```
DROP DATABASE dbtest1;
RESTORE DATABASE dbtest1
FROM DISK ='f:\bak\dbtest1. bak';
```

执行上面的语句，即可将"dbtest1"还原，结果如图 11-8 所示。

已为数据库 'dbtest1'，文件 'dbtest1' (位于文件 1 上)处理了 344 页。
已为数据库 'dbtest1'，文件 'dbtest1_log'(位于文件 1 上)处理了 2 页。
RESTORE DATABASE 成功处理了 346 页，花费 0.193 秒(13.972 MB/秒)。

图 11-8　还原数据库"dbtest1"

【例 11-7】通过日志备份"f:\bak\dbtest1_log. trn"还原数据库"dbtest1"。

在还原数据库"dbtest1"之前，要先将该数据库删除，再还原，并且在通过日志备份还原数据库前，还要先对数据库进行完整备份。还原数据库的语句如下所示。

```
RESTORE DATABASE dbtest1
FROM DISK = 'f:\bak\dbtest1. bak '
WITH NORECOVERY;
RESTORE LOG dbtest1
FROM DISK = 'f:\bak\dbtest1_log. trn ';
```

执行上面的语句，效果如图 11-9 所示。

```
已为数据库 'dbtest1'，文件 'dbtest1' (位于文件 1 上)处理了 344 页。
已为数据库 'dbtest1'，文件 'dbtest1_log' (位于文件 1 上)处理了 2 页。
RESTORE DATABASE 成功处理了 346 页，花费 0.184 秒(14.656 MB/秒)。
已为数据库 'dbtest1'，文件 'dbtest1' (位于文件 1 上)处理了 0 页。
已为数据库 'dbtest1'，文件 'dbtest1_log' (位于文件 1 上)处理了 4 页。
RESTORE LOG 成功处理了 4 页，花费 0.081 秒(0.295 MB/秒)。
```

图 11-9 通过日志备份还原数据库 "dbtest1"

📖 说明：无论是对数据库进行完整备份还是差异备份，还原数据库的语法都是一样的。但是，在使用日志
备份还原数据库时，需要先使用完整备份还原数据库。

11.2.2 还原文件和文件组

前面已经介绍了文件和文件组的备份方法，相应地，也有还原文件和文件组的方法。具
体的语法形式如下所示：

```
RESTORE DATABASE database_name
< file_or_filegroup > [ ,…n ]
[ FROM path ]
WITH
{
[ RECOVERY | NORECOVERY |REPLACE ]
]
}[ ,…n ]
```

其中：
- database：要还原的数据库名。
- filename：要还原数据库中的文件或文件组的名称。
- path：文件或文件组的备份路径。
- NORECOVERY：指在执行还原数据库时不回滚任何未提交的事务。
- RECOVERY：指在还原数据库时回滚任何未提交的事务。
- REPLACE：替换原有的文件组。如果省略了该选项，则不会覆盖原有的文件或文件组。

【例 11-8】 还原之前备份的文件组 tempgroup。

根据题目要求，语句如下所示：

```
RESTORE DATABASE dbtest1
FILE = 'testfile ',
```

```
FILEGROUP = 'tempgroup'
FROM DISK = 'f:\bak\dbtest1_data. bak'
WITH FILE = 2,
NORECOVERY;
```

执行上面的语句，效果如图 11-10 所示。

```
已为数据库 'dbtest1', 文件 'testfile' (位于文件 2 上)处理了 8 页。
已为数据库 'dbtest1', 文件 'dbtest1_log' (位于文件 2 上)处理了 2 页。
RESTORE DATABASE ... FILE=<name> 成功处理了 10 页, 花费 0.094 秒(0.773 MB/秒)。
```

图 11-10　还原文件组 "tempgroup" 中的备份

11.3　使用企业管理器备份和还原数据库

除了使用 SQL 语句备份和还原数据库，还可以通过企业管理器来备份和还原数据库。在企业管理器中备份和还原数据库与之前介绍过的语法都是一致的，在备份数据库时，可以选择完整备份、差异备份以及文件和文件组备份；在还原数据库时，也可以实现还原数据库和文件组的方式。

11.3.1　使用企业管理器备份数据库

在企业管理器中，完整备份、差异备份、日志备份以及文件组备份的操作非常相似，也基本在同一个页面中实现。本节以数据库 "dbtest1" 为例介绍完整备份与文件组备份的操作。

1. 完整备份

在企业管理器中的对象资源管理器中，右击数据库 "dbtest1" 结点，在弹出的快捷菜单中选择 "任务" → "备份" 选项，弹出如图 11-11 所示的对话框。在该对话框中，提供了多个需要添加的选项。各选项的介绍如下。

- "备份类型" 下拉列表：该下拉列表中有 3 个选项，即 "完整" "差异" "事务日志"，默认情况是 "完整"。
- "备份组件" 选项区：该选项区有 "数据库" 与 "文件和文件组" 两个单选按钮。选中 "数据库" 单选按钮，可以对数据库进行整体备份。选中 "文件和文件组" 单选按钮，可以根据选中的文件和文件组进行备份。这里选中 "数据库" 单选按钮。
- "目标" 选项区：在该选项区中能选择备份的位置，包括 "磁盘" 和 "URL"。通常情况下，都会将文件备份到磁盘中。

在该对话框中的 "备份类型" 下拉列表中选择 "完整" 选项；在 "备份组件" 选项区中选中 "数据库" 单选按钮；在 "目标" 选项区中的 "备份到" 下拉列表中选择 "磁盘" 选项，并直接使用图中所示的路径。如果需要更改路径，则可以单击 "添加" 按钮，弹出的对话框如图 11-12 所示。

在图 11-12 所示的对话框中，单击文件名后面的按钮，直接选择路径即可，单击 "确定" 按钮，路径添加完成。

最后，单击图 11-11 所示对话框中的 "确定" 按钮，即可将数据库 "dbtest1" 进行完整备份，备份成功后的提示如图 11-13 所示。

278

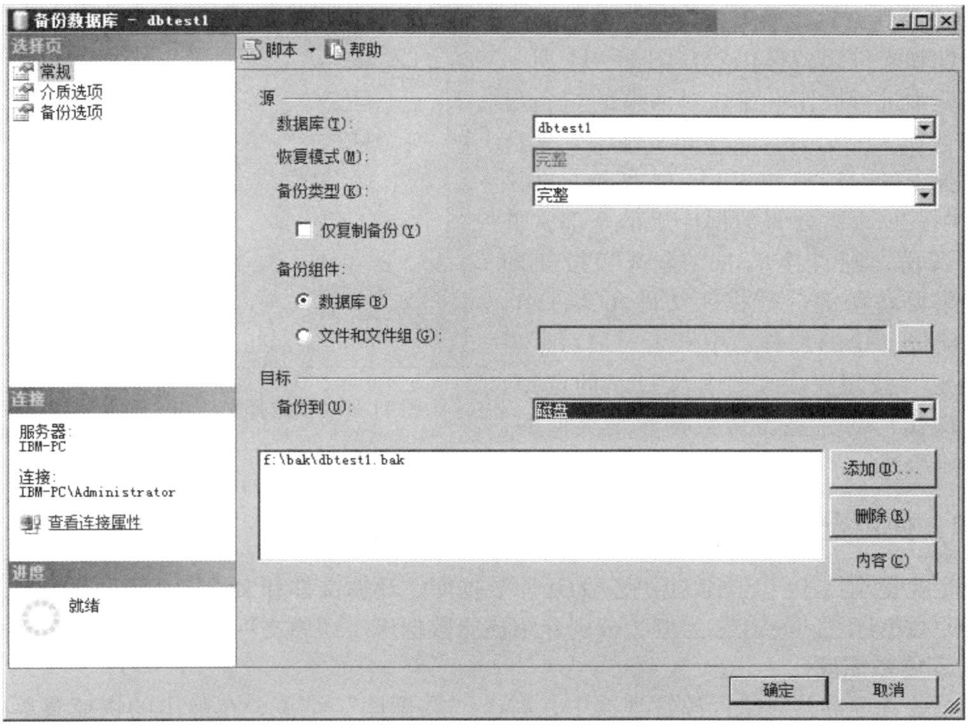

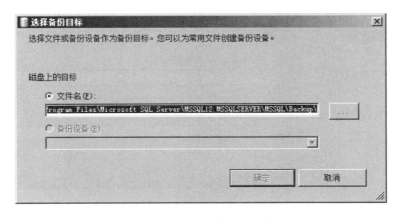

图 11-11 "备份数据库"对话框

图 11-12 "选择备份目标"对话框

图 11-13 数据库"dbtest1"备份成功

单击图 11-13 中的"确定"按钮,即可完成数据库"dbtest1"的备份。

2. 文件和文件组备份

文件和文件组备份仍然在图 11-11 所示的对话框中进行操作。在该对话框的"备份组件"选项区中选中"文件和文件组"单选按钮，弹出的对话框如图 11-14 所示。在该对话框中，如果需要将数据库中的全部文件都进行备份，则直接单击"全选"按钮即可；如果要备份部分数据库文件和文件组，则只需将要备份的部分选中即可。最后，单击"确定"按钮完成文件和文件组的选择。其余的操作都与完整备份数据库是类似的，这里不再赘述。

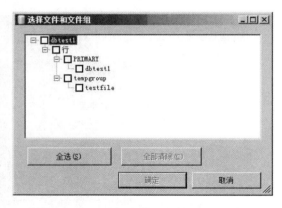

图 11-14 "选择文件和文件组"对话框

11.3.2 使用企业管理器还原数据库

在企业管理器中，还原数据库分为还原数据库、还原文件和文件组、还原事务日志。本节以还原数据库"dbtest1"为例，分别介绍还原数据库、还原文件和文件组的操作。

1. 还原数据库

在企业管理器的对象资源管理器中，右击"数据库"结点，在弹出的快捷菜单中选择"还原数据库"选项，弹出的对话框如图 11-15 所示。

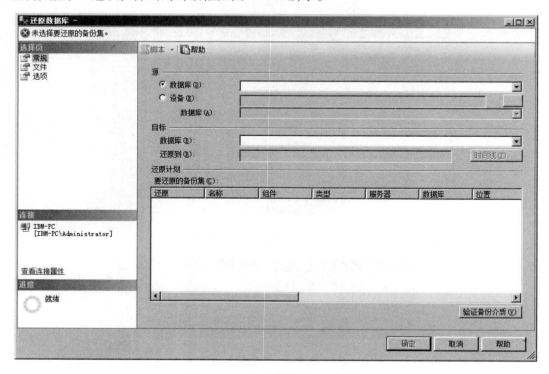

图 11-15 "还原数据库"对话框

如果需要还原磁盘上的备份文件，则直接选中"源"选项区中的"设备"单选按钮，并单击"…"按钮，弹出的对话框如图 11-16 所示。

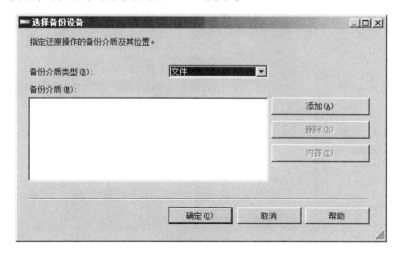

图 11-16　"选择备份设备"对话框

在该对话框中的"备份介质类型"下拉列表中选择"文件"，单击"添加"按钮添加文件的备份路径，如图 11-17 所示。

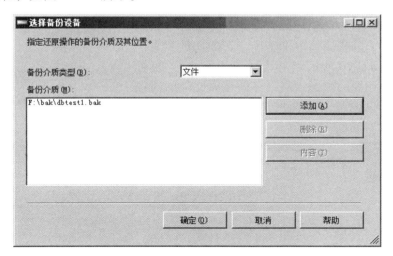

图 11-17　添加备份文件所在的路径

在图 11-17 中单击"确定"按钮，即可完成备份文件路径的添加操作，效果如图 11-18 所示。

至此，还原数据库的基本信息已经自动添加成功，单击"确定"按钮，即可完成"dbtest1"数据库的还原操作，效果如图 11-19 所示。

📖 说明：在还原数据库时，如果还需要设置其他的还原方式、恢复状态等内容，则可以在图 11-15 所示的对话框中，通过选择"选择页"选项区中的"文件"和"选项"进行设置。

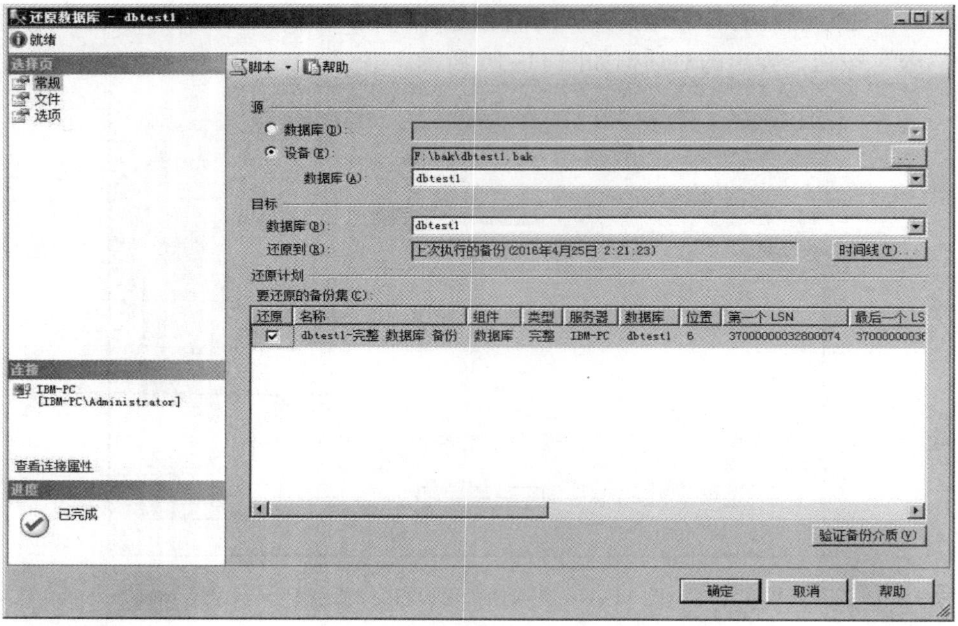

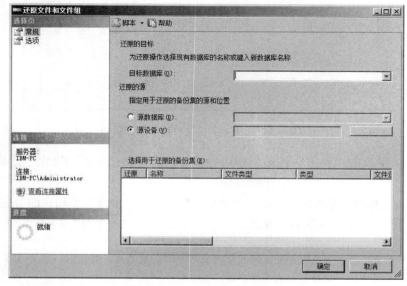

图 11-18　还原数据库的信息

2. 还原文件和文件组

在企业管理器中的对象资源管理器中，右击"数据库"结点，在弹出的快捷菜单中选择"还原文件和文件组"选项，如图 11-20 所示。在图 11-20 中选择"目标数据库"以及要还原的"源设备"（即还原文件的路径信息），单击"源设备"后面的"…"按钮，弹出如图 11-21 所示的对话框。

图 11-19　数据库还原成功

图 11-20　还原文件和文件组

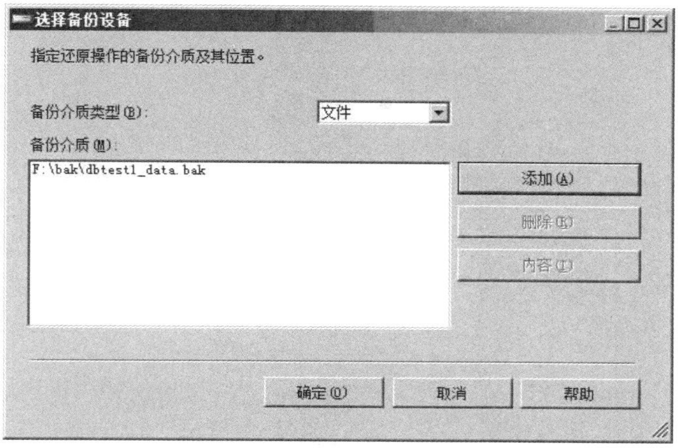

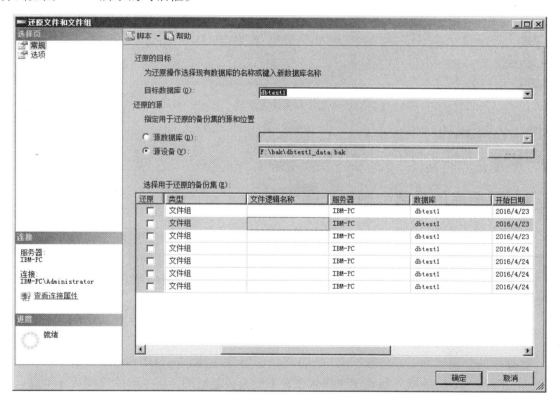

图 11-21 "选择备份设备"对话框

在图 11-21 中单击"添加"按钮,即可添加已经备份文件的路径,弹出"确定"按钮,弹出如图 11-22 所示的对话框。

图 11-22 还原文件和文件组添加信息后的对话框

在图 11-22 中,单击"确定"按钮即可弹出"成功还原了数据库 dbtest1"的界面。如果需要设置其他的还原选择,则在图 11-22 所示界面的"选择页"选项区中选择"选项"选项,弹出如图 11-23 所示的对话框。

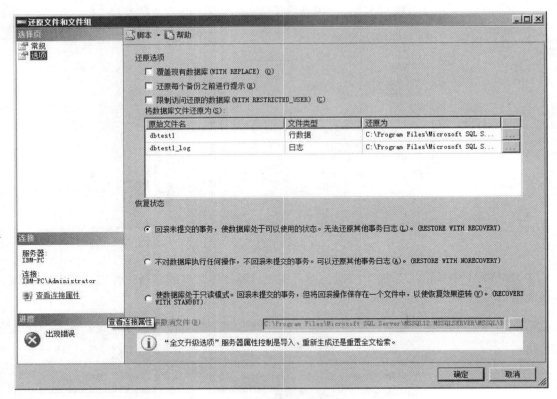

图 11-23　还原文件和文件组中的"选项"对话框

图 11-23 中列出了"还原选项"以及"恢复状态"等信息供选择。选择相应的选项后，单击"确定"按钮即可完成文件和文件组的还原。

11.4　数据库的分离和附加

前面已经介绍了数据库的备份和还原操作，并且每次备份时可以选择不同的方式。如果只是将数据库复制后，再放置到其他的计算机中的 SQL Server 中，则可以通过先分离再附加的方式来完成。但是只有具备"db_owner"固定数据库角色权限的用户才能实现数据库的分离和附加的操作。

11.4.1　数据库的分离

数据库的分离实际上是将数据库与 SQL Server 解除连接。在 SQL Server 数据库中，如果数据库与 SQL Server 的服务器处于连接状态是不能直接复制的，必须解除连接后才可以。分离数据库通常使用系统存储过程来完成，具体的语法形式如下所示：

```
EXECUTE SP_DETACH_DB @ dbname = 'dbname '
[@ skipchecks = 'skipcheck '] ;
```

这里，dbname 是指要分离的数据库名；skipcheck 指是否执行更新统计信息，如果该值为"true"，则更新统计信息。默认情况下 skipcheck 的值为 NULL，不执行更新统计信息。需要注意的是，系统数据库是不能分离的。

【例 11-9】使用系统存储过程分离数据库"dbtest1"。

根据题目要求，语句如下所示：

```
EXECUTE SP_DETACH_DB @ dbname = 'dbtest1';
```

执行上面的语句，提示"命令已成功完成"，当再次刷新企业管理器中的"数据库"结点时，"dbtest1"数据库已经不存在了。分离后的数据库仍然在创建数据库时的路径下，此时可以将其数据复制到本机的其他位置或者其他的计算机中。

11.4.2 数据库的附加

与分离数据库对应的是数据库的附加操作，也就是恢复数据库的连接状态。数据库的附加也是通过系统存储过程"SP_ATTACH_DB"来实现的，具体的语法形式如下所示：

```
EXECUTE SP_ATTACH_DB @ dbname = dbname, @ filename1 = path;
```

这里，dbname 是数据库名，path 是需要附加的数据库文件路径。在附加数据库文件时，一次可以附加多个数据库文件，多个数据库文件之间用逗号隔开即可。

【例 11-10】使用系统存储过程附加数据库"dbtest1"。

根据题目要求，语句如下所示：

```
EXECUTE SP_ATTACH_DB @ dbname = 'dbtest1',
@ filename1 = 'f:\bak\dbtest1. mdf';
```

执行上面的语句，即可将数据库"dbtest1"重新连接到服务器上，并且在重新刷新"数据库"结点后，会在该数据库结点下面出现该数据库。

11.5 使用企业管理器分离和附加数据库

前面已经通过系统存储过程完成了数据库的分离和附加的操作。实际上，数据库的分离和附加操作通常是在企业管理器中实现的。下面分别介绍使用企业管理器来实现数据库的分离和附加。

1. 数据库的分离

在企业管理器的对象资源管理器中展开"数据库"结点，右击"dbtest1"数据库，在弹出的快捷菜单中依次选择"任务"→"分离"选项，弹出如图 11-24 所示的对话框。在该对话框中选中"更新统计信息"复选框，并单击"确定"按钮，即可将该数据库分离。如果数据库"dbtest1"处于打开状态，则选中"删除连接"复选框即可。在默认情况下，分离操作将在分离数据库时保留过期的优化统计信息。若要更新现有的优化统计信息，则选中数据库名称的"更新统计信息"复选框即可。

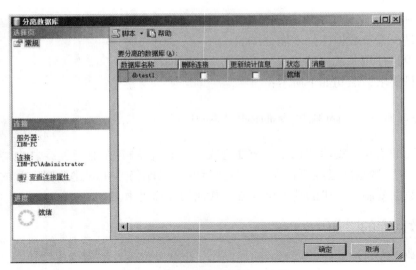

图 11-24 "分离数据库"对话框

2. 数据库的附加

数据库在分离后，再需要使用时还可以附加到 SQL Server 数据库中。

在企业管理器的对象资源管理器中展开"数据库"结点，右击"dbtest1"数据库，在弹出的快捷菜单中依次选择"任务"→"附加"选项，弹出如图 11-25 所示的对话框。

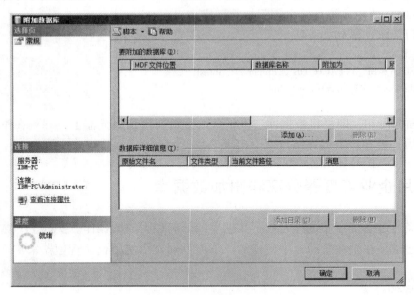

图 11-25 "附加数据库"对话框

在图 11-25 中，单击"添加"按钮，选择要附加的数据库文件，弹出如图 11-26 所示的对话框。选择需要附加的文件后（这里选择"dbtest1.mdf"数据库文件），单击"确定"按钮，即可出现如图 11-27 所示的对话框。单击"确定"按钮，即可将数据库附加到 SQL Server 数据库中。

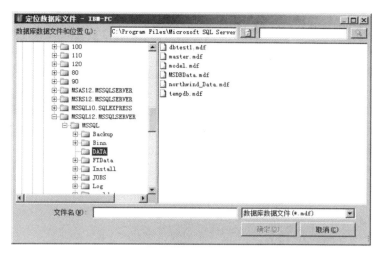

图 11-26 选择要附加的数据库文件

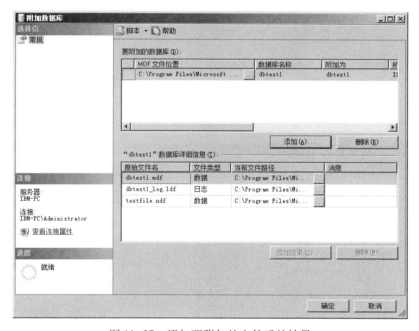

图 11-27 添加要附加的文件后的结果

11.6 数据的导入和导出

本节将介绍如何导入和导出数据库中的数据。

SQL Server 数据库为数据的导出提供了专门的向导,能非常方便地完成数据导出的操作。数据导出的步骤如下。

(1)打开数据导出向导

依次单击"开始"→"所有程序"→"SQL Server 2014"→"SQL Server 2014 导入和导出数据"选项,弹出的界面如图 11-28 所示。

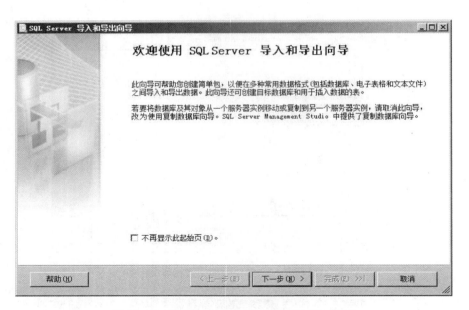

图 11-28 "SQL Server 导入和导出向导"界面

（2）选择数据源

在图 11-28 所示的界面中，单击"下一步"按钮，选择"SQL Server Native Client 11.0"作为数据源，在该数据源中，选择"dbtest"数据库作为导出的数据库，如图 11-29 所示。

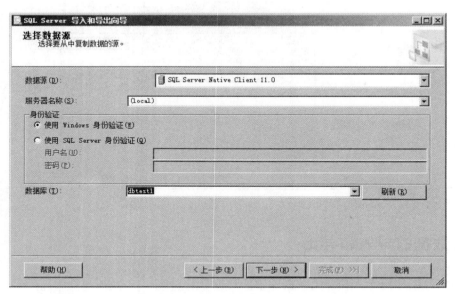

图 11-29 选择数据源

（3）选择目标

选择目标即为所选定的数据源设置存放位置。在图 11-29 所示的界面中，单击"下一步"按钮，如图 11-30 所示。

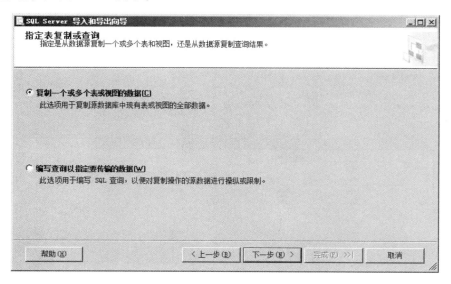

图 11-30　选择目标

此处的目标上既可以是导出数据存放的位置，也可以是导入数据的位置。

（4）指定表复制和查询

在图 11-30 所示的界面中，单击"下一步"按钮，指定复制的表或使用 SQL 语句查询出指定的数据，如图 11-31 所示。

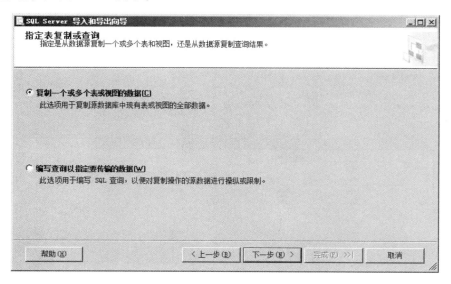

图 11-31　指定表复制或查询

在图 11-31 所示的界面中，可以选中"复制一个或多个表或视图中的数据"单选按钮，也可以选中"编写查询以指定要传输的数据"单选按钮。这里，选中"复制一个或多个表或视图的数据"单选按钮。

（5）选择源表和源视图

在图 11-31 所示的界面中，单击"下一步"按钮，弹出如图 11-32 所示的界面。

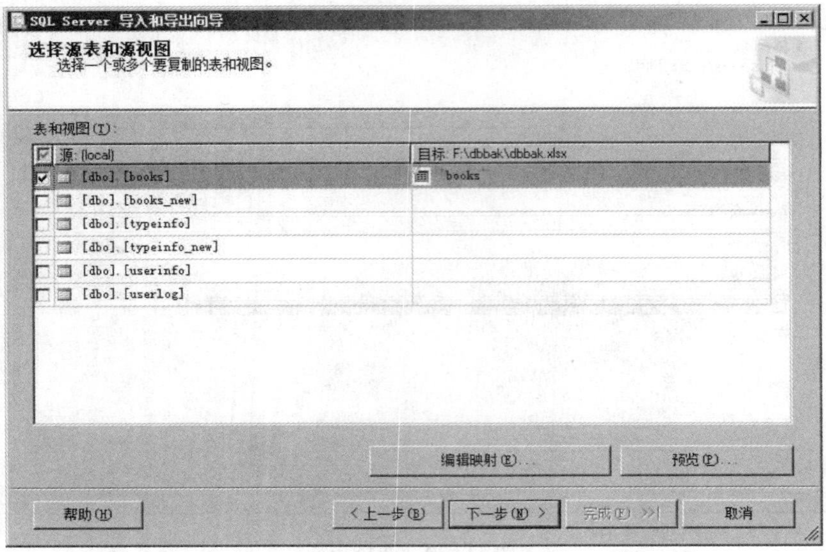

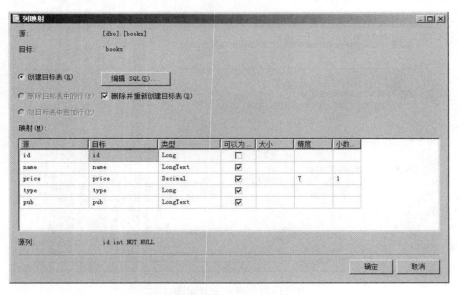

图 11-32　选择源表和源视图

在图 11-32 中，显示了"dbtest1"数据库中的所有表信息，可以在其中选择一个或多个表作为复制的数据源。这里选择"books"表。在该界面中单击"编辑映射"按钮，能查看表中的列与目标位置中数据的对应情况，如图 11-33 所示。

图 11-33　列映射

在图 11-33 中，更改对应的列映射值后，单击"确定"按钮即可。在图 11-32 所示的界面中，单击"预览"按钮，在弹出的界面中还能查看源表中的数据信息。

（6）保存并运行包

在图 11-32 所示的界面中，单击"下一步"按钮，结果如图 11-34 所示。

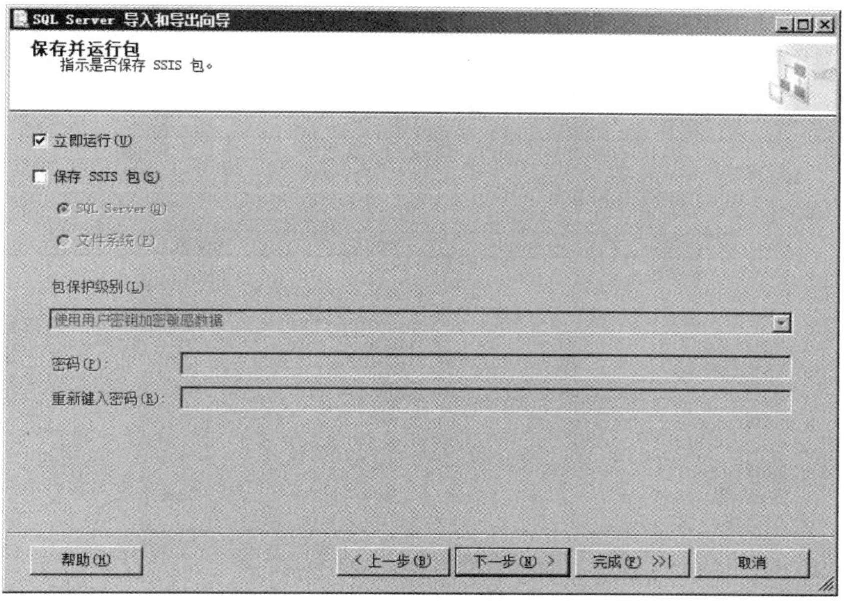

图 11-34　保存并运行包

在图 11-34 中，可以选中"立即运行"复选框和"保存 SSIS 包"复选框以完成数据从 SQL Server 数据库导出到 Excel 中的操作。这里仅选中"立即运行"复选框。单击"下一步"按钮，弹出的界面如图 11-35 所示。

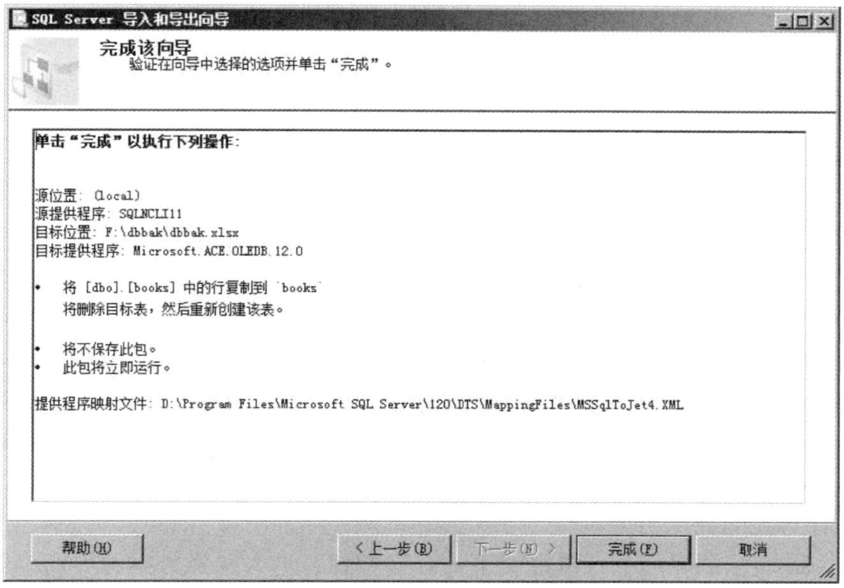

图 11-35　完成向导

在图 11-35 所示的界面中，显示了导出操作的具体信息，确认信息后，单击"完成"按钮即可执行导出操作，弹出的界面如图 11-36 所示。

图 11-36　导出数据执行成功

至此，数据已经从 SQL Server 数据库导出到"dbbak. xlsx"的文件中。

（7）查看导出效果

找到导出数据存放的 Excel 文件，查看其结果，如图 11-37 所示。

	A	B	C	D	E	F
1	id	name	price	type	pub	
2	1	计算机基础	24	1	机械工业出版社	
3	2	会计电算化	20	2	电子工业出版社	
4	3	数据库设计	31.2	1	机械工业出版社	
5	4	Java Web	50	1	机械工业出版社	

图 11-37　导出效果

从导出的结果可以看出，已经将"books"表中的数据全部导出到 Excel 文件"dbbak. xlsx"中。

通过上面的操作完成了数据的导出操作。实际上，导入数据的操作也是通过该向导完成的。例如，要将导出的 Excel 中的数据再导入到 SQL Server 中，在选择数据源时选择 Excel 文件，而在选择导出目标时选择 SQL Server 数据库即可。下面简单介绍其操作步骤。

（1）选择导入的数据源

在图 11-28 所示的界面中，单击"下一步"按钮，进入选择数据源界面。在该界面中，选择"Excel"，并输入文件路径，如图 11-38 所示。

（2）选择目标

在图 11-38 所示的界面中，单击"下一步"按钮，选择 SQL Server 作为导入目标，如图 11-39 所示。

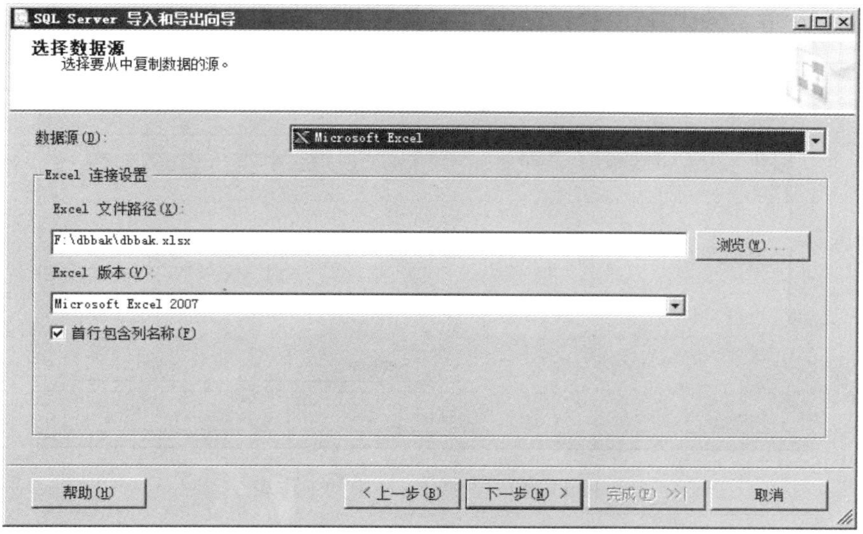

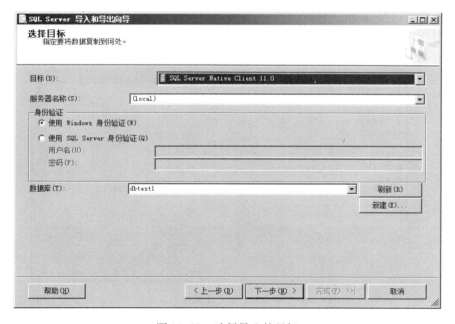

图 11-38 选择要导入的数据源

图 11-39 选择导入的目标

（3）选择源表和源视图

在图 11-39 所示的界面中，列出了 Excel 中的工作表，这里选择 "books"，并选择将其导入到 SQL Server 中的 "books_new" 表中，如图 11-40 所示。

（4）导入成功

在图 11-40 所示的界面中，单击 "下一步" 按钮，完成保存并运行包的操作，显示执行成功界面，如图 11-41 所示。

执行成功后，在 SQL Server 中查看 "books_new" 表，效果如图 11-42 所示。

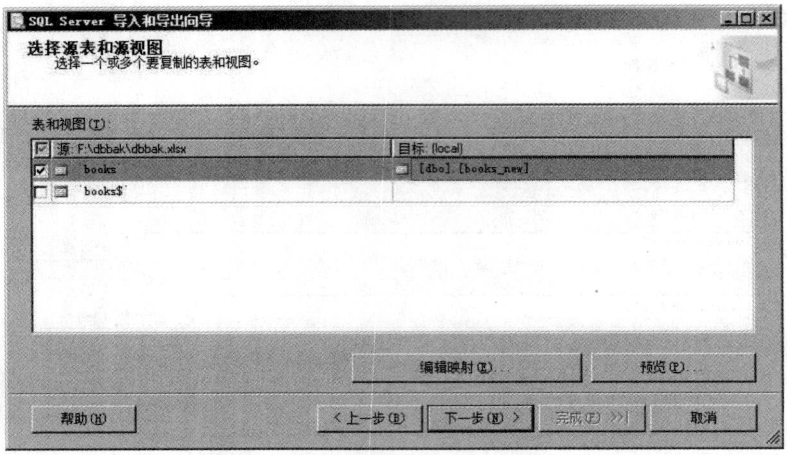

图 11-40　选择 Excel 中的工作表

图 11-41　数据从 Excel 导入到 SQL Server 中执行成功

	id	name	price	type	pub
▶	1	计算机基础	24.0	1	机械工业出版社
	2	会计电算化	20.0	2	电子工业出版社
	3	数据库设计基础	31.2	1	机械工业出版社
	4	Java Web基...	50.0	1	机械工业出版社
※	NULL	NULL	NULL	NULL	NULL

图 11-42　"books_new"表中的数据

　　总之，通过 SQL Server 提供的导入和导出向导可以快速地完成不同数据源间的数据导入和导出操作。需要注意的是，导入和导出的目标位置的文件或表等信息是要事先建立好的，否则会出现找不到目标位置的错误提示。

11.7 本章小结

本章首先介绍了数据库备份和还原的基本操作，包括数据库备份的类型以及备份数据库、文件及文件的操作，还原数据库文件以及还原文件和文件组的操作，然后介绍了使用企业管理器备份和还原数据库，使用企业管理器实现数据库的分离和附加数据库，最后介绍了使用 SQL Server 2014 数据库自带的数据导入和导出工具实现将数据库中指定的表导入和导出的操作。

11.8 本章习题

一、填空题

1. 数据库的备份类型有_____。

2. 分离数据库使用的存储过程是_____。

3. 附加数据库使用的存储过程是_____。

4. 在 SQL Server 中，导入和导出数据使用的工具是_____。

二、操作题

1. 将本书第 2 章中创建的音乐播放器数据库做备份和还原的操作。

2. 将本书第 2 章中创建的音乐播放器数据库做分离和附加的操作。

3. 使用数据的导入、导出向导对音乐播放器数据库中的音乐信息表进行导入、导出操作。

第 12 章　使用 C#连接 SQL Server 2014

SQL Server 数据库与 . NET 都是 Microsoft 的主打产品，并且二者搭配的效果也是最佳的。在 . NET 平台上，主流的语言是 C#语言。它也是一种面向对象的语言，广泛应用于系统软件的开发，如医院信息系统、图书馆信息系统等。本章将着重讲解 C#语言中 ADO. NET 组件的使用，以及使用 ADO. NET 组件连接数据库的方法。本章的学习目标如下。

- 掌握 ADO. NET 组件中常用类的使用。
- 掌握使用 ADO. NET 组件连接数据库。
- 了解 Windows 应用程序的开发。
- 了解在线音乐系统的设计与实现。

12.1　了解 ADO. NET

ADO. NET 是 C#语言中连接数据库的重要组件，通过它不仅可以连接 SQL Server 数据库，还可以连接 Oracle、MySQL 等数据库产品。在 ADO. NET 组件中，将连接数据库所需的操作封装成了不同的类，只需要调用类中的相应方法即可快速连接数据库。

12.1.1　ADO. NET 中涉及的类

在 ADO. NET 组件中，用于连接并操作 SQL Server 数据库的类包括了 SqlConnection、SqlCommand、SqlDataReader、SqlDataAdapter、DataSet 等 5 个。

1. SqlConnection 类

SqlConnection 类作为数据库连接中第一个要使用的类，其主要的作用是与数据库创建连接，并使用该类所提供的方法来操作数据库的连接，如创建数据库连接、打开数据库连接、判断数据库的连接状态、关闭数据库连接的方法等。

（1）创建数据库的连接

在 SqlConnection 类中提供了多个构造方法用于创建其实例，这里选择常用的使用数据库连接串作为参数的构造方法。假设数据库的连接串为 connStr，则使用 SqlConnection 类创建类的实例的语句如下所示：

```
SqlConnection　实例名称 = new SqlConnection( connStr) ;
```

通过上面的语句，即可创建 SqlConnection 的实例。数据库连接串是将连接数据库时使用的数据源、数据库用户名、密码等组合在一起的一个字符串，既可以使用 Windows 登录方式，也可以使用 SQL 登录方式。使用 Windows 登录方式登录数据库，数据库连接串具体的写法如下所示：

> Server = server_name ; database = database_name ; Integrated Security = True

其中：

- server_name：服务器名。如果是本地数据库，则可以用 local 或 "."来表示。
- database_name：要连接的数据库名。
- Integrated Security = True：代表当前数据库使用的是 Windows 方式登录 SQL Server 数据库。

使用 SQL 登录的方式即使用用户名和密码的方式登录数据库，数据库连接串的具体写法如下所示：

> Server = server_name ; Initial Catalog = database_name , User ID = username ; Password = userpwd ;

其中：

- server_name：服务器名。如果访问的是本机数据库，则可以用 local 或 "."来表示。
- database_name：要连接的数据库名。
- username：登录数据库的用户名。
- userpwd：登录数据库的用户名所对应的密码。

（2）打开数据库连接

创建好数据库连接对象后，直接通过该连接实例的 Open 方法即可打开数据库连接。如果数据库连接串配置正确，使用该方法后，即可连接该数据库。具体的语法形式如下所示：

> 数据库连接实例名.Open( );

（3）判断数据库连接的状态

通常，在进行数据库连接操作之前，最好先判断数据库连接的状态，再对数据库连接进行操作，包括打开连接、关闭连接等。获取数据库连接状态的语句如下所示：

> 数据库连接实例名.State( )

数据库的连接状态主要有 3 种，即连接状态、关闭状态、打开状态。

（4）关闭数据库连接

关闭数据库连接使用的是 Close 方法，要在关闭连接前确认连接的状态是打开状态，否则会出现错误提示"该连接已经关闭"。关闭数据库连接使用的语句如下所示：

> 数据库连接实例名.Close( );

2. SqlCommand 类

SqlCommand 类用于执行对数据库的操作。根据执行数据表的操作不同，分为查询操作和非查询操作。查询操作需要返回具体的查询结果，也就是查询的记录详细信息；执行非查询的操作（如向表中添加数据、修改表中的数据、删除表中的数据），只是对数据表中的数据进行更新，并不需要返回具体的数据。

（1）执行非查询的方法

在执行非查询的操作前，必须先创建 SqlConnection 的实例，并且能成功打开该数据库连接。这里，以连接 SQL Server 数据库为例，具体实现的语句如下所示：

```
SqlCommand command_name = new SqlCommand(sql,conn_name);
command_name. ExecuteNonQuery();
```

其中：

- command_name：命令对象名称。
- sql：要执行的 SQL 语句。
- conn_name：连接实例名称。
- ExecuteNonQuery()：用于执行对表的非查询方法，该方法将返回 SQL 语句对数据表的影响行数。如果返回值为 -1，则代表执行错误；如果返回值为 0，则代表没有对表中的数据造成影响。

（2）执行查询的方法

执行查询的方法与非查询实现的方法类似，也需要先创建 SqlConnection 的实例，具体实现的语句如下所示：

```
SqlCommand command_name = new SqlCommand(sql,conn_name);
command_name. ExecuteReader();
```

其中，ExecuteReader()方法执行对表中数据的查询操作，返回的结果是 SqlDataReader 类型的值。

3. SqlDataReader 类

SqlDataReader 类用于读取通过 SqlCommand 类对象的 ExecuteReader()方法获取的结果，通过 SqlDataReader 对象可以获取数据表中的查询结果，并能逐条遍历每一列的数据。SqlDataReader 类的具体用法将在本章的 12.1.2 节中详细讲解。

4. SqlDataAdapter 类和 DataSet 类

SqlDataAdapter 类和 DataSet 类通常是一起使用的。SqlDataAdapter 类的作用是将数据库中的数据查询出来存放到 DataSet 类中，可以把 SqlDataAdapter 类看作数据库和 DataSet 类之间的桥。存放到 DataSet 类中的数据也能读取出来，并且通过 DataSet 类还能将数据更新到数据库中。因此，在实际应用中，使用 DataSet 类是比较多的。

12.1.2　使用 SqlDataReader 类操作数据

SqlDataReader 类是用于操作数据结果的对象之一，操作不同类型的数据库都有相应的类与之对应。例如，操作 SQL Server 数据库时，可以使用 SqlDataReader 类。通过命令对象的 ExecuteReader()方法，即可将表中的数据读取到 DataReader 类中来存放，具体的语句如下所示：

```
SqlDataReader dr = cmd. ExecuteReader();
```

将查询出的数据存储到了 SqlDataReader 对象中，如何查看该对象中的内容呢？通常需要使用 Read( ) 方法来判断在 SqlDataReader 对象中是否查询出了数据，如果存在数据，则从 DataReader 对象中取出数据，否则不取数据，具体的语句如下所示：

```
if( dr. Read( ) )                              //判断 dr 中是否存在查询数据
{
string str = dr[0]. toString( );              //取查询结果中第 1 行第 1 列的数据
}
```

其中，dr[0]中的 0 还可以换成表中的具体列名，第 1 列的编号是 0。如果要查询的数据不仅是 1 行时，还可以将 if 语句换成 while，这样就可以将数据表中的全部数据显示出来了。C#语言中的 if 和 while 的用法与 SQL 语言中的结构控制语句类似，不再赘述。

12.1.3 使用 DataSet 类操作数据

DataSet 类型的数据比较灵活，也是比较常用的一种类型。使用 DataSet 数据集类型来存放查询结果，能实现在数据库断开的情况下，继续使用 DataSet 数据集中的数据。下面详细介绍 DataSet 类的使用方法，具体分为以下 5 个步骤。

1. 创建数据库连接对象并打开数据库连接

本实例中使用的是 SQL 连接方式，连接的数据库名为 "MusicManage"，具体的语句如下：

```
SqlConnection conn = new SqlConnection;
server = localhost\MSSQLSERVER2014;
database = MusicManage;uid = sa;pwd = sa) ;        //创建连接对象
conn. Open( ) ;                                    //打开数据库连接
```

2. 创建 SqlDataAdapter 对象

在创建 SqlDataAdapter 对象时需要两个参数，一个是要执行的 SQL 语句，另一个是连接对象名。需要注意的是，SQL 语句是执行查询的语句，具体的语法形式如下所示：

```
SqlDataAdapter adapter_name = new SqlDataAdapter( sql,conn_name) ;
```

其中：
- adapter_name：数据适配器对象名称。
- sql：执行查询的 SQL 语句。
- conn_name：连接对象名。

利用上面的语句，创建一个 SqlDataAdapter 对象，具体的语句如下：

```
SqlDataAdapter adapter = new SqlDataAdapter( sql,conn) ;
```

adapter 是 SqlDataAdapter 对象名称，sql 是查询语句，conn 是连接对象名。

3. 创建 DataSet 对象

SqlDataAdapter 对象创建后，还要创建 DataSet 对象用以存放查询结果。创建 DataSet 对象很简单，具体形式如下所示：

```
DataSet d_name = new DataSet( ) ;
```

这里，d_name 是数据集 DataSet 对象的名称。
利用上面的语句创建 DataSet 对象，具体语句如下所示：

```
DataSet ds = new DataSet( ) ;
```

4. 将数据填充到 DataSet 对象中

将 DataAdapter 中的数据填充到 DataSet 对象中使用的是 DataAdapter 的 Fill 方法，具体的语法形式如下所示：

```
DataAdapter_name. Fill( DataSet_name ) ;
```

其中：
- DataAdapter_name：数据适配器名称。
- DataSet_name：数据集名称。

利用上面的语法填充之前创建的数据集对象，具体语句如下所示：

```
adapter. Fill( ds ) ;
```

5. 关闭数据库连接

完成了对数据集的操作后，就可以关闭数据库连接了，具体的语句如下所示：

```
conn. Close( ) ;
```

至此，使用 SqlDataAdapter 和 DataSet 查询数据的操作已经完成，在 DataSet 对象 ds 中已经存放着查询结果。

12. 2　音乐播放器的设计与实现

本节所介绍的音乐播放器是一款简易的播放器，其主要的功能是用户登录后，可以在播放列表中添加本地歌曲，也可以选择播放服务器上的歌曲，管理员登录后能对用户和音乐信息进行管理。

12. 2. 1　数据库与连接类设计

本系统的数据库设计用的是第 3 章实例中所设计的表，表结构不再赘述。

数据库连接以及操作是由 CnDbInterface 接口和该接口的实现类 CnDbSql 及 DBInstance 类实现的。CnDbInterface 接口用于定义对数据库操作的方法，包括打开数据库连接、执行 SQL 语句、关闭数据库连接等，CnDbSql 类用于实现接口 CnDbInterface 中的方法，DBInstance 类用于创建 CnDbSql 类的实例供其他类调用数据库的操作类。

CnDbInterface 接口的代码如下所示：

```
public interface CnDbInterface
{
    // 开始事务
    void BeginTrans( );
    // 提交事务
    void CommitTrans( );
    // 回滚事务
    void RollbackTrans( );
    // 打开数据库连接
    void Open( );
    // 关闭连接
    void Close( );
    // 执行 SQL 语句
    int Execute(String sql);
    // 返回 DataTable
    DataTable ExeForDataTable(String QueryString);
    //返回 DataSet 结果集
    DataSet ExeForDataSet(String QueryString);
}
```

接口实现类的代码如下所示：

```
//数据库操作类
internal classCnDbSql : CnDbInterface
{
//声明数据库连接对象
private SqlConnection conn = null;
//声明数据库命令对象
private SqlCommand cmd = null;
//声明数据库事务对象
private SqlTransaction trans = null;
//声明数据库连接串
private Stringconnstr = null;
//构造方法
public CnDbSql( )
{
//获取连接
connstr = LogicInfo. DbConnStr;
//调用打开数据库连接的方法
OpenConn( );
}
//打开数据库连接
```

```csharp
private void OpenConn( )
{
try
{
    if( connstr == null )
    {
        throw( new Exception( "连接字符串没有获取!" ) );
    }
    this. conn = new SqlConnection( connstr );
    this. cmd = new SqlCommand( );
    cmd. Connection = this. conn;          //设置数据库连接
    cmd. CommandTimeout = 15;              //设置超时时间
    this. conn. Open( );
}
catch( Exception e )
{
    MessageBox. Show( "数据库连接错误!" );
}
}
//开始事务
public void BeginTrans( )
{
    trans = conn. BeginTransaction( );
    cmd. Transaction = trans;
}
//提交事务
public void CommitTrans( )
{
    if( trans != null )
    {
            trans. Commit( );
        }
    }
//回滚事务
public void RollbackTrans( )
{
    if( trans != null )
    {
        trans. Rollback( );
    }
}
//打开数据连接
public void Open( )
{
```

```
if( conn. State ! = ConnectionState. Open)
{
this. conn. Open( ) ;
}
}
```

//关闭连接
```
public void Close( )
{
if( conn. State == ConnectionState. Open)
{
this. conn. Close( ) ;
}
}
```

//执行 SQL 语句
```
public int Execute( Stringsql)
{
    int i = 0 ;
try
{
    cmd. CommandType = CommandType. Text;
    cmd. CommandText = sql;
    i = cmd. ExecuteNonQuery( ) ;
}
catch( Exception e)
{
    hrow e;
}
        return i;
}
```

//返回 DataSet 结果集
```
public DataSet ExeForDataSet( String QueryString)
{
    DataSet ds = new DataSet( ) ;
    SqlDataAdapter ad = new SqlDataAdapter( ) ;
    cmd. CommandType = CommandType. Text;
    cmd. CommandText = QueryString;
    try
    {
    ad. SelectCommand = cmd;
    ad. Fill( ds) ;
    }
catch( Exception e)
{
```

```
                throw e;
        }
    return ds;
    }
    //返回 DataTable
    public DataTable ExeForDataTable( String QueryString)
    {
        try
        {
            DataSet ds;
            DataTable dt;
            ds = ExeForDataSet( QueryString);
            dt = ds. Tables[0];
            ds = null;
            return dt;
        }
        catch( Exception e)
        {
            throw new Exception( e. Message);
        }
    }

    //返回 IDbConnection 接口
    public IDbConnection GetConn( )
    {
        return this. conn;
    }
}
```

DBfactory 类主要用于得到接口实现类的对象,具体实现的代码如下所示:

```
class DBfactory
{
    // 创建一个数据访问接口
    // < param name = "CommonData_Parameter" > 数据访问类型 </param >
    // < returns > CommonInterface 接口 </returns >
    public static CnDbInterface CreateInstance( )
    {
        return new CnDbSql( );
    }
}
```

在后面的应用中,直接调用 DBfactory 类即可创建访问数据库操作的对象。

12.2.2 功能设计

音乐播放器的主要功能包括用户的登录注册模块、音乐文件管理模块。按照登录用户的权限分为普通用户、管理员和超级管理员。根据不同的权限实现不同的功能，对于具有管理员权限的用户，可以向数据库中添加歌曲以及管理歌曲，并能管理所有的用户信息。具有普通用户权限的用户可以选择数据库中的音乐，也可以选择本地音乐。超级管理员是直接被添加到数据表中的，具备管理员的所有功能，并能够添加管理员。下面将详细介绍非用户、管理员、普通用户的功能。

1. 非用户

非用户即未注册的用户，具体的功能如图 12-1 所示。

- 用户注册：允许用户注册播放器，即使在用户没有注册的情况下，也可以用来播放本地音乐。
- 添加音乐：通常是指添加软件使用者计算机中的音乐。
- 音乐播放：添加本地音乐后，可以对其进行播放操作，不需要任何权限。

2. 普通用户

普通用户的具体功能如图 12-2 所示。

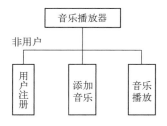

图 12-1 非用户功能

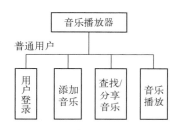

图 12-2 普通用户功能

除了非用户的功能，普通用户还有查找/分享音乐模块的权限。查找/分享音乐时，普通用户可以从数据库获取音乐列表。这些音乐列表由管理员分享，通常是局域网内服务器上的音乐（服务器上的音乐文件夹需要共享）。其本质是播放局域网内其他的共享音乐，可以依据数据库进行更有效率的分类和查找。

3. 管理员用户

管理员用户的具体功能如图 12-3 所示。

管理员用户除了具有普通用户的权限外，还有入库音乐管理模块的权限。该模块具有以下两个大功能。

- 用户管理：管理员可以对用户进行增加、删除、修改、查找操作。在该系统中有超级管理员"admin"用户，在数据库中直接添加该用户首次使用该系统登录时，可以使用该用户登录，并增加新的其他用户。
- 数据库音乐列表管理：可以对数据库中的

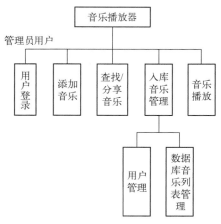

图 12-3 管理员用户功能

305

音乐列表进行增加或删除操作。增加的音乐必须在局域网的共享目录里，即增加音乐时需要从网络选择计算机，并选择具体的音乐。在数据库中具体的数据形式如图 12-4 所示。

图 12-4　音乐列表

在音乐文件前面要有服务器的 IP 地址或计算机名称，否则其他用户无法播放。实际上，增加到数据库中的是音乐文件的路径和其他信息。这样，其他用户就可以通过数据库更加方便地播放服务器中的音乐。

12.2.3　用户登录注册模块的实现

用户管理模块主要包括普通用户的注册、登录操作。在判断用户权限后，不同用户权限的用户所用的功能是不同的。登录界面如图 12-5 所示。

（1）登录功能

在图 2-5 所示的界面中，输入用户名和密码后，单击"登录"按钮即可登录到音乐管理系统的主界面。在"登录"按钮的单击事件中加入的实现代码如下所示：

图 12-5　登录界面

```
private void btnlogin_Click( object sender, EventArgs e)
    {
        //定义登录用户是否通过验证
        bool isLoginPass = false;
        UserEdit useredit = new UserEdit( );
        //从界面的"用户名"文本框中获取用户名
        string username = this. txtusername. Text. Trim( );
        //从界面的"密码"文本框中获取密码
        string strpwd = this. txtpassword. Text. Trim( );
        //调用登录方法
        DataTabledtb = useredit. QueryLogin( username, strpwd);
        if( dtb. Rows. Count > 0)
        {
            //将登录验证通过变量的值设为 true
            isLoginPass = true;
            //登录后记录用户名、登录状态及权限
            Form1. username = txtusername. Text;
            Form1. usertype = dtb. Rows[0][ "powerid" ]. ToString( );
            this. DialogResult = System. Windows. Forms. DialogResult. OK;
            this. Close( );
```

```
        }
        //如果未通过验证
        if(! isLoginPass)
        {
            this. lblpwderr. Text = "用户或密码错误!";
        }
    }
```

（2）注册功能

在登录界面中，单击"注册"按钮，弹出"用户注册"界面，如图 12-6 所示。在该界面中，输入登录名、密码及邮箱信息，单击"确认"按钮，即可将数据添加到数据库中，并弹出注册成功的消息提示框，如图 12-7 所示。

图 12-6　用户注册界面

图 12-7　注册成功的消息提示框

用户注册界面中"确定"按钮的单击事件代码如下所示：

```
private void btnreg_Click(object sender, EventArgs e)
{
    //创建用户类的对象
    User suser = new User();
    //获取"登录名"文本框中的值
    string loginName = this. txtloginname. Text. Trim();
    //获取"密码"文本框中的值
    string userPwd = this. txtloginpwd. Text. Trim();
    //获取"邮箱"文本框中的值
    string email = this. txtemail. Text. Trim();
    //向用户对象中存入用户名
    suser. username = loginName;
    //向用户对象中存入密码
    suser. password = userPwd;
    //向用户对象中存入权限,默认权限是 2,即普通用户
    suser. powerid = "2";
    //向用户对象中存入邮箱
    suser. email = email;
```

```
//创建用户操作类的对象
UserEdit sysueredit = new UserEdit( );
//调用用户操作类中的添加用户方法
    int i = sysueredit. AddUsers( suser) ;
    if( i > 0)
    {
        MessageBox. Show( "注册成功!") ;
        this. Close( ) ;                //关闭当前窗体
    }
}
```

在用户注册功能中没有为其加入对用户输入内容的验证,如要求用户名不能重复、邮箱的正确性、密码不能为空等验证。有兴趣的读者可以为注册模块完善该功能。

12. 2. 4   普通用户操作模块的实现

普通用户的功能主要集中在音乐播放。音乐管理模块所实现的数据编辑通用类 DataEdit 代码如下所示:

```
class DataEdit
    {
        //根据传递 SQL 语句自由查询数据
        public DataTable QueryData( String querSql)
        {
            DataTable dt = null;
            CnDbInterface pComm = DBfactory. CreateInstance( ) ;
            try
            {
                //查询数据
                dt = pComm. ExeForDataTable( querSql) ;
            }
            catch( Exception e)
            {
                throw e;
            }

            finally
            {
                pComm. Close( ) ;
            }
            return dt;
        }
        //向数据库增加、修改或删除数据
        public int OptEditData( string doSQL)
        {
```

```
                    int i = 0;
                    CnDbInterface pComm = DBfactory. CreateInstance( ) ;
                    try
                    {
                        pComm. BeginTrans( ) ;
                        //插入数据
                        i = pComm. Execute( doSQL) ;
                        pComm. CommitTrans( ) ;
                    }
                    catch( Exception e)
                    {
                        pComm. RollbackTrans( ) ;
                        throw e;
                    }
                    finally
                    {
                        pComm. Close( ) ;
                    }
                    return i;
                }
                //删除数据
                public int DeleteDataFreedom( String delSql)
                {
                    int i = 0;
                    CnDbInterface pComm = DBfactory. CreateInstance( ) ;
                    try
                    {
                        pComm. BeginTrans( ) ;
                        //DEL 数据
                        i = pComm. Execute( delSql) ;
                        pComm. CommitTrans( ) ;
                    }
                    catch( Exception e)
                    {
                        pComm. RollbackTrans( ) ;
                        throw e;
                    }
                    finally
                    {
                        pComm. Close( ) ;
                    }
                    return i;
                }
            }
```

音乐管理模块是在用户登录后才可以使用的，如果登录的是普通用户，则用户只能查看服务器中的音乐信息、播放本地的音乐，不能上传本地音乐。音乐播放器主界面如图 12-8 所示。

从音乐播放器的主界面可以看出，在未登录时不能查看服务器上的音乐，也不能实现入库音乐数据管理的功能。普通用户登录后的音乐播放器界面如图 12-9 所示。

图 12-8　音乐播放器主界面

图 12-9　普通用户登录后的音乐播放器界面

在登录成功后，用户名会显示在界面上，这里登录的用户名是"wangy"，权限是"普通用户"。当登录成功后，"用户登录"按钮为不可用的状态，"查找音乐"按钮处于可用状态。

单击"查找音乐"按钮，弹出如图 12-10 所示的界面。在该界面中，可以根据歌曲名称、歌手名及音乐类型来查找服务器上的音乐，查询功能的实现代码如下所示：

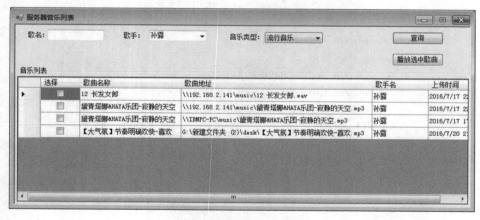

图 12-10　查看音乐列表

```
private void doQueryMusic( )
{
    //usertype = 1 是为了在该功能中只列出管理员添加的服务器上的音乐供普通用户浏览
    String querySQL = " SELECT musicid, name, address, typeid, mc. singerid sgrid, sgifo. singer sg-
name, singername, usertype, releasetime"
```

```
        + " FROM music mc,singerinfo sgifo "
        + " WHERE mc. singerid = sgifo. singerid"
        + " AND name like '%" + this. txtMusicName. Text + "%' AND sgifo. singer like '%" +
this. cboMusicArtists. Text. ToString( ) + "%'AND typeid ='" + this. cboMusicTypeId. SelectedValue. To-
String( ) + "'AND usertype = 1 ";
        DataTable musiclistdtb = msedt. QueryData( querySQL) ;
        this. datagdvMusicList. DataSource = musiclistdtb;
        this. datagdvMusicList. Columns[ "musicid" ]. Visible = false;
        this. datagdvMusicList. Columns[ "typeid" ]. Visible = false;
        this. datagdvMusicList. Columns[ "sgrid" ]. Visible = false;
        this. datagdvMusicList. Columns[ "usertype" ]. Visible = false;
        this. datagdvMusicList. Columns[ "singername" ]. Visible = false;

        this. datagdvMusicList. Columns[ "name" ]. HeaderText = "歌曲名称";
        this. datagdvMusicList. Columns[ "name" ]. Width = 180;
        this. datagdvMusicList. Columns[ "address" ]. HeaderText = "歌曲地址";
        this. datagdvMusicList. Columns[ "address" ]. Width = 340;
        this. datagdvMusicList. Columns[ "sgname" ]. HeaderText = "歌手名";
        this. datagdvMusicList. Columns[ "releasetime" ]. HeaderText = "上传时间";
    }
```

在图 12-10 所示的界面中，选中歌曲前面的复选框，单击"播放选中歌曲"按钮，即可跳转到播放歌曲界面，如图 12-11 所示。在该界面中单击  按钮，即可开始播放音乐。这里，实现音乐播放的功能使用的是"Windows Media Player"组件。

图 12-11　播放歌曲界面

```
private void btnPlaySltMusic_Click( object sender,EventArgs e)
    {
        List < string > musicFiles = new List < string > ( ) ;//存放音乐路径

        for( int i = 0 ;i < this. datagdvMusicList. Rows. Count;i ++ )
```

```
            {
                if( this. datagdvMusicList. Rows[ i]. Cells[ 0]. EditedFormattedValue. ToString( ) == "True")
                {
                    musicFiles. Add( this. datagdvMusicList. Rows[ i]. Cells[ "address"]. Value. ToString( ) ) ;
                    this. datagdvMusicList. Rows[ i]. Selected = true;
                }
            }
        MusicPlayer. musicFilesList = musicFiles;
        this. DialogResult = System. Windows. Forms. DialogResult. OK;
    }
```

音乐播放器控件的加入方法是，右击工具箱，在弹出的快捷菜单中选择"选择项"选项，并在弹出的界面中选择"COM 组件"选项卡，如图 12-12 所示。在该界面中选中"Windows Media Player"复选框，单击"确定"按钮，即可添加该控件。

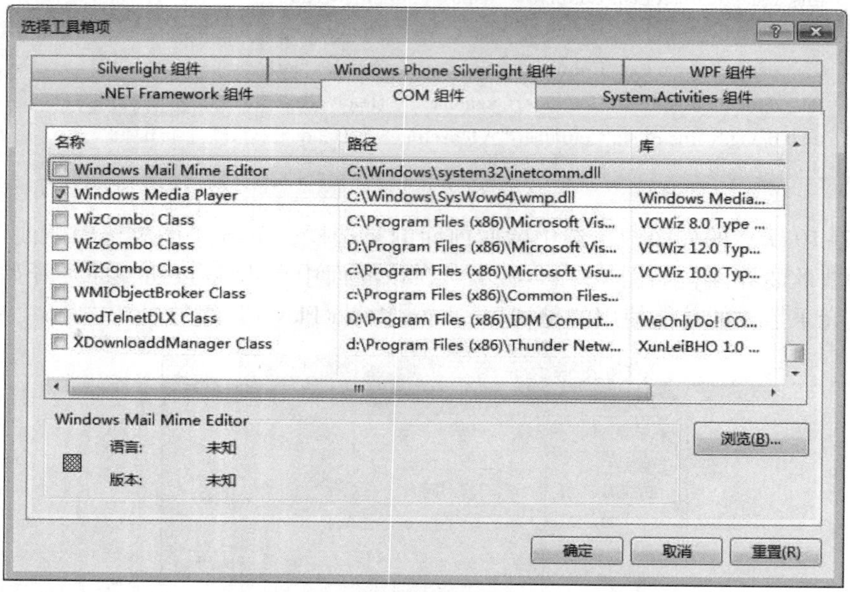

图 12-12 "COM 组件"选项界面

获取歌曲信息，实现代码如下所示：

```
class AxMdPlayeMg
{
    private string[ ]arrmusicinfo = null;//存放音乐信息
    public AxMdPlayeMg( ) { }
    // < summary >
    //获取指定路径的媒体文件名,不包括扩展名
    // </summary >
    // < param name = "Url" > </param >
    // < returns > </returns >
```

```
public string midName( string filepath)
{
    return Path. GetFileNameWithoutExtension( filepath) ;
}

// < summary >
//获取音乐文件信息
// </ summary >
// < returns > </ returns >
public String[ ]getMusicInfo( string fileurl)
{
    if( fileurl! = string. Empty)
    {
        arrmusicinfo = new string[6];
        ShellClass shl = new ShellClass( );
        Folder fdr = shl. NameSpace( Path. GetDirectoryName( fileurl) );
        FolderItem item = fdr. ParseName( Path. GetFileName( fileurl) );

        arrmusicinfo[0] = fdr. GetDetailsOf( item,0) ;        //文件名
        arrmusicinfo[1] = fdr. GetDetailsOf( item,1) ;        //文件大小
        arrmusicinfo[2] = fdr. GetDetailsOf( item,13) ;       //作者
        arrmusicinfo[3] = fdr. GetDetailsOf( item,14) ;       //专辑
        arrmusicinfo[4] = fdr. GetDetailsOf( item,21) ;       //歌曲名
        if( string. Empty == arrmusicinfo[4])
        {arrmusicinfo[4] = Path. GetFileNameWithoutExtension( fileurl) ;}//假如文件中没有
//办法获取歌曲名,就用文件名作为歌曲名
        arrmusicinfo[5] = fdr. GetDetailsOf( item,27) ;       //歌曲时长
    }

    return arrmusicinfo;
}
}
```

12. 2. 5　管理员用户操作模块的实现

利用具有管理员权限的用户名"zhangsan"登录,界面如图 12-13 所示。

在该界面中,除了普通用户登录后可以使用的功能,"入库音乐数据管理"按钮也处于可用状态。以管理员身份登录后,可以对用户和音乐信息做相关的添加、修改、删除以及查询操作。用户信息与音乐列表信息的操作基本类似,这里以用户信息为例讲解该模块的实现。

1. 用户信息管理

用户信息管理主要分为查询用户信息、增加用户信息、修改用户信息以及删除用户信息的操作。

（1）查询用户信息

在该功能中,可以根据用户名或者权限来查看用户信息。这里以查询权限是管理员的用户为例,单击"入库音乐数据管理"按钮,进入"后台管理"界面,如图 12-14 所示。

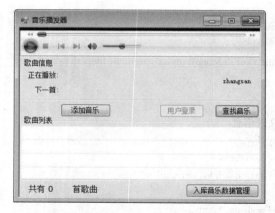

图 12-13　管理员登录后的音乐播放器界面

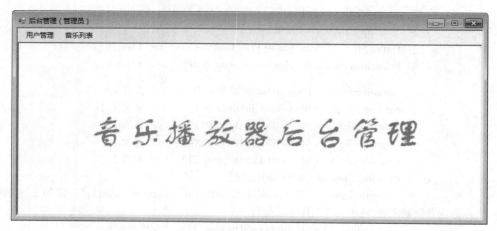

图 12-14　音乐播放器后台管理界面

在该界面中，单击"用户管理"菜单，单击"查询用户"按钮，如图 12-15 所示。

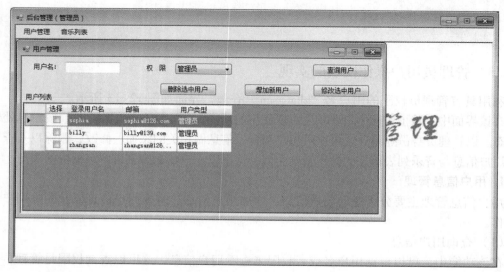

图 12-15　查询用户界面

查询用户功能代码如下所示：

```
private void btnQueryUser_Click( object sender, EventArgs e ) {
    //创建用户操作类的对象
    UserEdit udt = new UserEdit( );
    //调用用户查询的方法
    DataTable dtl = udt. QueryUserList ( this. textQueryName. Text, this. cboQueryPwid. SelectedValue.
ToString( ) );
    //为 datagridview 控件的数据源赋值
    this. dgwQueryList. DataSource = dtl;
    //设置 ID 列不可见
    this. dgwQueryList. Columns[ "ID" ]. Visible = false;
    //设置 password 列不可见
    this. dgwQueryList. Columns[ "password" ]. Visible = false;
    //设置表格显示标题
    this. dgwQueryList. Columns[ "name" ]. HeaderText = "登录用户名";
    //设置 powerid 列不可见
    this. dgwQueryList. Columns[ "powerid" ]. Visible = false;
    //设置表格显示标题
    this. dgwQueryList. Columns[ "email" ]. HeaderText = "邮箱";
    //设置表格显示标题
    this. dgwQueryList. Columns[ "powername" ]. HeaderText = "用户类型";
}
```

（2）增加新用户

增加新用户与注册用户的功能是相似的，只是由管理员注册用户时，可以为用户选择不同的权限。增加新用户的界面如图 12-16 所示。从该界面可以看出，用户的权限是使用下拉列表来选择的，其他的控件都与注册用户的类似，在代码实现部分为其加上权限即可，不再赘述。

（3）修改选中用户

在图 12-15 所示的界面中，选择一个用户后，单击"修改选中用户"按钮，弹出如图 12-17 所示的界面。

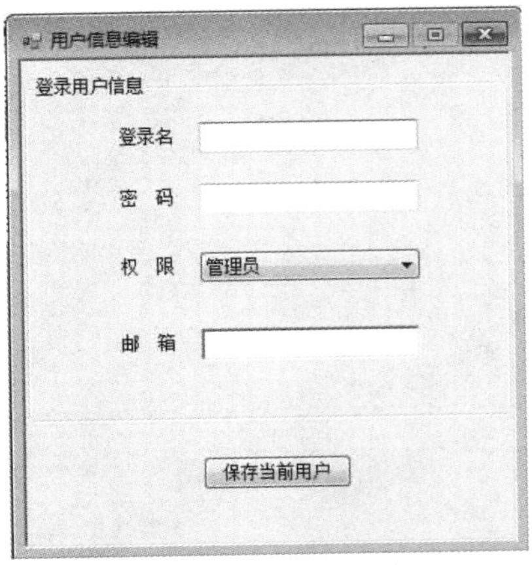

图 12-16　增加新用户 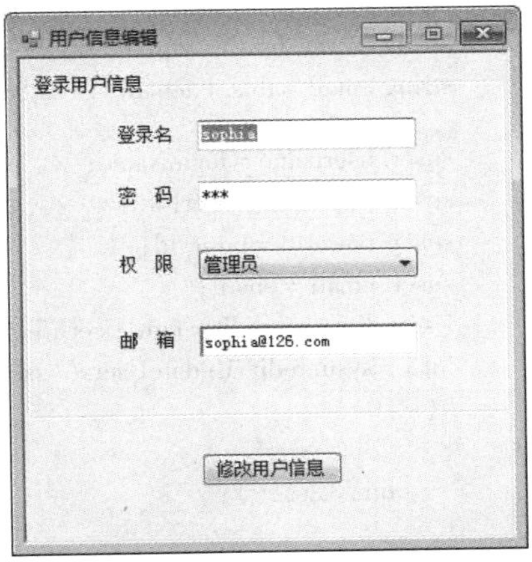　　　　　　　图 12-17　修改用户信息界面

从图 12-17 所示的界面可以看出，用户的原有信息已经添加到该界面中。实现该方式的代码如下所示：

```
public FormUserEdit( User user )
    {
        InitializeComponent( );
        suser = user;
        this. userData( );                    //在界面上显示要修改的数据
        this. btnSaveUser. Visible = false;    //当修改数据时,新增数据按钮不可见
        // this. btnupdateuser. Location = this. btnupdateuser. Location;
    }
    // 修改界面调用该方法,为待修改的数据赋值
    private void userData( )
    {
        this. txtid. Text = suser. id. ToString( );
        this. txtloginname. Text = suser. username;
        this. txtloginpwd. Text = suser. password;
        this. txtemail. Text = suser. email;
        //设置下拉列表
        List < powerinfo >  lit = suser. poweridDropList( );
        dppowerid. DataSource = lit;
        dppowerid. ValueMember = "Id";
        dppowerid. DisplayMember = "Name";
        dppowerid. SelectedValue = suser. powerid;
    }
```

在图 12-17 所示的界面中，修改好用户信息后，单击"修改用户信息"按钮即可完成用户信息的修改操作。实现修改操作的代码如下所示：

```
// 修改用户信息
private void btnupdateuser_Click( object sender, EventArgs e )
    {
        string loginName = this. txtloginname. Text. Trim( );
        string userPwd = this. txtloginpwd. Text. Trim( );
        string powerid = this. dppowerid. SelectedValue. ToString( ). Trim( );
        string email = this. txtemail. Text. Trim( );

        suser. username = loginName;
        suser. password = userPwd;
        suser. powerid = powerid;
        suser. email = email;
        UserEdit sysueredit = new UserEdit( );
        int i = sysueredit. UpdateUsers( suser );
        if( i > 0 )
        {
            this. Close( );
        }
    }
```

（4）删除用户信息

在图 12-15 所示的界面中，选中要删除的用户信息后，单击"删除选中用户"按钮，弹出是否删除的消息框。如果单击"是"按钮，则执行删除的操作。如果执行成功将弹出"删除成功"的提示框。在该删除功能中，允许一次删除多个用户，实现的代码如下所示：

```csharp
//删除选中用户
private void btnDelUser_Click(object sender, EventArgs e)
{
    DialogResult dr = MessageBox.Show("是否删除?", "提示", MessageBoxButtons.YesNo);
    string id = "";

    if(dr == System.Windows.Forms.DialogResult.Yes)
    {
        for(int i = 0; i < this.dgwQueryList.Rows.Count; i++)
        {

            if(this.dgwQueryList.Rows[i].Cells[0].EditedFormattedValue.ToString() == "True")
            {
                id = id + this.dgwQueryList.Rows[i].Cells["ID"].Value.ToString() + ",";
                this.dgwQueryList.Rows[i].Selected = true;
            }
        }


        //去除最后一个逗号
        if(id.LastIndexOf(",") != -1)
        {
            id = id.Remove(id.LastIndexOf(","));
        }
        //MessageBox.Show("id" + id);
        UserEdit sysueredit = new UserEdit();
        int d = sysueredit.Deleteusers(id);
        if(d > 0)
        {
            MessageBox.Show("删除成功!");
        }
    }
}
```

2. 音乐信息管理

在图 12-14 所示的界面中，单击"音乐列表"菜单，并在弹出的界面中单击"查询"按钮，如图 12-18 所示。

在该界面中，比普通用户登录时查看音乐界面中多了添加服务器歌曲和删除选中歌曲的功能。

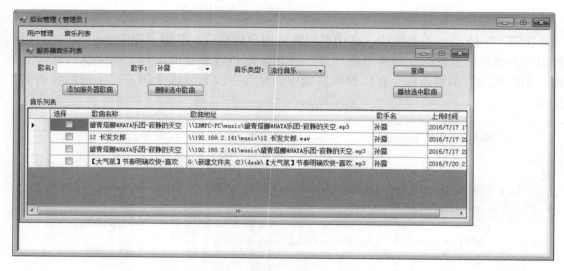

图 12-18　查询音乐信息界面

（1）添加服务器歌曲

在图 12-18 所示的界面中，单击"添加服务器歌曲"按钮，弹出如图 12-19 所示的界面。单击"选择歌曲"按钮，即可选择本地磁盘的歌曲。实现的代码如下所示：

图 12-19　添加歌曲界面

```
//选择硬盘上的音乐文件,进入 listview 音乐列表中展示
private void btnSelectSrvMusic_Click( object sender , EventArgs e )
{
    this. ltvSrvMusiclist. Items. Clear( ) ;

    OpenFileDialog ofdg = new OpenFileDialog( ) ;
    ofdg. Filter = " MP3 文件 | * . mp3 ; * . MP3 | 音乐( * . ape ; * . wav ; * . mp3 ; * . wmv ; * . mid) |
* . ape ; * . wav ; * . mp3 ; * . wmv ; * . mid" ;
    ofdg. Multiselect = true ;
    if( DialogResult. Cancel ! = ofdg. ShowDialog( ) )
    {
        ListViewItem lvtm = null ;
        foreach( string fileName inofdg. FileNames)
```

```
            }
                lvtm = new ListViewItem();
                lvtm. Text = fileName;
                this. ltvSrvMusiclist. Items. Add(lvtm);
            }
        }
    }
```

选择歌曲后，单击"列表入库"按钮，即可将音乐存放到数据库中，实现的代码如下所示：

```
//服务器音乐文件列表入库
private void btnSrvListDB_Click(object sender, EventArgs e)
{
    AxMdPlayeMg pg = new AxMdPlayeMg();
    String[]strarr;
    String Buildersbd = new StringBuilder();
    //添加的音乐列表中音乐的数量
    int i = this. ltvSrvMusiclist. Items. Count;
    for(int x = 0; x < i; x ++)
    {
        //从音乐文件中获取相关信息
        strarr = pg. getMusicInfo(this. ltvSrvMusiclist. Items[x]. Text);
        if(x == 0)
        {
            sbd. Append("('" + strarr[4] + "','" + this. ltvSrvMusiclist. Items[x]. Text + "'," +
this. cmbMusicType. SelectedValue. ToString() + "," + cmbMusicArt. SelectedValue. ToString() + ",
cast('" + DateTime. Now + "'as datetime)," + usertype + ")");//起始
        } else
        {
            sbd. Append(",('" + strarr[4] + "','" + this. ltvSrvMusiclist. Items[x]. Text + "'," +
this. cmbMusicType. SelectedValue. ToString() + "," + cmbMusicArt. SelectedValue. ToString() + ",
cast('" + DateTime. Now + "'as datetime)," + usertype + ")");//起始

        }

    }
    //以管理员的方式向数据库增加数据
    if(sbd. Length ! = 0)
    {
        msedt. OptEditData(insertSrvMusicList(sbd. ToString()));
    }
    else
    {
        MessageBox. Show("列表中没有音乐!");
    }
}
```

（2）删除选中歌曲

删除选中歌曲的操作与删除用户操作类似，也可以一次选中多个音乐信息，单击"删除选中歌曲"按钮即可。

12.3　本章小结

通过对本章的学习，读者能掌握使用 ADO. NET 组件连接 SQL Server 2014 数据库，并能通过 C#语言实现简单的添加、修改、删除及查询数据库的操作。本章介绍的项目是一个简易的音乐播放器，只是实现了其中的一部分功能，有兴趣的读者可以在该项目的基础上进行完善。例如，增加一个用户选择歌曲列表，将用户之前选择的歌曲全部保存起来作为下一次登录后自选的音乐。

参 考 文 献

[1] 秦婧. SQL Server 2012 王者归来——基础、安全、开发及性能优化[M]. 北京：清华大学出版社，2014.

[2] 秦婧. SQL Server 入门很简单[M]. 北京：清华大学出版社，2013.

[3] Patrick LeBlanc. SQL Server 2012 从入门到精通[M]. 潘玉琪，译. 北京：清华大学出版社，2014.

[4] 郑阿奇. SQL Server 实用教程[M]. 4 版. 北京：电子工业出版社，2015.